新疆艾比湖流域生态环境遥感综合监测评价研究

李 虎 陈冬花 等 著

科学出版社
北京

内容简介

本书系统介绍了利用多源遥感数据，对新疆艾比湖流域的生态环境进行综合监测的系列技术与应用。重点介绍了基于卫星遥感数据和地面调查成果，开展下垫面不同地物信息提取与反演的指标体系、技术路线与研究方法，以及在艾比湖流域植被覆盖度与时空变化反演、森林资源监测、土地荒漠化监测、生态服务价值时空变化特征及其驱动力分析等方面的应用；同时基于研究成果，对艾比湖流域的生态环境进行了综合评价。

本书可供地理信息科学、生态学、林学等专业硕士研究生参考，同时可供从事遥感、地理、生态、人文社科等专业人员参考。

图书在版编目（CIP）数据

新疆艾比湖流域生态环境遥感综合监测评价研究 / 李虎等著. -- 北京：科学出版社，2025.6. -- ISBN 978-7-03-078933-4

Ⅰ．X83

中国国家版本馆 CIP 数据核字第 2024V85M56 号

责任编辑：黄　梅 / 责任校对：郝璐璐
责任印制：张　伟 / 封面设计：许　瑞

科学出版社 出版
北京东黄城根北街 16 号
邮政编码：100717
http://www.sciencep.com

北京中科印刷有限公司印刷
科学出版社发行　各地新华书店经销

*

2025 年 6 月第 一 版　　开本：787×1092　1/16
2025 年 6 月第一次印刷　印张：13
字数：300 000

定价：149.00 元
（如有印装质量问题，我社负责调换）

《新疆艾比湖流域生态环境遥感综合监测评价研究》编委会

主　　编：李　虎　　陈冬花

副 主 编：许丽敏　　李继业

编写人员：张乃明　　刘赛赛　　叶李灶　　王宇翔

前　言

　　以遥感为主要内涵、紧密衔接导航、通信等领域的空间信息，正成为数字政府深化建设和数字经济创新发展的重要驱动力。遥感技术具有无可比拟的宏观、快捷、精确等特点，改变了人类获取地球系统数据和对地球系统的认知方式，为人类科学研究与实践提供长期、稳定的空间数据，并对科学创新起到基础性支撑作用。遥感数据可以为人类提供地球资源环境及其动态变化的丰富信息，受到世界各国的普遍重视，遥感技术在众多领域中的应用显示出明显的社会、经济、生态效益，已在国民经济建设和国防建设的诸多领域发挥了重要作用。遥感已经成为获取空间地理信息的主要信息源，为大范围、动态、周期性的区域资源环境监测与评估提供了数据、技术支撑和成果精度保证。在生态环境监测中，遥感技术能大面积、准确地提供地表信息，如覆盖度、土地荒漠化、植被地面生物量、水体变化等，并可以连续对地面进行长期观测，构成时间和空间的一体化多维信息集合。这种大面积、实时准确的多维时空信息对生态环境的恢复和保育具有不可替代的作用。开拓遥感技术应用的深度和广度，建立多应用场景的遥感信息平台及其业务运行系统，准确及时地掌握资源与环境变化状况，进而指导人们正确开发利用国土资源、保护生态环境，已成为国家决策部门和科学界普遍关注的问题。

　　地处欧亚大陆腹地的新疆，其干旱的气候、辽阔的地域、独特的地理景观给遥感技术提供了优越的应用空间，是我国西部最具有空间信息开发潜力的区域。艾比湖流域位于新疆准噶尔盆地内陆区，介于 43°38′~45°52′N，79°53′~85°02′E，行政上隶属于新疆博尔塔拉蒙古自治州（简称博州）的博乐市、温泉县和精河县，以及塔城地区的乌苏市、托里县，奎屯市及克拉玛依市的独山子区。艾比湖流域南、西、北三面环山，东部与准噶尔盆地相连，是准噶尔盆地西南缘的最低汇水中心，是新疆最大的咸水湖。流域总面积 50621 km²，其中山地 24317 km²，平原 25762 km²，现有湖泊面积约 542 km²。艾比湖洼地不但是中国内陆荒漠中为数不多的荒漠物种集中分布区，而且是指征准噶尔盆地生态环境变化的关键地区。中华人民共和国成立以来，围绕艾比湖的环境演变进行了大量的科学研究，但是利用遥感和地理信息技术研究整个艾比湖地区的生态环境之动态变化及其机理，目前尚未见到系统报道。选取该区域开展生态环境综合监测评价研究，不仅可以为该地区生态环境治理、新亚欧大陆桥畅通工程等西部重大项目提供决策依据，而且可为新疆天山北坡广大区域生态恢复与保育提供范例。

　　进入新世纪以来，在民用航天、高分辨率对地观测系统重大专项、国家卫星应用产业专项、全球环境基金等项目牵引下，安徽师范大学、滁州学院、航天宏图信息技术有限公司等单位组成联合研究团队，利用 Landsat 影像、高分辨率对地观测系统系列数据等，面向国家卫星区域应用示范和用户部门实际需求，开展了艾比湖流域植被覆盖度与时空变化反演、森林资源监测、土地荒漠化监测、生态服务价值时空变化特征及其驱动力分析等研究工作。在研究实施过程中，研发团队人员克服了工作任务重、经费少、环境条件艰苦等种种困难，利用遥感及地理信息系统技术，结合现有成果、基础工作及新疆的区域特点，对艾比湖流域生态环境的总体现状及动态变化情况，以及多重遥感信息特征进行了监测、分析与评价。全面完成了各项研究任务，形成了大量有价值的遥感研发成果。

项目组在完成相关研究工作及任务的基础上，汇聚二十余年来利用遥感卫星在艾比湖流域生态环境监测的研究成果，编写《新疆艾比湖流域生态环境遥感综合监测评价研究》一书。本书不仅是对国产陆地卫星区域遥感应用示范和产业化工作的一个总结，而且是对各个研究内容成果的汇总，更是全体研究人员共同智慧的结晶。其中第1章由李虎、王宇翔执笔编写；第2章由李继业、陈冬花、张乃明执笔编写；第3章由李虎、王宇翔执笔编写；第4章由陈冬花、叶李灶、刘赛赛执笔编写；第5章由许丽敏、陈冬花、叶李灶执笔编写；第6章由李虎、陈冬花、王宇翔执笔编写。

本书的研究工作一直得到张新时院士的关心和支持。张先生不但是我国植物学和生态学领域的学术泰斗，也是本书主编陈冬花教授的恩师。张先生在新疆工作二十六年，把他最美好的年华都贡献给了祖国边疆的生态建设和保护事业。2005年，笔者有幸陪张先生及其夫人慈龙骏老师考察新疆林业科学院精河荒漠生态定位站、夏尔西里自然保护区、艾比湖湿地国家级自然保护区等地，其间先生对于博州和艾比湖生态保护建设的真知灼见和殷切期望言犹在耳。斯人已逝，在本书付梓之际深切悼念张新时院士。作为后辈，唯有踏实勤奋工作完成张先生的遗愿，才是对张先生最好的缅怀和纪念。

同时，衷心感谢王承文、李国平、慈龙骏、卫征、潘存军、李文华、高翔、吴加清、巴音达拉等领导专家在本书成稿过程中的悉心指导与支持。同时，向支持过本项目的国家国防科技工业局、国家国防科技工业局重大专项工程中心、博尔塔拉蒙古自治州林业和草原局、新疆艾比湖湿地国家级自然保护区以及有关的领导、专家表示衷心的感谢。

由于编者水平有限，书中难免出现疏漏与不当之处，欢迎读者指正。

李　虎

目 录

前言
第1章 绪论 ··· 1
  1.1 艾比湖流域概况 ·· 1
  1.2 艾比湖流域生态环境遥感监测发展概况 ·· 3
  1.3 技术方法 ·· 9
    1.3.1 技术方案 ··· 9
    1.3.2 技术路线 ··· 9
  1.4 数据获取与预处理 ·· 10
    1.4.1 影像获取及介绍 ··· 10
    1.4.2 遥感数据预处理 ··· 12
  1.5 技术关键问题及解决途径与科技创新 ··· 15
    1.5.1 技术关键问题及解决途径 ··· 15
    1.5.2 科技创新 ··· 15
  1.6 技术重点 ·· 16
    1.6.1 理论研究成果的应用 ··· 16
    1.6.2 技术方法成果的应用 ··· 16
  1.7 综合应用与社会经济效益评价 ·· 17
    1.7.1 综合应用 ··· 17
    1.7.2 社会经济效益评价 ·· 17
第2章 基于多源遥感数据的植被覆盖度遥感反演 ···································· 19
  2.1 数据处理 ·· 19
    2.1.1 数据源概况 ·· 19
    2.1.2 技术路线 ··· 20
    2.1.3 植被覆盖度测算方法 ··· 20
    2.1.4 实测数据获取与处理 ··· 22
  2.2 植被覆盖度模型构建 ··· 23
    2.2.1 基于特征波段的植被覆盖度模型 ·· 23
    2.2.2 基于NDVI的植被覆盖度模型 ·· 29
    2.2.3 基于像元分解的植被覆盖度模型 ·· 31
  2.3 植被覆盖度时空变化分析 ··· 34
    2.3.1 时间变化特征分析 ·· 34
    2.3.2 空间变化特征分析 ·· 40
    2.3.3 变化影响因素分析 ·· 43

第3章 艾比湖湿地荒漠化遥感监测 ······ 46
3.1 研究区域及研究方法 ······ 46
3.1.1 艾比湖洼地生境概况 ······ 46
3.1.2 数据源概况 ······ 49
3.1.3 研究方法 ······ 49
3.2 土地荒漠化监测指标体系建立 ······ 51
3.2.1 土地荒漠化指征 ······ 51
3.2.2 土地荒漠化监测指标体系研究 ······ 54
3.2.3 艾比湖地区土地荒漠化监测指标体系的建立 ······ 58
3.3 土地荒漠化遥感信息提取 ······ 59
3.3.1 抽样设计 ······ 60
3.3.2 图像分类与土地类型划分 ······ 62
3.3.3 艾比湖地区土地荒漠化信息提取 ······ 69
3.4 艾比湖湿地荒漠化现状分析与动态监测 ······ 78
3.4.1 资料收集与区划判读 ······ 78
3.4.2 艾比湖地区土地荒漠化现状分析 ······ 79
3.4.3 艾比湖地区土地荒漠化动态分析 ······ 90
3.4.4 艾比湖湿地土地荒漠化分析评价 ······ 100
3.5 土地荒漠化综合评价 ······ 101
3.5.1 荒漠化类型划分 ······ 103
3.5.2 荒漠化评价 ······ 104
3.5.3 小结 ······ 107

第4章 森林资源环境遥感监测 ······ 108
4.1 目的及意义 ······ 108
4.2 技术方法和任务 ······ 108
4.2.1 森林资源监测的技术方法 ······ 108
4.2.2 森林资源监测的任务 ······ 110
4.3 森林资源监测成果 ······ 110
4.3.1 监测样地分布情况 ······ 110
4.3.2 监测样地遥感解译标志 ······ 115
4.3.3 森林资源监测结果 ······ 115
4.3.4 森林资源环境 ······ 140
4.3.5 野生动物生存环境 ······ 145

第5章 生态服务价值评估 ······ 147
5.1 研究内容与研究方法 ······ 148
5.1.1 研究内容 ······ 148
5.1.2 技术路线 ······ 149
5.1.3 研究方法 ······ 150

5.2 数据来源与处理 151
   5.2.1 基础数据收集 151
   5.2.2 野外数据采集与处理 152
   5.2.3 遥感数据处理 154
   5.2.4 土地利用/覆盖变化信息提取 154
5.3 博州空间景观格局变化分析 156
   5.3.1 景观格局指数选取 156
   5.3.2 土地利用/覆被结构变化分析 157
   5.3.3 景观格局演变特征分析 159
5.4 生态服务价值动态变化分析 166
   5.4.1 生态服务价值评估模型构建 166
   5.4.2 生态服务价值时空变异特征分析 169
5.5 博州生态服务价值变化的驱动力分析 172
   5.5.1 自然因素 172
   5.5.2 社会经济因素 176

第6章 艾比湖流域生态景观分析与可持续发展建议 182
6.1 艾比湖流域森林生态景观分析 182
   6.1.1 山地森林生态系统 182
   6.1.2 荒漠生态系统 183
   6.1.3 气候变化对艾比湖流域森林生态系统格局及演替的影响 183
6.2 森林资源可持续经营存在的问题与建议 186
   6.2.1 政策法律问题及建议 186
   6.2.2 保障措施问题及建议 188

参考文献 190

第 1 章 绪　　论

1.1　艾比湖流域概况

艾比湖流域地处我国新疆西北边陲，是古丝绸之路新北道和当今新亚欧大陆桥所经要地及我国向西开放的桥头堡，也是北疆地区重要的粮食、棉花、畜牧业生产基地和石油化工基地。由于该流域位于西风气流进入我国的重要通道上，艾比湖又属荒漠风口湖泊，特殊的地理位置及多风、干旱的自然环境条件使它在新疆生态环境保护中凸显出重要地位。半个多世纪以来，流域内人口增多、耕地面积扩大及社会经济的发展，对水资源的需求量日益增加，致使入注艾比湖的主要河流水量迅速减少或断流，造成艾比湖水面急剧萎缩，引发了一系列的生态问题并造成严重危害，主要表现为：艾比湖水面大幅度缩小，湖周地下水位下降，湖泊生态系统和湖滨生态系统退化，天然植被衰败，荒漠化迅速扩张，生物多样性锐减；在强劲风力作用下，裸露湖盆盐漠面积的扩大，造成该地区扬沙及沙尘天气剧增，土地盐渍化危害加剧，严重影响了当地的工农业生产、交通运输及人民群众身心健康；扬沙及沙尘在天山支脉山麓的挟持或顶托作用下，对整个流域及天山北坡经济带的社会经济可持续发展和大气环境质量都造成了严重影响。

植被覆盖度作为重要的生态环境变化指示参数，在生态、水利、土壤、水土保持、植物等领域有广泛的应用，常被作为重要影响因子，参与分析评价过程。获取植被覆盖度的方法很多，但目前最常用的是实地测量法和遥感解译法。实地测量法属于传统测量法，费时低效，监测范围小，已无法适应和满足区域生态环境动态可持续监测的需要。遥感解译法具有快速、实时、高效等特点，目前已广泛用于大面积植被覆盖度动态监测。遥感解译数据方面，之前我国遥感数据较少，对国外遥感数据依赖性强，随着国产高分辨率对地观测系统的部署与应用，这一现象得到了有效改观，但国产陆地卫星应用于干旱区湿地植被覆盖度的研究尚不多见。艾比湖流域是西北荒漠区的典型代表，荒漠物种种群不仅多样，而且分布集中，是荒漠植物多样性的宝库。围绕艾比湖及周边植被覆盖度的研究广泛开展，初期以传统地面监测法获取植被覆盖度，但只能在较小区域进行且费时费工本。采用遥感监测结合实地测量方法研究艾比湖流域的植被覆盖度动态变化，不仅能评价近年来艾比湖流域的生态环境变化，而且为新疆天山北坡广大区域植被覆盖度监测研究提供范例，更可以为艾比湖湿地生态环境治理提供决策依据。

土地荒漠化问题是全球重大环境质量演变问题之一。据联合国公布的资料，目前荒漠化已影响到世界 1/5 的人口和全球 1/3 的陆地，而且每年以 5 万~7 万 km^2 的速度扩张，造成的经济损失每年达 420 亿美元。中国是世界上受荒漠化危害最为严重的国家之一，根据《联合国防治荒漠化公约》对荒漠化的定义，我国荒漠化土地面积为 262.2 万 km^2，占我国陆地面积的 27.3%。土地荒漠化已成为制约我国特别是西部地区社会经济可持续发展的主要因素。监测土地荒漠化的发展趋势，掌握其动态变化的规律，对土地荒漠化程度进行评估分级，为荒漠化综合治理、全面规划、管理决策提供实时资料和动态信息，成为国内外地学界荒漠化研究的重要内容。土地荒漠化是指包括所有气候变异和人为活动在内的种种因素造成的干旱、半干旱和干旱亚湿润区的土地退化。土地退化是由于使用土地或由于一种营力或数种营力结合致使干旱、半干旱和干旱亚湿润区的雨浇地或草原、牧场、森林和林地的生物或经济生产力和复杂性下降或丧失。其中包括①风蚀和水蚀致使土壤物质流失；②土壤的物理、化学和生物特性或经济特性退化；③自然植被长期丧失等。"干旱、半干旱和干旱亚湿润区"是指年降水量与潜在蒸发散之比即湿润指数在 0.05～0.65 之间的地区，根据《联合国防治荒漠化公约》及国家林业和草原局关于中国土地荒漠化监测的有关技术规定，土地荒漠化类型按主导因素分为风蚀、水蚀、冻融、盐渍化四大类型。每种类型按荒漠化程度分又为轻、中、重、极重四级。荒漠化地区是一个由自然、社会经济、人文地理组成的复杂系统，是物质、能量、信息的统一体。荒漠化地区的资源、环境、人口、生产管理方面的数据都具有时间、空间、属性三大特点，因而利用遥感技术解译区划不同的荒漠化土地类型，同时利用地理信息系统，分析评价荒漠化的时空分布特点及变化规律，建立荒漠化动态监测与评价系统具有较大的现实意义。

现代化的森林调查监测技术不是一种单一的技术，其发展也不是单科独进的发展，而是多种技术乃至多种学科的综合和集成。林业信息化技术体系以 GNSS 技术、遥感、地理信息系统为主体，结合网络技术、多媒体技术、数据库技术等，系统地研究林业综合空间信息获取、表达、管理、分析和应用技术体系，研究森林资源与生态环境的空间格局、相互作用机制和动态变化规律，并以此为基础进行预测。以国产高分辨率影像数据和地面调查数据、GPS 数据为基础，通过各种分析和处理方法，进行森林资源调查应用评价，实现林业区划更新和资源环境调查以及业务化系统应用。为了改善新疆林业可持续经营的环境与水平，国家特别针对新疆林业发展先后出台了一系列的政策与规划。这些新疆林业的重大事件都可以且必须通过国产高分辨率遥感对地观测系统进行精细的判读解译、准确的空间定位、实时的动态监测、确切的定量分析、迅捷及时的预警、客观全面的评估、分区分类指导的适应对策和优化设计的示范。迫切需要建立面向林业政务决策、森林资源管理和林业集约生产的高分辨率林业遥感观测系统，以求能迅捷地提供森林资源环境的现状与动态变化、重大林业生态工程建设效益状况、森林生态系统、森林灾害等信息数据及产品。

由于生态服务功能与人类的福祉息息相关，全球生态服务价值变化的严峻形势已经引起人们对生态服务功能的高度重视。当前生态学与生态经济学研究的热点之一就是对区域生态服务价值进行评估。虽在指标体系构建和参数选择上有所差异，但参照的方法基本上都是 Costanza 等（1998）的研究方法。主要表现为借用 Costanza 评估模型，采用各种各样的方法估算不同土地利用/覆被类型生态服务价值，从而求得各中小尺度区域的总生态服务价值。大部分的研究方法皆基于经济学和生态学的理论基础，并没有结合 RS 与 GIS 技术对研究区生态服务价值在地理空间上进行展示，以更加直观展现生态服务价值的时空分布特征。艾比湖流域作为独特的典型生态敏感地理单元，在基于 RS 与 GIS 技术基础上，研究其土地利用/覆被变化、气候因素及社会经济因素对生态服务价值的影响，对于我国整个西北地区的生态环境有着重要的指示作用。目前艾比湖流域在生态服务价值变化驱动因素方面的研究仍显不足，大多数的研究仍主要侧重于土地利用/覆被变化对生态服务价值的影响。而近几十年来，在流域内气候变化及人类活动同时变强的背景下，开展艾比湖流域生态服务价值变化及其影响因素的研究，探讨气候因子及人类活动带来的土地利用/覆被变化对生态服务价值变化的驱动作用具有重大意义。同时，生态服务价值评估关系到区域资源的最佳分配问题，如何从全域角度评估生态服务价值对区域规划和资源合理配置等问题具有重要的参考价值。

1.2 艾比湖流域生态环境遥感监测发展概况

艾比湖位于准噶尔盆地西北，是这一区域的汇水中心。其最引人注目的是湖泊水位的较大幅度波动以及相应湖面积的扩大和缩小，作为一个内陆封闭湖，对气候变化的响应非常敏感，是研究干旱区气候与自然生态环境演变的理想地区。长期以来，围绕着艾比湖开展了大量的调查研究。陈旭等（1998）根据地层的发育特征和各门类生物地理分布，认为新疆西北部在早古生代属于哈萨克斯坦古板块的东延部分。早在新生代古近纪中期（约 0.5 亿年前），发生了喜马拉雅造山运动，天山、阿尔泰山地槽大幅度上升，海水退出了亚洲大陆，准噶尔盆地开始了干旱内陆盆地的发展历史。造山运动使得准噶尔地块和天山、阿尔泰山地槽的刚硬基底产生了许多复杂而巨大的块状断裂，艾比湖就是在这些断裂条件下生成的一个断裂陷落区，它同哈萨克斯坦境内的萨克斯湖、阿拉湖处于同一断陷带上，该陷落带呈北西—南东走向，控制着一系列的湖泊的延伸方向，各湖之间由于后期构造运动的影响而被彼此隔离。卢良才和黄宝林（1993）通过对湖东南面三道明显的古砂砾石堤的 TL 年龄测定研究后认为，艾比湖存在着大约 5000 年为周期的湖退过程。25～20.6 ka B.P.艾比湖水位由 230 m 下降至 209 m，若不考虑构造运动影响，湖面收缩率 4.55 mm/a；20.6～15.9 ka B.P.，水位降至 201 m，湖面收缩率为 1.7 mm/a；15.9～8.6 ka B.P.，水位降至 199 m，湖面收缩率为 0.58 mm/a。植物生态学和孢粉学方法已成为恢复北疆内陆干旱半干旱地区晚更新世以来气候与自然生态环境演化进程的重要技术手段之一。李国胜（1993）通过对藜科和蒿属生态习性和花粉比例的研究证明：冰消期以来，荒漠和荒漠草原这两种地方性植被类型在艾比湖地区的交替出现，反映出这一地区近 15000 a 以来的气候环境演化过程大致经历了 10 次较为明显的波动变化。这 10 次气候环境波动过程不仅与冰消期以来全球性的气候变化序列、事件和规律特征基本符合，而且在中国西部干旱半干旱地区与冰川前进、黄土堆积、沙漠扩展、湖面波动等环境因素的变化紧密联系，气候变化具有普遍意义。目前，国内外形成了以多波段、多时相、高分辨率遥感数据提取植被覆盖度的研究热点。最常用的遥感监测植被覆盖度的方法按提取机理可分为回归模型法、混合像元分解法和植被指数法。陆广勇（2011）采用线性回归模型对延河流域覆盖信息成功提取；North（2002）使用 ETM+ NDVI 数据与植被覆盖度进行线性回归分析，估算植被覆盖度；李红（2009）用归一化植被指数回归模型估算了上海崇明不同时期的植被覆盖度。非线性回归模型假设植被覆盖度与遥感信息之间是非线性关系，可能是二次多项式、指数等关系，该种模型建立一般比较麻烦。Boyd

等（2002）利用非线性回归模型提取了美国太平洋西北部的针叶林覆盖度。回归模型法适用于研究区域较小时，对于大研究区要建立多个回归模型，否则精度就会明显降低。混合像元模型法基于遥感影像的混合像元由多个组分组成，每个组分对遥感信息都有贡献，据此可建立成分组成和影像信息之间关系的像元分解模型。混合像元模型主要包括线性光谱混合模型、概率模型、几何光学模型、模糊分析模型。混合像元分解模型中如果组分与像元信息是线性关系，建立的模型就是线性模型，否则就是非线性模型。目前的研究中，基于线性的混合像元分解模型使用较多，线性模型主要有像元二分模型、线性光谱分解模型。线性模型物理意义明显；非线性混合模型复杂，更难于直观地解释；概率模型的一个典型代表是最大似然模型。混合像元分解对荒漠区植被覆盖度的提取具有更高的精度，李凯等（2014）利用像元二分法成功监测了白龙江流域植被覆盖度及其变化趋势；李晓松等（2010）利用混合像元分解法对民勤植被覆盖度进行了提取。目前，混合像元分解法的难点在于确定端元，纯净像元受背景噪声的影响很大。目前研究中，主要是通过对研究尺度范围内的像元数据进行统计分析来获取这2个极值，也有学者直接从研究区域的像元数据中选取最大值和最小值分别作为纯植被和纯裸土的像元值。植被指数法直接通过建立植被覆盖度与植被指数之间的关系，而近似估算植被覆盖度。目前提出的植被指数有40多种，常用的有比值植被指数（RVI）；20世纪80年代，Tucker对RVI进行归一化处理，得到的归一化植被指数NDVI，叶贵祥等（2009）通过NDVI提取了新疆策勒地区植被覆盖度；Huete（1988）提出了土壤调整植被指数SAVI等。目前这些植被指数广泛用于土地利用调查、农作物估产、干旱监测、植被分类等方面。NDVI是目前使用最多的植被指数，该指数与植被覆盖度呈明显的正相关，NDVI各种序列产品也在全球各个区域的植被覆盖变化中得到了深入的应用。植被覆盖度提取精度与遥感数据的分辨率和提取方法关系很大。遥感数据主要用空间分辨率、光谱分辨率和时间分辨率反映其质量。空间分辨率是指遥感影像上能够分辨的相邻地物的最小距离，一般空间分辨率越高，对地物辨别能力越强，提取的精度也越高；光谱分辨率高，波段窄，能够更加真实地反映地物波谱信息，因此可以提高区分和识别地物的能力；时间分辨率是指传感器重复扫描同一区域的最小时间间隔，对轨道卫星，也称周期，扫描时间间隔越小，单位时间扫描次数越多，对于要求实时观测动态变化的研究也越有意义。

基于RS和GIS的荒漠化监测研究已取得了很多成果。主要体现在以下方面：一是利用地学及多源地学信息融合，通过形态学进行纹理分析，利用纹理结构参与荒漠化遥感分类（赵国义，2005）；通过DEMO与NDVI指数求算地形粗糙度，融合图像的散度分析，提高不同类型及程度的土地荒漠化样本分离度（王建等，2000）；利用高光谱卫星数据对某种单一的荒漠化类型(如盐渍化或风蚀荒漠化)进行监测研究(范文义等，2000)。该类方法有助于提取地物的空间信息结构，在一定程度上提高了荒漠化的分类精度与工作效率。但是这些方法基本上是基于土地利用类型的荒漠化信息提取研究，对在统一的荒漠化监测评价指标体系下，进行各类型及程度的荒漠化监测未给予更多的关注。二是利用不同时相的多源卫星数据融合进行荒漠化动态监测。利用地面控制点对不同时相的多源卫星数据进行配准与复合分类处理，结合野外调研，通过不同时期土地类型动态变化研究荒漠化的动态变化规律。通过GIS数据库提供的资源环境定量数据，应用景观生态学、信息论、系统论的观点分析荒漠化的空间格局与演化过程，预测土地荒漠化的发展趋势（李霞等，2002）。此类方法无疑代表了基于遥感与地理信息系统的土地荒漠化监测的发展趋势。存在的问题是监测指标体系尚不完备，而且多数监测区域处于较为离散的景观单元。遥感技术与GIS相结合进行荒漠化监测，特点是将荒漠化遥感信息获取、处理、分类、专题图更新与制图进行一体化研究，建立荒漠化灾害信息库，实现各种专题要素的复合匹配和更新，进行荒漠化动态监测与评价。荒漠化监测跨越的时空尺度大、涉及自然环境及社会经济的方方面面，决定了监测信息处理具有容量大、层次多、内容广、空间分布和动态变化关系复杂等特点。GIS的运用促使数据的全面综合，随即是系统背景数据库的建立，这就为荒漠化评价奠定了基础。运用RS与GIS进行荒漠化的动态监测，国内和国际都无成熟的经验可以借鉴。荒漠化评价是通过研究荒漠化指标特征来对荒漠化程度进行评估分级。荒漠化评价与监测密不可分。荒漠化过程既有自然因素作用，又有人为因素的影响，因此对其进行评价必须全面综合考虑，不能顾此失彼。同时在荒漠化过程中影响因素又有轻重缓急之分和主次之别，因此在评价荒漠化过程或计算荒漠化发展程度时，评价指征的选别就要有所轻重。李振山等（1994）认为：荒漠化评价应考虑生产的实际需要，荒漠化分级不应太多，评价指征指标选择及程度的计算方法应尽可能简便易行，适时提供生产规划、组织管理的基本图件与数据。为了便于对不同区域荒漠化发展程度、发展速率、整治效率、投入产出作出统一正确的评价，应选用相对指标作为评价标准，而避免用绝对指标。由于概念上的差异，我国学者以前研究大多数是针对风蚀荒漠化，对于广泛意义上的荒漠化评价研究得还不多。例如有些国内学者通过单要素指征和复合指征两类，以等差、等比或等概率划分原则对风蚀荒漠化程度进行分级，确定上下限，最后用评价指征值综合方法进行评价。这种方法计算简单，排除了靠经验规定轻重所造成的误差。另外，董玉祥和刘毅华（1992）从土地荒漠化监测指标体系中选取内在危险性、人口压力、牲畜压力、现状、速率作为荒漠化的危险度评价指标，分别就五个评价方面提出各自的评价因子，并给其赋予权重，然后按荒漠化的轻、中、重、极重四种程度，利用综合指数评价方程建立荒漠化危险度综合模型。荒漠化评价可视为一个景观生态学的问题，因为它包含许多过程，它们都能改变景观结构。尽管这些过程非常复杂，但还是能构造一些简单的模型去描述它们，这样与荒漠化相关的一些现象就能被模拟和评价（张宏和孙保平，1999）。GIS技术的模型化过程、数据类型的清晰定义、对模型进行反复精练和修正的方法，使其在荒漠化评价中具有广阔的前景。

国际上森林资源调查方法可以分为3种：①CFI（森林资源连续清查）形式的国家森林资源调查方法；②利用各省（州）的森林资源调查信息统计全国总量的方法；③根据森林经理调查（森林簿）结果累计全国总量的方法。法国和北欧各国多采用第①种方法；美国、加拿大、德国、奥地利等国则是各省（州）独立进行森林资源调查，利用GIS等进行全国汇总；日本、苏联及东欧各国多采用第③种方法。这3种方法各有利弊，不能简单地评价说某种方法优于其他方法。第②种与第③种方法在做法上有些相似，均为统计法，但后者不能用于国家森林资源监测。在监测全国森林资源变化中，采用较少量样地的双重抽样法是有效的。从国家森林资源调查体系的特征来看，森林资源调查体系有以下特点：①抽样技术与 CFI 高度结合；②重视森林环境信息和森林环境监测；③重视 GPS、GIS 和 RS 等高新技术的综合利用；④强调成果公开和面向用户。世界各国研建了各种各样的林业数据库管理系统（FRDMS）。美国东部的 EWDB 和西部森林清查数据库 WWDB，不但包括了森林资源连续清查数据，而且还包括了统计分析数据，如各种森林类型的面积、各州的地理分布、木材计划和消耗情况等，能够满足各个层次人员的需要；加拿大建立的森林资源数据库系统 CFRDS 是一个集成化的森林资源信息库，存储着森林蓄积、运输途径、木材需求等信息，可提供林区现有的铁路、公路和水路运输途径，森林蓄积图表和需材企业图表等，成为森林经营规划的有力助手。森林资源调查中曾使用过 9 类卫星 25 种传感器的数据，今后会有更多样的卫星和传感器数据用于森林调查监测，特别是通过小卫星所获取的高分辨数据。利用遥感可以快速、价格低廉地得到地面物体的空间位置和属性数据。随着各种新型号传感器的研制和应用，遥感特别是航天遥感有了飞速的发展。遥感影像的分辨率大幅度提高，波谱范围不断扩大，星载和机载成像雷达的出现，使遥感具有了多功能、多时相、全天候能力。在林业中，遥感技术被应用于土地利用和植被分类、森林面积和蓄积估计、土地沙化和侵蚀监测、森林病虫害和水灾监测等。全球定位系统（GPS）是利用地球通信卫星发射的信息进行空中或地面的导航定位。它具有实时、全天候等特点，能够及时准确提供地面或空中目标的位置坐标，定位精度最高能达到毫米。森林资源调查监测中全球定位系统可用于遥感地面控制、伐区边界量测、森林灾害评估等诸多方面。今后，随着 GPS 系统精度的不断提高，在林业调查监测中的应用将会日益增加。在森林资源调查中，遥感、地理信息系统、全球定位系统这三个技术系统各有侧重，互为补充。欧美等林业发达国家在森林资源监测上不断增加其信息量与科技含量，形成了新的森林资源监测体系：除了有定期的、连续性的、全国性的森林资源清查（CNI）外，还有一些地方性或区域性的监测调查和跨国合作监测项目；在传统的森林木材资源监测和评价体系上又增加了以森林质量和环境为主要对象的监测和评价系统，形成了一个完整的森林资源、森林状态和森林环境的监测与评价体系；这个体系除了定期报告森林资源外，还报告森林健康、森林环境等状况；目的不同，监测方法也不一样。近几十年来，国际森林资源与环境监测不仅拓宽了监测内容，在监测仪器和分析手段上也有了长足的进步。在样地布设上，设立了许多定位或半定位的样地，采用自动和连续观测的设备；在野外观测和室内分析中使用了冠层图像分析系统（SCANOPY）和年轮图像分析系统（DENDRO），加大了可视化程度，实现了年轮自动探测；此外，还采用了根系图像分析系统（RHIZO）和激光测树仪（LEDHA-GEO）等。许多观测数据可以被直接输入到计算机中进行数据处理，从而节省了大量人力、物力，提高和保证了观测数据的准确性和连续性。70 多年来，随着林业事业的发展、科学技术的进步，森林资源调查技术在基本理论、技术水平、技术手段、工艺操作、规范标准等方面，都有较大发展。20 世纪 50 年代初期，森林资源调查主要采用经纬仪或罗盘仪进行测量，控制调查面积，利用方格法区划林班、小班，设置带状标准地，进行每木检尺以计算森林蓄积。对地形复杂地区采用自然区划和人工区划相结合的方法进行调查。森林航空调查技术在 20 世纪 60 年代中期和 80 年代后期大兴安岭森林火灾调查中得到了应用。我国于 1978 年先后在全国各省（区、市）全面展开森林资源连续清查，这种清查是以省（区、市）为总体，以数理统计理论为基础，根据预定精度要求，按系统抽样原则，在地面设置固定样地，精确进行测定。每 5 年为一间隔期，进行重复调查，能准确获得森林资源现状和森林资源消长变化动态信息，掌握资源变化规律，分析林业经营效果，预测森林资源变化趋势。到目前为止，我国森林资源连续清查体系已建成，并日趋完善。20 世纪 80 年代到 90 年代初，全国各省（区、市）在初建体系的基础上，已先后进行了两次复查，每期复查均获得全国最新森林资源信息。由于各地复查固定样地的复位率较高，增强了前后期调查成果的可比性，从而为准确掌握森林资源消长变化规律奠定了可靠基础，为宏观监测全国森林资源动态起到保证作用。我国在全国范围内建立了 25 万个固定样地的森林资源连续清查体系，这是对森林资源调查技术的提高和发展，无论在技术上、规模上和组织体系方面均属世界首创。随着科学技术的发展，目前，新技术在森林资源调查领域得到不断引进和推广应用，如"3S"技术、电子计算机技术等已被广泛运用于森林资源调查、规划设计和资源管理工作中，并取得较好成效。林业部门应用中低分辨率遥感数据，进行森林灾害调查和实时动态监测，还利用 Landsat-ETM 和 SPOT 等中高分辨率的遥感数据对森林病虫害、风灾、火灾等进行灾情监测评估，取得了大量的监测数据，为林业决策提供了数据依据。自 2003 年起，广东、海南、云南、陕西、贵州、甘肃、宁夏、内蒙古、新疆等省份已相继应用 SPOT-5 数据进行森林资源二类调查与试点应用，并更新了林相图。目前，随着国家对林业生态建设的逐步重视，启动了若干国家重点生态建设工程，其中退耕还林工程和天然林保护工程是我国涉及面最广、政策性最强、群众参与度最高的生态建设工程。高分辨率遥感数据在成活率和保存率调查、生长状态评估中能发挥重要作用。

  1998 年国际刊物 *Ecological Economics* 对"生态服务价值"的研究成果以论坛和专题的形式进行汇编。Bolund 和 Hunhammar（1999）评估了城市生态服务功能，发现生态服务功能与人类生活有着密切联系，并提倡应当合理规划土地资源。Howarth 和 Farber（2002）指出将生态服务价值进行货币化后有利于人们认识人与自然之间的协调关系。2001 年国际上启动了千年生态系统评估研究工作，并首次在全球、区域和国家尺度上对农田、草地、森林、河流、湖泊和海洋等生态系统开展关于生态服务价值评估工作，该项成果促进了生态服务功能理论、方法和应用等方面探索在全球尺度上展开。Barbier 等（2008）对沿海生态服务价值进行了定量评估。Benayas 等（2009）对生态系统修复进程中有关生物多样性对生态服务功能的响应方面的研究进行了探讨，结果表明，生物多样性与生态服务价值存在一定的正比例关系。Jim 和 Chen（2006）对中国城市森林生态系统所具有的调节气候、吸收二氧化碳、释放氧气及吸收废弃颗粒物等服务价值进行了评估。Jenkins 等（2010）对美国密西西比河口岸湿地生态服务价值进行评估，认为该区域的年总生态服务价值高达 1435~1486 美元/hm^2。2013 年召开的第 11 届国际生态学大会（INTECOL Congress）指出生态服务价值的估算对环境安全和社会可持续发展起到调节作用。国外学者对生态服务功能的研究体现在以下几个方面：①生态服务功能的概念、含义及分类方法的研究；②生态服务价值的影响机制研究；③生态服务价值评估体系的建立与定量评估技术的探索；④从大尺度区域生态系统到小尺度区域生态系统，以及单项生态服务功能经济价值的评估；⑤集中于多时空尺度上的研究，特别是土地利用/覆被类型与经济发展指标对生态服务价值影响的研究；⑥生态服务价值评估结果的可信度、评估模型的限定性及评估模型的尺度适用性问题等相关研究。

随着经济发展水平的日益推进和温室效应引起的全球变暖现象日趋严峻，人口数量增加、自然资源耗竭与自然生态环境保护间的矛盾愈演愈烈。如何平衡自然资源保护与社会经济有序发展，是国际上各组织、各国（各州）政府机关部门及各领域研究学者迫切需要解决的问题。近年来，关于生态服务价值的研究已经开始注重各驱动因子对其价值变化的影响机制。Mendoza-González 等（2012）分析了土地利用变化对墨西哥中部城市发展的影响，指出城市生态系统中风景保护价值和娱乐价值的丧失将造成城市发展明显收益的消失。夏栋（2012）对杭州湾湿地 1976~2005 年的生态服务价值进行评估，并从气候、水文等自然驱动因子，人口、社会经济发展和政府政策等社会驱动因子两方面，结合定性和定量方法对杭州湾湿地景观格局变化的驱动因素进行分析，结果显示杭州湾湿地面积的减少与年均降水量的减少、非农业人口的快速增长有关。严恩萍等（2014）对 1990~2011 年三峡库区生态服务价值变化的规律及驱动因素进行研究，结果显示人类活动的影响，尤其是退耕还林工程政策的开展直接影响其生态服务价值的变化，同时，自然生态系统的健康程度和自然环境保护政策的实施对生态服务价值变化也具有一定的影响。Cumming 等（2014）研究了人口数量对生态服务价值的影响，结果表明人口增长和人口致密化将社会-生态系统推向崩溃。王敏等（2015）对锡林郭勒草原国家级自然保护区 1985~2014 年的生态系统服务价值进行估算，并探讨了气候变化对其生态服务价值变化的贡献率，研究表明保护区每十年因气候变化引起生态服务价值损失的值至少为 9.5 亿元。Kremer 等（2016）对美国纽约生态服务价值进行评估，分析了景观格局对生态服务价值的影响，并指出在城市规划与决策中，增加基础设施的建设有助于生态服务价值的产生。哈丽旦·司地克等（2016）对 1973~2014 年新疆焉耆盆地的生态服务价值变化规律和驱动因素进行研究，研究表明生态服务价值和功能的改变是由气候因素的变化和人类活动的影响相互作用而成的，长时间的土地开垦和绿洲面积的扩大等人类活动的影响，加之降水量的逐年增加和地面蒸散发量的减少等良好的气候变化条件是平原区生态服务价值增加的主导因素。唐秀美等（2016）通过构建 STIRPAT 模型和地理加权回归模型对北京市生态服务价值的空间变化规律和其驱动因素进行了分析。结果显示，人口数量的增加、人均 GDP、城市的绿化程度、第三产业占总产业的比值、万元 GDP 能耗值和城市化率皆是引起北京市生态服务价值变化的主要因素，且城市的绿化程度对生态服务价值的影响是正面效应，而另外 5 个因子对其影响具有负面效应，其中第三产业占总产业的比值和城市化率对生态服务价值的负面效应最大。陈俊（2016）分析降水、气温、耕种面积等气候自然因素，并结合社会经济驱动因素包括 GDP、市区人口数量、农业人口数据、城镇面积、工业与农业总产值等社会经济因子，探讨了长沙市湿地景观生态服务价值变化的驱动因素，结果表明，长沙市的社会经济因素对其湿地景观生态服务价值的影响程度要多于气候自然因素的影响，其社会经济的发展与湿地景观生态服务价值的变化呈正相关，气候自然因素则呈负相关。张雅昕等（2016）通过构建 Meta-analysis 模型探讨了生态服务价值变化的驱动因素，研究结果表明人口密度和人均 GDP 在揭示生态服务价值变化规律时是两个较为有影响作用的因子。Zhao 等（2017）分析了土地利用动态变化对喜马拉雅柯西河流域生态服务价值的影响，研究结果表明城市的扩张导致其生态服务价值降低。

目前已有学者对艾比湖流域生态服务价值进行研究（王继国，2006），研究侧重于土地利用/覆被变化对生态服务价值的影响。白泽龙等（2013）采用生态服务价值系数方法对 1970~2009 年艾比湖流域生态服务价值变化规律进行分析，揭示其土地利用/覆被变化对生态服务价值变化的响应规律。贺子康等（2014）通过分析艾比湖流域景观分布类型规律，结合谢高地等构建的中国陆地生态系统服务价值当量因子表，探讨了土地利用/覆被变化对 2001~2009 年的生态服务价值变化的响应规律。王爽等（2014）探讨了 1990~2011 年艾比湖流域的土地利用/覆被变化及其生态服务价值时空变化特征。王晓艳等（2016）对精河县农田生态服务价值及其驱动因素进行研究，结果显示其生态服务价值的变化是多种因素共同作用的结果，经济的快速发展和农业现代化对农田生态服务价值起到促进作用，而农田浇灌面积的增加将引起农田耗水价值的增加。李哲等（2017）利用空间自相关模型，对艾比湖保护区生态服务价值的时空分布规律进行研究，并分析其驱动因素。结果显示人为因素和自然因素是其价值时空变化的影响因素，而人为因素占主导作用。生态服务价值评估关系到区域资源的最佳分配问题，如何从全州角度评估一个区域的生态服务价值对全州的区域规划和资源合理配置具有重要的意义。

1.3 技术方法

1.3.1 技术方案

（1）规律研究：从遥感图像的色调、纹理特征和光谱特征，结合地学分析和景观分析，研究不同尺度下的不同地物在遥感影像上的信息特征和提取识别规律。通过对数据的合理分割，寻求合理的分割尺度。通过试验，研究影像数据的构网压缩技术。

（2）模型研究：根据不同资源环境特征，确定指征因子和监测尺度，建立指标体系。在此基础上，综合卫星影像地物地学特征、遥感识别特征和数据融合规律，建立遥感信息识别模型或解译标志。

（3）应用理论研究：在信息管理系统采用数据的合理分割和数据压缩，从磁盘存储的海量数据中快速地获取显示数据。利用遥感信息识别模型或解译标志，提取识别森林、荒漠化、草地等资源环境的现状和动态信息。利用多元统计分析技术等数量方法，建立资源环境评价分析模型。

1.3.2 技术路线

相关研究将在三个技术平台的支撑下展开：①由历史资料构成的历史过程信息采集系统；②由野外定位观测、水文气象网站、遥感与 GPS 监测构成的现代资源环境过程数据采集系统；③由地理信息系统、数学模型系统和有关的社会、经济、环境、生态理论方法构成的定量分析与评价系统。

在上述技术系统的支撑下，通过对前期相关及专业调查的系统分析，利用遥感图像的色调和纹形特征，解译各类资源的发生区域，圈定其分布范围，计算其分布面积。利用地形地貌、植被的覆盖程度等景观特征，对各类生态环境进行解译研究，提取特征信息并利用定位观测、实地调查进行验证。通过系统分析，评价分析资源环境的现状及动态变化。技术路线如图1-1所示。

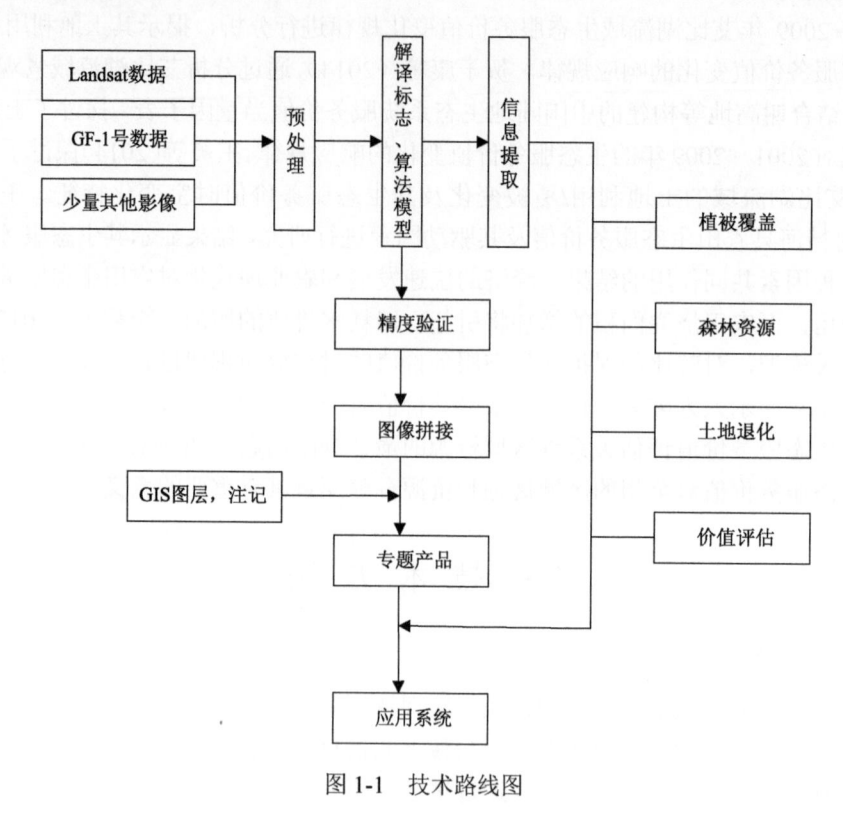

图 1-1　技术路线图

1.4　数据获取与预处理

1.4.1　影像获取及介绍

1. 高分影像

高分一号卫星是《国家中长期科学与技术发展规划纲要》高分辨率对地观测系统重大专项发射的第一颗卫星，该卫星由中国航天科技集团公司所属空间技术研究院研制，于2013年4月26日发射成功。

高分一号卫星搭载了2 m全色和8 m多光谱相机各一台，四台16 m多光谱相机。实现了高空间分辨率、多光谱与宽覆盖的结合，设计寿命5～8年。卫星各项参数见表1-1和表1-2。

表 1-1　GF-1 卫星轨道和姿态控制参数

参　数	指　标
轨道类型	太阳同步回归轨道
轨道高度	645 km（标称值）
倾角	98.0506°
降交点地方时	10:30 am
侧摆能力（滚动）	±25°，机动 25°的时间≤200 s，具有应急侧摆（滚动）±35°的能力

表 1-2　GF-1 卫星有效载荷技术指标

参　数		2 m 分辨率全色/8 m 分辨率多光谱相机	16 m 分辨率多光谱相机
光谱范围	全色	0.45～0.90μm	
	多光谱	0.45～0.52μm	0.45～0.52μm
		0.52～0.59μm	0.52～0.59μm
		0.63～0.69μm	0.63～0.69μm
		0.77～0.89μm	0.77～0.89μm
空间分辨率	全色	2 m	16 m
	多光谱	8 m	
幅宽		60 km（2 台相机组合）	800 km（4 台相机组合）
重访周期（侧摆时）		4 天	
覆盖周期（不侧摆）		41 天	4 天

2. Landsat 影像

Landsat 系列卫星由美国于 20 世纪 70 年代研制发射。该系列卫星经历了 40 多年的更替运行，经历了第一代试验型地球资源卫星（Landsat-1、2、3），携带一个 MSS 多光谱传感器，分辨率 78 m。第二代以 Landsat-4、5、7 为代表，增加了专题绘图仪。2013 年发射的 Landsat-8 携带有 OLI 和 TIRS 两个主要载荷，全色波段分辨率提高到 15 m。TM 影像各波段特征：蓝波段对水体穿透强，穿过水体衰减最小，常用于获取水下信息；绿波段（0.52～0.60μm）位于植被的两个吸收带之间，健康的绿色植被对该波段反射强烈，越是健康的绿色植被越对该波段敏感，反射越强烈，因此常用绿峰反射率评价植物的生长状况；红波段（0.62～0.69μm）对水中悬浮泥沙反射率很高，是绿色植被的主要吸收波段，因此常用于区分植被与非植被；近红外波段用于识别地质构造，区分植被种类，绿色植物对近红外波段反射率高，但不同植被对近红外反射率差别很大，因此可用于区分植被类型。

遥感数据主要技术参数详见表 1-3 和表 1-4。

表 1-3 TM 传感器参数

专题制图仪	Landsat-4、5	波段	波长/μm	分辨率/m	主要作用
TM	Band 1	蓝绿波段	0.45~0.52	30	分辨土壤和植被
	Band 2	绿色波段	0.52~0.60	30	分辨植被
	Band 3	红色波段	0.63~0.69	30	道路、裸地、植被类型等的辨识
	Band 4	近红外波段	0.76~0.90	30	生物量的估算
	Band 5	中红外波段	1.55~1.75	30	道路、裸地、水体、植被类型等的辨识,有较强的云雾穿透能力
	Band 6	热红外波段	10.40~12.50	120	分辨热辐射目标地物
	Band 7	中红外波段	2.08~2.35	30	岩石、矿物、植被类型及潮湿土壤的辨别

表 1-4 ETM 传感器参数

增强专题制图仪	Landsat-7	波段	波长/μm	分辨率/m	主要作用
ETM+	Band 1	蓝绿波段	0.45~0.52	30	分辨土壤和植被
	Band 2	绿色波段	0.52~0.60	30	分辨植被
	Band 3	红色波段	0.63~0.69	30	道路、裸地、植被类型等的辨识
	Band 4	近红外	0.76~0.90	30	分辨潮湿土壤与估算生物量
	Band 5	中红外	1.55~1.75	30	道路、裸地、水体、植被类型等的辨识,有较强的云雾穿透能力
	Band 6	热红外	10.40~12.50	60	分辨热辐射目标地物
	Band 7	中红外	2.08~2.35	30	岩石、矿物、植被类型及潮湿土壤的辨别
	Band 8	全色	0.52~0.90	15	增强影像分辨率,提供影像分辨能力

1.4.2 遥感数据预处理

遥感数据预处理包括影像的大气校正、几何精校正、图像裁剪与拼接、数据融合和图像增强等内容。

1. 大气校正

大气校正目的是消除大气中空气、水蒸气、臭氧层等的影响,从而获得较真实的地表反射率。大气校正的方法主要有统计模型和物理模型。统计模型方法是基于大量统计地表变量和遥感数据之间的关系,建立真实值与观测值的相关统计模型。该方法优点是容易建立观测数据和实际数据之间的关系。

研究利用 ENVI 中的 FLAASH 进行大气校正,步骤为 File→Open External File→打开 Landsat 影像→Basic tools→Preprocessing→ Calibration Utilities→ Landsat TM→ Calibration Utilities→FLAASH。

2. 几何精校正

卫星运行成像时，由于姿态、地球曲率和旋转、地形起伏、大气折射以及传感器自身性能等因素，遥感影像相对于地面探测地物产生畸变。卫星地面接收站在将遥感影像提供给用户前，已经根据卫星轨道公式、卫星的位置、运行姿态等参数和传感器的性能指标以及大气状态、太阳高度角等信息对遥感影像进行了相应的粗校正。影像在经过粗校正后，仍然存在包括系统误差和偶然误差在内的残余误差，有必要使用地面控制点对其进行更进一步的几何精校正。

几何精校正又称几何配准，是消除影像几何畸变的过程，从而形成另一幅具有地图投影信息的遥感影像。精校正回避了影像成像的空间几何过程，并且认为遥感影像的几何变形是受挤压、扭曲、缩放、偏移及其他变形等相互影响而引起的。

多项式法是几何精校正的常用方法，其原理是在地面上选择若干个控制点，通过构建不同影像空间上的多项式变换模型，进行对应的影像像元插值运算。卫星影像在进行几何精校正时，地面控制点（ground control point，GCP）的选择、数量和分布特征都有相应的要求，选择控制点时尽量在图像上分布均匀，最好图像四角和边缘皆有控制点布集。对于二元 n 次多项式而言，控制点数量应为 $N=(n+1)(n+2)/2$，该公式是选择的控制点满足最基本要求的数量，相对应二元 2 次多项式，需至少选择 6 个控制点。在现实研究工作中控制点选择应满足以下几个条件：

（1）关于影像控制点的选择，应尽量选择具有明显标识的地方，如农田房屋的边界线、道路河流的交叉口处等。

（2）选择的标识地物应不随时间的变化而变化。

（3）控制点选择的影像若是未做过地形校正时，则需将影像放在相同地形高程上进行选择。

（4）在整幅影像中，控制点的选取应尽可能分布均匀，选取数量也应满足一定的要求。

原遥感影像像元在空间转换后其位置产生了相应的变化，这些变化后的像元灰度值需要通过重采样来构建。重采样插值算法主要有最近邻近点差值算法、双线性插值算法、立方卷积插值算法等。研究的几何精校正主要通过以下几个步骤来实现：

（1）将每期遥感影像分别与 1∶5 万地形图进行对比分析，在图像上选择相应的控制点，其数量为 24 个，均匀分布在图像上。

（2）量取控制点大地坐标。在 1∶5 万标准地形图上选取控制点后，利用 Geoway3.0 软件，借用国家测绘局大地中心计算出的公里格网数据改正数 Dx、Dy 和角点坐标改正数 DDx、DDy 对控制点进行转换计算。

（3）在 Erdas9.2 中，执行 Data Preparation—Image Geometric Correction，依次输入影像图中找到的相应该控制点和大地坐标参考点。

（4）控制点平差分析，采用二次多项式拟合方法，分析残差异常点，将那些对校正结果不予影响的异常点删除，剩余 16 个控制点。精校正采用 105°中央经线 6°分带、高斯-克吕格投影、80 西安坐标系。研究要求精校正几何均方根误差（RMSE）的平均值应小于 0.5 个像元。

(5) 研究重采样方法为双线性内插法 (bilinear)。

3. 图像裁剪与拼接

两幅或多幅影像覆盖研究区域时，需将影像拼接起来，这个过程就叫图像的拼接或镶嵌。待拼接的影像应具备相同的地图投影、相同的波段组合数及相邻边界有重叠区等特点。图像剪裁是影像依据研究区的行政边界或感兴趣区从影像上裁剪出研究区的过程。图像剪裁主要有规则和不规则两种类型。规则剪裁的矢量文件是一个矩形，可以是现成的矩形矢量，也可以是绘制出来的矩形感兴趣区，可以依次输入四角点坐标进行图像的裁剪。不规则剪裁的矢量文件是一个任意多边形，没有固定的四角点坐标，因此必须通过先形成一个闭合的完整多边形才可以进行影像的剪裁。

在 ENVI5.1 软件中，将同年份的所有影像加载到软件中，利用 Mosaicking—Seamless Mosaic 工具对影像进行拼接。随后，将待裁剪的影像和同一坐标系下的矢量边界加载到软件中，利用掩模工具 Raster Management—Masking—Build Mask 分别对拼接后的影像进行裁剪。

4. 数据融合

数据融合主要是对多源遥感图像信息进行处理的过程，通过一定算法运算，对其在空间上和时间上的冗余或互补信息进行处理，重新构建一幅可视化效果好，并且在空间、时间和波谱等特征上更符合图像分割、遥感信息提取等研究目的的影像。研究通过分析 TM 7 个波段、ETM 8 个波段和 WFV 4 个波段的特征，决定采用 TM4，3，2 波段、ETM4，3，2 波段和 WFV4，3，2 波段进行 RGB 假彩色合成新的图像，进行后续土地利用/覆被信息提取研究。

5. 图像增强

图像增强处理是影像进行数字化处理过程中的常用方式。遥感影像上包含着丰富的地类标识信息，这些信息在影像上通常以灰度值的形式展现出来。当地类间的灰度值差异变得非常小时，无法通过目视解译直接判读这些地类，就需要借用图像增强技术对这些微小的差异进行扩大化，并将其凸显出来，以获得更好的目视解译影像信息图像。

应用直方图均衡化 (histogram equalization) 方式对遥感影像进行增强处理。增强处理最主要方式就是直方图均衡化，通过对影像像元灰度值非线性拉伸，像元灰度值进行重新分配，通过某一灰度范围值中的像元数目基本相同来构建分段直方图，使直方图中部峰顶增强，边缘两侧谷底对比度减弱，致使图像的亮度区域扩大化，对比度和清晰度也相应增高，图像细节信息凸显，更便于各种地类的判别。

1.5 技术关键问题及解决途径与科技创新

1.5.1 技术关键问题及解决途径

（1）首先，卫星数据的选取工作量非常大，有些数据的取舍只有在做完几何校正后才能决定，致使数据选用在个别影像上没能做到最好。其次，如何在数据处理中协调图面整体与尽可能保留数据细节这对矛盾是需要系统研究的问题。此外，管理系统的性能有待进一步提高。在实际研究中，通过加入系统管理建模数据的管理功能和各种三维空间分析功能，提高完善业务化管理系统的性能，使系统保持现有性能的前提下朝着浏览器模式发展。同时通过数据压缩和增强，强化数据的取舍并尽可能保留数据中反映主要地理空间信息的变量。

（2）多源卫星图像尚存在一定程度的条纹、数据错位、信噪比和动态范围不够等缺陷，因此在综合图像处理上与美国陆地卫星 TM 数据相比仍有一定的差距。在实际研究中为了提高影像的解译性能，常采用信息挖掘与 GIS 分析结合：利用卫星遥感图像的色调和纹理特征，解译各类资源或环境的发生区域，确定其分布范围，利用 GIS 对所研究区域的特点与动态变化进行分析评价。借助图像中的特定线状目标信息（如桥梁、堤坝、河道等），采用经验拟合的方式提取图像获取、传输过程中的点扩散函数，并利用该点扩散函数结合频域维纳滤波器求解去图像模糊的空域反卷积算子。这样图像质量得到明显的提高，收到了较好的复原效果。

（3）现实情况中，有些荒漠化土地类型实际上包含或兼容了两种或两种以上的荒漠化类型。其荒漠化的性状常介于两种或两种以上荒漠化指征之间，并随着周围环境变化而表现出不同的荒漠化性状与过程。研究发现，复合荒漠化地类在景观特点和生态地理区位上与单一主导因子荒漠化差异比较明显，但在遥感指征上常常容易混淆，需要通过地面监测数据修正。目前国家现有荒漠化监测调查技术标准中，规定采用主导因子界定方法，以风蚀、水蚀、盐渍化、冻融四大主导因子来确定其荒漠化类型，对其他因素则忽略不计。监测结果表明：调查研究区域复合荒漠化类型的占地面积比例为 7.42%。这一监测结果，是在基本无人类活动的保护区，若有人类干扰，估计复合荒漠化的比例将更高。因此复合荒漠化是今后荒漠化监测调查中非常值得重视的问题。

1.5.2 科技创新

（1）针对高分辨率遥感图像中地物的复杂、异质共性难点以及给地物自动提取带来的痛点问题，系统论证了利用空间、语义、时间上下文信息提升地物信息提取精度的机理；针对遥感图像分割的区域合并算法，发现了合并起始点动态迁移对于分割过程中空间上下文信息的利用效率及其对分割精度和效率的关键制约作用；针对不同应用场景和先验知识条件，建立了遥感图像分割跨尺度优化框架及面向对象的地物信息提取模型，提高地物分割的完整度和精度；挖掘多时相遥感数据之间的时间上下文信息以及空间关联，建立多时相遥感图像协同分割范式及算法，解决多时相专题信息提取和遥感变化检测面临的几何边界难统一的困境。

（2）应用高分一号，基于大量历史地面监测数据，利用遥感技术对山地森林、荒漠湿地生态系统植被生物量、覆盖度与裸土等生态参数进行特征提取和标准化处理，经过耦合和集成，构建了植被覆盖度模型，进行了遥感数据的可靠性验证和各种生态要素的反演、调整和检验工作，提出了国产高分数据反射率参数的精度和范围；构建了植被覆盖度估算模型，为类似荒漠化区域的植被覆盖度监测、荒漠化治理提供了借鉴。

（3）突破了国产高分卫星数据规模化应用科技瓶颈。统一国产高分辨率卫星数据时空辐射处理框架，汇聚智能化信息提取、集成化模型反演技术，建成"1+N"架构的国产高分辨率卫星区域综合应用平台；构建卫星数据与专题产品的标准化和定制化服务机制，突破"数据-模型-产品-服务"的规模化应用科技瓶颈，实现海量数据的分布式快速处理、业务化产品生产与分发推送服务，工作效率提高了5～10倍，拓展了政府、行业、大众三类用户群。

1.6 技术重点

1.6.1 理论研究成果的应用

（1）在目前的等腰直角三角形动态构网方法中，需要大量的辅助性数据，表示一个点一般要20个左右的字节，而且需要把所有原始DEM数据调到内存。此类方法一般只适用于本地数据源的方式，如果以网络数据源的方式将加剧数据传输的工作量。通过本次研究创造的等边直角网构网压缩技术，解决了在影像管理系统从磁盘存储的海量数据中，随机快速地获取少量的屏幕中显示数据的核心问题。

（2）对复合荒漠化类型给出了科学的界定和诠释，建立了比较适合实际情况的荒漠化监测指标评价体系。解决了兼容多种荒漠化性状和指征的荒漠化土地类型的监测解译问题。完善和补充了现有荒漠化监测评价指标体系理论。

（3）完善利用多源卫星遥感信息提取土地荒漠化、森林立地、植被资源的理论与方法，为利用国产卫星技术开展资源环境评价提供了范例，为新疆的区域经济发展和生态环境保护提供辅助决策依据。

1.6.2 技术方法成果的应用

（1）通过与Landset等国外卫星的性能对比分析，采用信息挖掘与GIS分析结合，利用PSF估计与图像复原等技术，CBERS、GF-1号卫星数据的图像质量得到明显改善，提高了其遥感分析解译的精度和效率。

（2）建立了基于多源卫星遥感数据的统一技术平台，实现了数据源管理、视图管理、相机模型、导航操作、图例管理、飞行路线、属性查询等多项功能。可以对森林、草地、水、土地荒漠化等资源环境信息进行分析、评价、预测。为区域社会可持续发展和资源有效配置提供了快速、准确的数字化服务。

（3）从现有技术出发，充分应用较为成熟的先进技术方法，以较少的投入，提供准确的资源环境宏观数据;采用相关专业的最新研究成果和技术手段,逐步提高监测水平并扩展监测内容。采用总体控制、遥感判读区划与地面调查并举的技术路线,构建一整套具有监测精度保证、业务化程度高、可操作性强的 CBERS 遥感信息提取技术体系。

1.7 综合应用与社会经济效益评价

1.7.1 综合应用

研究的主要目标之一就是服务于新疆的区域经济和生态环境建设,因此自项目实施以来,即本着边研究、边应用、边服务的原则,积极地为国家、地方政府有关部门、科研单位、大专院校提供技术服务,研究成果得到了广泛的应用。用户涉及国家国防科技工业局、中国资源卫星应用中心、新疆维吾尔自治区水利厅、新疆维吾尔自治区林业和草原局、新疆维吾尔自治区气象局等政府部门或业务单位。

相关研究为利用国产卫星监测资源环境的现状及其发展趋势,建立基于国产卫星数据处理分析的应用系统,在为我国西部边疆区域社会可持续发展和资源有效配置、领土及资源调配谈判提供基础数据的同时,开发建设以我国民用卫星为应用主体的干旱区资源环境监测业务化信息系统奠定了基础。

研建的相关技术成果和专题产品已经在全国部分省区的农业估产、新一轮国土资源大调查、资源环境监测、地形图测绘等领域得到了广泛应用。项目取得的森林、草地、水资源、土地荒漠化、DEM 等成果和数据也得到了全面的推广示范。同时相关技术方法在多项学术研究和资源环境调查中得到了实际检验。成果的应用领域涉及区域经济、资源环境规划、防灾减灾、国土开发利用与保护等方面,取得了巨大的社会效益和经济效益。如森林资源监测课题利用研究成果,对新疆天山西部林区进行了山区国有公益林区划界定和新增林业用地补充调查。共区划林业用地面积 83.87 万 hm^2,其中区划新增林业用地 45 万 hm^2。通过调查,使天山西部林业局增加了 53%的林业用地面积。以国家下拨山区国有公益林管护费用 45 元/($hm^2 \cdot a$)计,年增经济补贴在 1000 万元以上。

1.7.2 社会经济效益评价

(1) 研发的关键技术、业务系统和应用平台,提升了我国相关行业遥感应用的自主性和应用能力的跨越式发展。采用国产高分辨率卫星数据和自主技术具有战略性意义。国产高分辨率卫星数据综合应用平台建设满足了省域、行业应用需求,根本性地扭转了严重依赖国外卫星数据和技术的局面。相关研究工作的实施提升了国产高分辨率卫星数据在市场的占有率,实现了我国卫星数据的自给自足,为国家节省了巨额购买国外同类卫星数据的资金。

(2) 研究成果服务于政府监管、决策和应急保障,支撑了我国国土安全和国家治理体系现代化建设。相关研究工作的实施提高了政府部门和行业大众的业务化能力,增强了各行业领域跨区域、跨部门的协同工作效率。以信息化手段加强监管和服务,促进了政府职能"放管服"转型升级，为企业智慧化服务提供了助力。

（3）研究成果应用于森林、草原和水资源监测治理，服务了国家生态文明建设和生态环境保护重大战略。国产高分辨率卫星区域综合应用平台为新疆和安徽等地的自然资源和生态环境监测提供了长期技术保障，为森林、草原和水资源加强源头监测预防、促进生态产业化和产业生态化提供技术支持，对国家草地生态补偿禁牧和草畜平衡、维护草原生产能力、退化草原分区规划治理提供决策支持。项目的实施有助于从系统和整体上解决环境保护与发展的根本性问题，为实现"绿水青山就是金山银山"的生态保护理念贡献了力量。

（4）在国产高分辨率卫星面向产业化应用的科技攻关中，提升了完成单位的科研水平和研发能力，为国家发展急需领域培养了创新型科技人才。依托相关研究工作的开展，培养了一批优秀的中青年遥感科学与技术人才。主要完成人入选全国百名优秀科技工作者、国务院政府特殊津贴专家、科技部遥感青年科技人才等。以项目完成人为主体，获批"国产军民卫星星群数据综合处理关键技术及示范应用"安徽省高校领军人才团队。同时，项目支持了 14 名博士和 80 名硕士研究生获得学位，有 36 名学生获得国家奖学金、省优秀博士/硕士学位论文等奖励。基于项目相关成果，指导学生在全国大学生 GIS 应用技能大赛、中国青年遥感辩论会等赛事中屡创佳绩，极大地促进了我国遥感应用研究的发展和人才队伍建设。

第 2 章 基于多源遥感数据的植被覆盖度遥感反演

植被覆盖度作为重要的生态环境变化指示参数，在生态、水利、土壤、水保、植物学等领域有广泛的应用，常被作为重要影响因子，参与分析评价过程。获取植被覆盖度的方法很多，但目前最常用的是实地测量法和遥感解译法（Zhou and Robson，2001）。实地测量法属于传统测量法，费时低效，监测范围小，已无法适应和满足区域生态环境动态可持续监测的需要。遥感解译具有快速、实时、高效等特点，可广泛用于大面积植被覆盖度动态监测（Burgess，1995）。遥感解译数据方面，之前我国遥感数据较少，对国外遥感数据依赖性强。

近几十年来，艾比湖流域人口迅速增长，农牧业快速发展，资源过度开采，致使环境问题更加突出，表现为艾比湖湖面萎缩加快、周边荒漠化加剧和风沙灾害频发（李艳红等，2006）。围绕艾比湖及周边植被覆盖度的研究多以传统实地测量法获取植被覆盖度，但只能在较小区域进行而且费时费工（宫恒瑞等，2005）。本章研究采用遥感监测方法结合实地测量，利用高分一号和 Landset 影像，研究流域内的植被覆盖度动态变化，不仅能评价近年来流域内生态环境变化，而且为新疆天山北坡广大区域植被覆盖度监测研究提供范例。

2.1 数 据 处 理

2.1.1 数据源概况

1. 高分影像

采用覆盖研究区的 2 m 分辨率全色/8 m 分辨率多光谱影像，共 8 景，拍摄时间集中在 2014 年 7 月前后。数据来源于新疆维吾尔自治区卫星应用工程中心。具体影像编号为：GF1_PMS2_E82.7_N44.9_20130820_L1A0000072410、GF1_PMS1_E83.0_N45.0_20140511_L1A0000222463、GF1_PMS1_E83.2_N45.0_20140621_L1A0000256653、GF1_PMS2_E83.6_N44.6_20140801_L1A0000294490、GF1_PMS2_E83.6_N44.9_20140621_L1A0000256795、GF1_PMS1_E82.7_N45.2_20140617_L1A0000253965、GF1_PMS1_E83.1_N44.7_20140621_L1A0000256654、GF1_PMS1_E83.7_N44.7_20140915_L1A0000340895。

2. Landsat 影像

数据来源于美国地质调查局（http://earthexplorer.usgs.gov/），分别下载了 1990 年、2001 年、2007 年 Landsat-5 TM 影像以及 2014 年 Landsat-8 TM 影像。由于云量、下载限制等原因，如果当年影像不能全覆盖研究区，就采用离该时间点最近的影像补充。下载的影像除 2014 年影像外，其余全为单波段影像，研究主要用到 2、3、4 波段。具体影像编号为：

p145r29_5t19930904、p146r29_5t19901005、p147r29_5t19900910、p145r029_7dt19991015、p146r029_7dt20010925、p147r029_7dt19990826、L5145029_02920070911、L71146029_02920060822、L5147029_02920060821、LC81470292014207LGN00。

2.1.2 技术路线

本章研究采用遥感图像预处理技术、植被覆盖度提取技术及回归建模等手段对研究区近25年植被覆盖度进行研究。在ArcMap、ENVI等遥感图像处理软件支持下，进行图像辐射校正、几何校正、融合、拼接、裁剪等数据预处理。采用回归模型法、混合像元分解法和植被指数法分别对研究区植被覆盖度进行反演。对比分析这3种方法的精度，利用精度较高的反演模型对1990年、2001年、2007年、2014年4期TM数据进行研究区植被覆盖度反演，并分析其时空变化和驱动力。主要技术路线见图2-1。

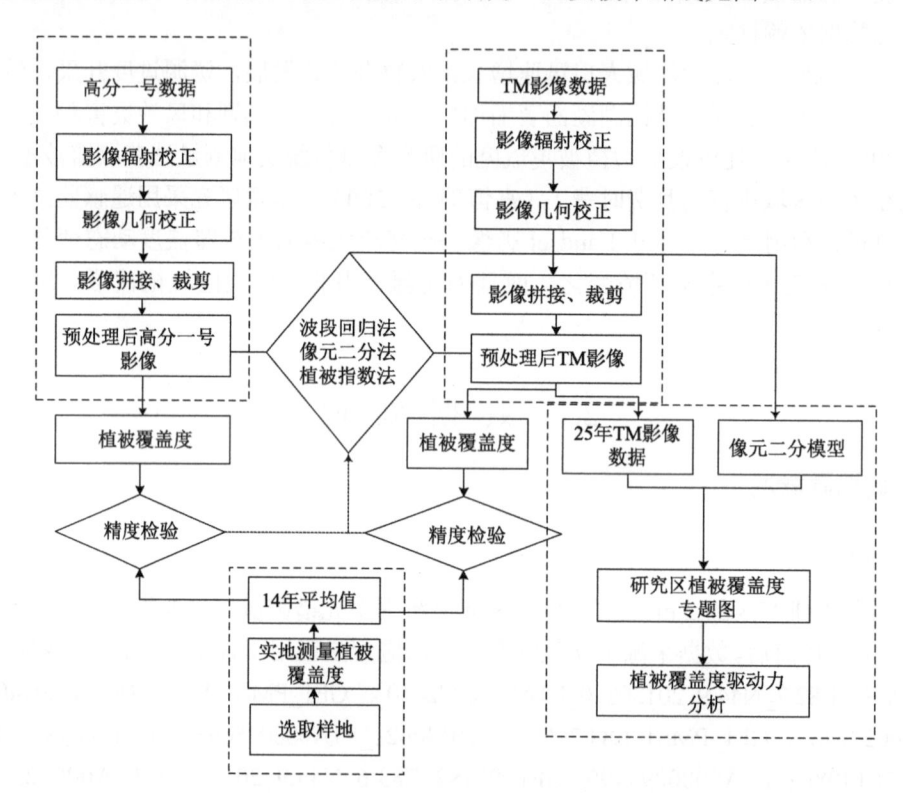

图2-1 植被覆盖度信息提取技术路线图

2.1.3 植被覆盖度测算方法

1. 植被覆盖度传统测算方法

植被覆盖度传统测算方法按测量特点可分为采样法、仪器法和目测法3类。本书采用目测法，在监测样本内，对角线拉皮尺，分别估测两条对角线上植被的覆盖度（交点处只算1次），按算术平均计算样地的总覆盖度。

2. 基于遥感的植被覆盖度测算

遥感估算植被覆盖度是一种全新、快速的方法，该方法具有快速、准确和实时获取植被状况及其变化的优势。本书选用回归模型法、混合像元分解法和植被指数法分别反演研究区植被覆盖度。

回归模型法在干旱区荒漠植被提取中应用得较多，尤其是较小的研究范围，在稀疏植被地区运用回归模型法较植被指数法有更高的精度。本书结合地面实测数据，分别基于高分一号遥感数据和 TM 遥感数据建立植被覆盖度综合估测模型，具体建模流程见图 2-2。

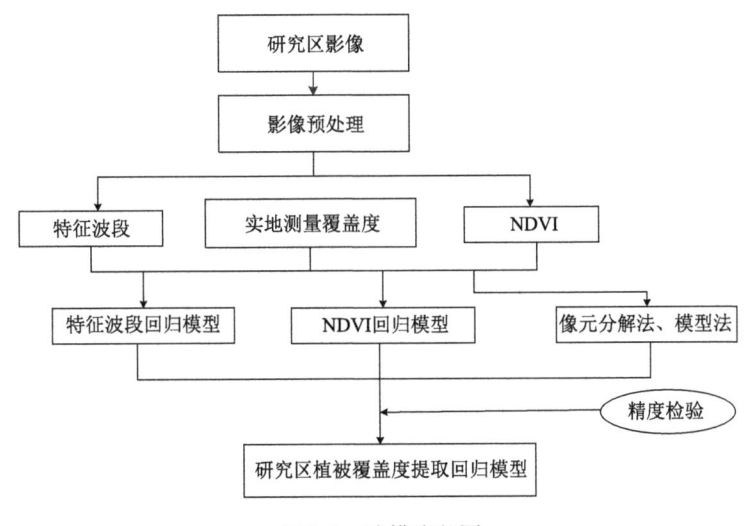

图 2-2　建模流程图

由于影像分辨率的缘故，绝大多数像元包含不止一种地物，称之为混合像元。假设混合像元由 n 部分组成，每一部分对遥感传感器所观测到的信息都有贡献，据此可以将像元分解成 n 个部分，建立 n 种地物组分和影像信息之间的关系，此即像元分解模型的原理。

本章研究采用像元二分法。该方法是像元分解法中最简单明了、精度较高的方法（李向婷等，2013）。像元的光谱信息由植被和裸土光谱信息组成，其中植被反射信息所占的百分比就是该像元的植被覆盖度。计算研究区所有像元的植被覆盖度平均值就得到研究区的植被覆盖度。

1）模型推导

采用线性光谱混合模型中最简单的线性组合像元二分模型。像元二分模型假设像元信息由植被与裸土两部分组成，像元反射信息是通过传感器观测到的地物信息 S，S 就可以表达为植被组分贡献的信息 S_v 和土壤组分贡献的信息 S_S 两部分，可以用公式（2-1）表示：

$$S = S_v + S_S \tag{2-1}$$

在二分模型中，植被组分比例即为该像元的植被覆盖度，设为 F_C，则土壤组分比例为 $(1-F_C)$。设植被覆盖度为 1 的像元的遥感信息为 S_{veg}，植被覆盖度为 0 的裸土像元的遥感信息为 S_{soil}，则像元中植被成分所贡献的信息 S_v 可以表示为

$$S_v = S_{veg} \times F_C \tag{2-2}$$

同理，土壤成分所贡献的信息 S_S 可以表示为

$$S_S = S_{soil} \times (1-F_C) \tag{2-3}$$

将式（2-2）与式（2-3）代入式（2-1）式得到：

$$S = S_{veg} \times F_C + S_{soil} \times (1-F_C) \tag{2-4}$$

我们知道 NDVI 是目前反映植被信息最直观可靠的参数，将 NDVI 代入式（2-4）进行变换，可以得到：

$$\text{NDVI} = \text{NDVI}_{veg} \times F_C + \text{NDVI}_{soil} \times (1-F_C) \tag{2-5}$$

整理式（2-5）可得

$$F_C = (\text{NDVI} - \text{NDVI}_{soil}) / (\text{NDVI}_{veg} - \text{NDVI}_{soil}) \tag{2-6}$$

要想获得植被覆盖度，最主要的是准确获得 NDVI_{veg} 和 NDVI_{soil} 的值。

2）NDVI_{veg} 和 NDVI_{soil}

当区域能找到纯净像元，即 $F_C=1$ 和 $F_C=0$ 的像元，即 NDVI_{veg} 和 NDVI_{soil}，就能获得植被覆盖度的关键参数。目前纯净像元的获取主要有以下两种方法：

第一种，"参考端元"获取法，即从已有的地物波谱信息库中选择纯净像元或直接野外波谱测量。该方法由于受到天气、地势和传感器摆动等影响，遥感信息与野外实地测量或地物波谱库曲线之间存在很大差别，不能与野外测量和波谱库中的地物波谱曲线很好地吻合。

第二种，从测定的影像上选择端元，然后不断修正，得到影像端元。此种方法获取端元方便、快捷，而且与实际影像端元吻合性较好、精度较高。

2.1.4 实测数据获取与处理

1. 样地选择

以 2009 年新疆重点公益林保护成效监测样地调查监测体系为基准，根据全球环境基金（GEF）项目和抽样精度要求，抽取监测样地开展地面与遥感动态监测。

根据研究区自然景观格局和水资源来源特点，从艾比湖湖滨湿地 109 个监测样地中选择 65 个样地，样地大小为 28.28 m ×28.28 m。

2. 测量方法选择及测量

样地测量时间选择在 2014 年 8 月中旬，通过卫星与数字地图规划调查路线，拟定野外调查计划。依据内业成果组织研究团队开展实地调查，利用 GPS 对样地进行定位，现地开展林分调查、灌木林调查、林地更新、草本调查、荒漠化程度调查、总植被覆盖度

测量等，并记录调查结果。同时针对卫星载荷现地测定有关调查因子光谱信息，建立遥感解译标志。

3. 测量结果处理

采用对角线测量法。该方法是直接目测法的改进，在样地内拉对角线，对对角线上的植被进行测量，两条对角线植被长度之和（对角线交点处只记 1 次）除以对角线长度即得到该样地的平均植被覆盖度。

2.2 植被覆盖度模型构建

2.2.1 基于特征波段的植被覆盖度模型

1. 回归模型波段选择

目前国内外已有学者对荒漠区植被进行了光谱观测和分析研究。本章参考前人的研究成果，结合高分一号卫星影像和 TM 数据波段特点，采用实地光谱测量与光谱数据处理、包络线去除分析、一阶导数分析等方法，对波段做了如下研究，确定了回归模型选择波段。

1) 荒漠典型植被光谱测量

对研究区典型植物白刺、柽柳、沙拐枣、锦鸡儿、梭梭、草地进行光谱实际测量。对实测光谱进行平滑去噪、水汽吸收波段的剔除以及光谱曲线均值处理。处理后得到反射光谱曲线如图 2-3 所示。

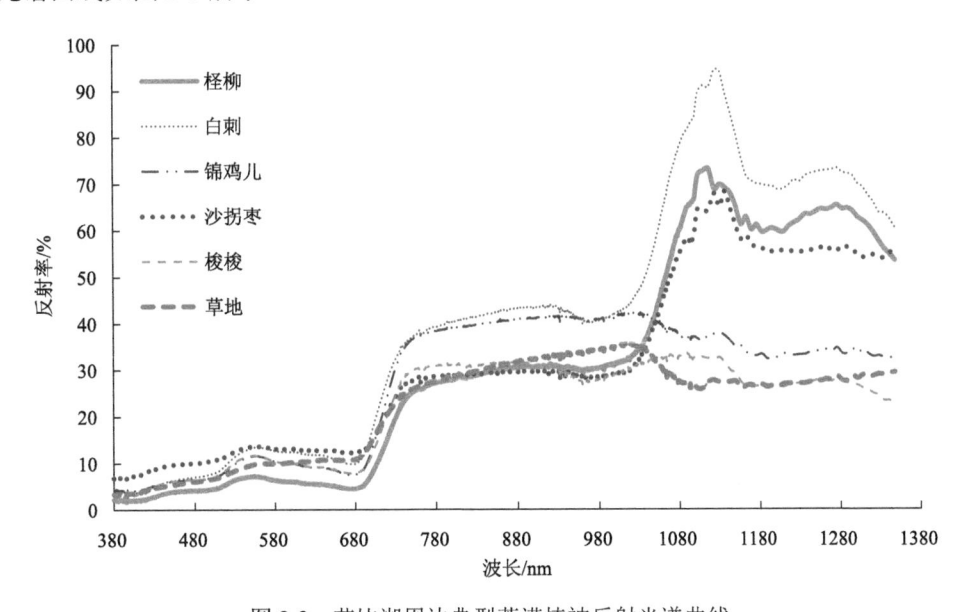

图 2-3 艾比湖周边典型荒漠植被反射光谱曲线

2）光谱数据处理

光谱数据的一阶导数处理能压缩背景噪声对目标信号的影响或不理想的低频信号。同时一阶导数处理能放大细小特征，便于研究。本书主要用于求导研究区典型植物光谱数据的一阶导数，采用如下公式来求光谱数据的微分：

$$\frac{d\rho}{d\lambda} = \frac{\rho_{\lambda_{i+1}} - \rho_{\lambda_i}}{\lambda_{i+1} - \lambda_i} \tag{2-7}$$

式中，$\rho_{\lambda_{i+1}}$ 为 λ_{i+1} 波段反射率；ρ_{λ_i} 为 λ_i 波段反射率；λ 为波长。

图 2-4～图 2-6 为研究区几种典型植物的一阶导数处理结果。

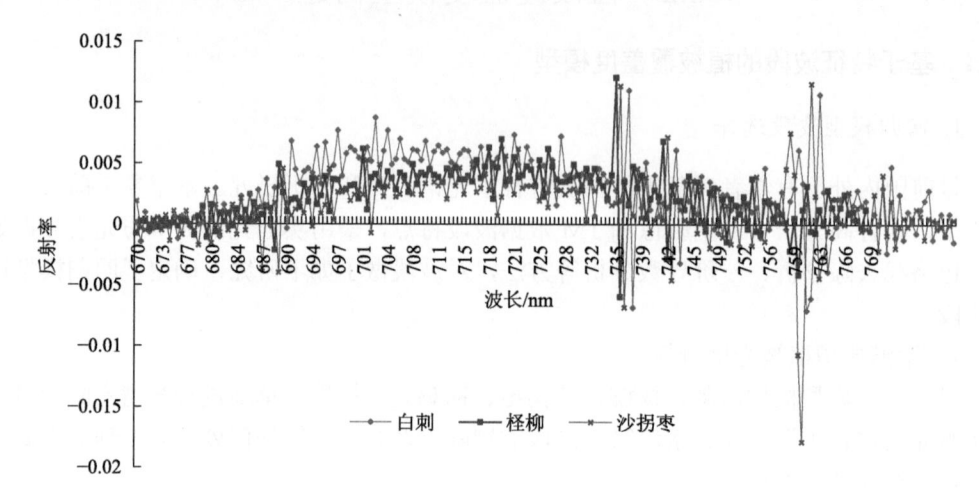

图 2-4 白刺、柽柳、沙拐枣一阶光谱导数

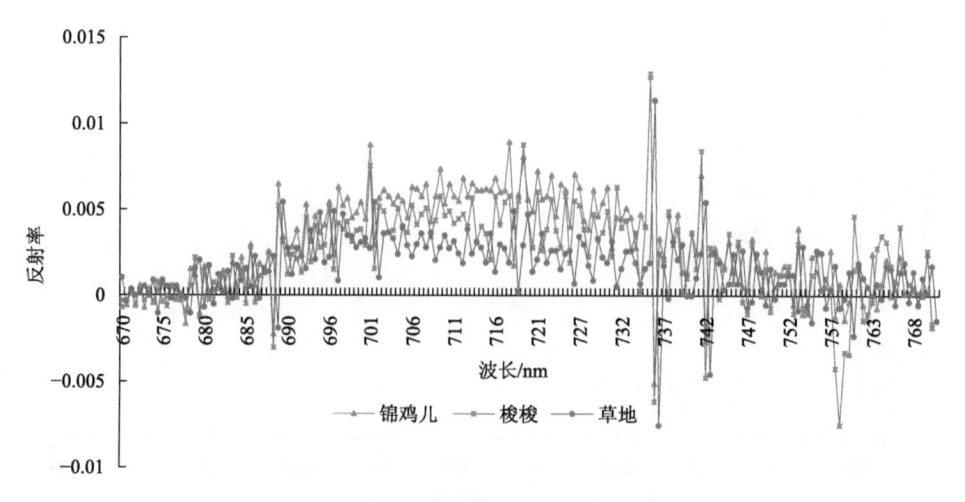

图 2-5 锦鸡儿、梭梭、草地一阶光谱导数

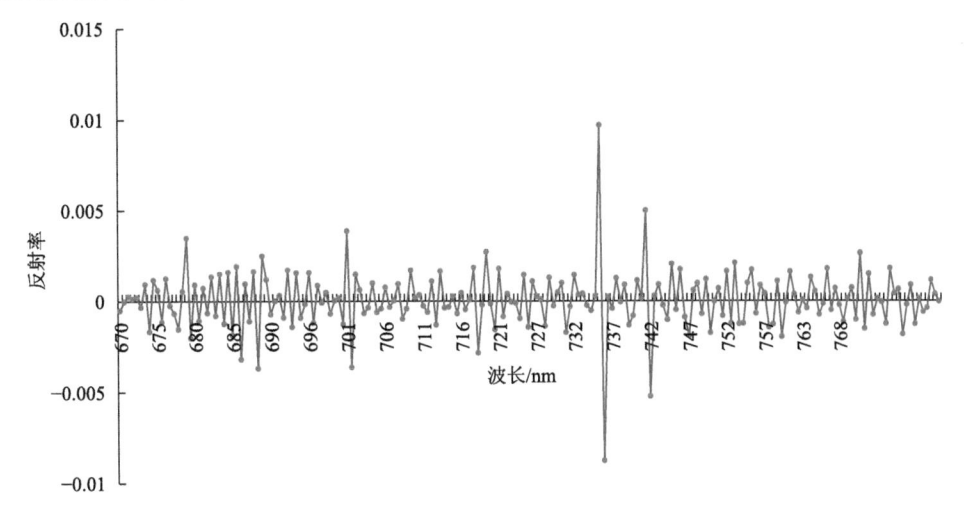

图 2-6 裸地一阶光谱导数

包络线去除分析，将反射光谱吸收强烈部分的波段特征进行转换，在一个共同基线的基础上比较反射光谱的吸收、反射特征，进行光谱特征分析和光谱特征波段选择。

波段 i 处的去除值 CR_i 计算公式如下：

$$CR_i = R_i / RH_i \tag{2-8}$$

式中，RH_i 为包络线值；R_i 为波段 i 处的光谱反射率；CR_i 为波段 i 对应的包络线去除值。图 2-7 为几种典型植被的光谱吸收特征曲线。

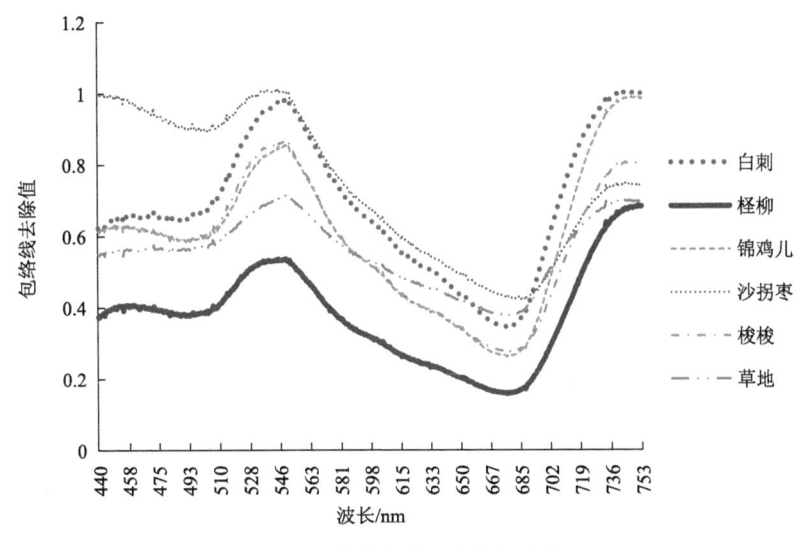

图 2-7 植被光谱吸收特征曲线

通过原始光谱、一阶导数、包络线分析，我们得出荒漠植被在绿波段（540～560nm）、红波段（670～750 nm）、近红外波段（1100～1140 nm）反射光谱特征明显，这些波段正好位于高分一号、TM 数据的绿波段、红波段、近红外波段。因此我们选择这三个波段对植被覆盖度进行回归分析。

2. 基于高分一号特征波段回归模型

以植被覆盖度 y 为因变量，自变量 x_1、x_2、x_3 分别代表高分一号第 4,3,2 波段反射率，x 对 y 做线性回归分析，结果如下：

相关系数 Multiple R=0.838 表明植被覆盖度和选择的波段之间的关系为高度正相关。调整后的复测定系数 R^2 为 0.688，表示自变量能说明因变量 y 的 68.8%，因变量 y 的 31.2% 要由其他因素来解释。标准误差 0.086 说明拟合程度较好。

通过 F 检验来判定回归模型的回归效果，Significance F（F 显著性统计量）的 P 值为 4.72×10^{-16}，小于显著性水平 0.05，所以说该回归方程回归效果显著，方程中至少有一个回归系数显著不为 0。

统计量的 P 值：$b1$=0.0298，$b2$= 9.29×10^{-17}，远小于显著性水平 0.05，因此该两项的自变量与 y 相关。而 $b3$= 0.7026 远大于 $b1$、$b2$ 的 t 统计量的 P 值，说明绿波段与植被覆盖度相关性不强，即该项的回归系数不显著。因此 y =0.312–0.001x_1+0.002x_2+0.0003x_3。具体回归参数见表 2-1。

表 2-1　高分一号特征波段回归统计表

回归统计	
Multiple R	0.838
R^2	0.702
调整后的复测定系数 R^2	0.688
标准误差	0.086
观测值	65

方差分析

	df	SS	MS	F	Significance F
回归分析	3	1.066	0.355	47.982	4.72×10^{-16}
残差	61	0.452	0.007		
总计	64	1.518			

	系数	标准误差	t Stat	P-value	下限 95.0%	上限 95.0%
截距	0.312	0.074	4.223	8.16×10^{-5}	0.164	0.460
$b1$	−0.001	0.001	−2.225	0.0298	−0.003	−0.0001
$b2$	0.002	0.000	11.402	9.29×10^{-17}	0.002	0.003
$b3$	0.0003	0.001	−0.384	0.7026	−0.002	0.001

3. 基于 TM 数据特征波段回归模型

y 代表植被覆盖度，x_1、x_2、x_3 分别代表 TM 影像第 4,3,2 波段反射率，x 对 y 做线性回归分析，结果如下：

相关系数 Multiple R=0.768 表明植被覆盖度和选择的波段之间的关系为高度正相关。调整后的复测定系数 R^2 为 0.569，表示自变量能说明因变量 y 的 56.9%，因变量 y 的 43.1% 要由其他因素来解释。标准误差 0.101 说明拟合程度较好。

通过 F 检验来判定回归模型的回归效果，Significance F（F 显著性统计量）的 P 值为 $8.13×10^{-12}$，小于显著性水平 0.05，所以说该回归方程回归效果显著，方程中至少有一个回归系数显著不为 0。

统计量的 P 值：$b3=3.54×10^{-12}$，远小于显著性水平 0.05，因此该项的自变量与 y 相关。而 $b1=0.126$，$b2=0.982$ 远大于 $b3$ 的 t 统计量的 P 值，说明近红外波段与植被覆盖度相关性不强，即该项的回归系数不显著。因此 $y=0.203-0.0003 x_1+4.15×10^{-6} x_2 +0.0003 x_3$。具体回归参数见表 2-2。

表 2-2 TM 数据特征波段回归统计表

回归统计	
Multiple R	0.768
R^2	0.589
调整后的复测定系数 R^2	0.569
标准误差	0.101
观测值	65

方差分析	df	SS	MS	F	Significance F
回归分析	3	0.894	0.298	29.146	$8.13×10^{-12}$
残差	61	0.624	0.010		
总计	64	1.518			

	系数	标准误差	t Stat	P-value	下限 95.0%	上限 95.0%
截距	0.203	0.072	2.811	0.007	0.059	0.347
$b1$	−0.0003	0.0002	−1.552	0.126	−0.0008	$9.83×10^{-5}$
$b2$	$4.15×10^{-6}$	0.0002	0.023	0.982	−0.0004	0.0004
$b3$	0.0003	$2.92×10^{-5}$	8.638	$3.54×10^{-12}$	0.0002	0.0003

4. 精度评价

精度评价是拿一组数据做参考标准，将待检验数据与之比较，从而反映出待检验数据的精度。本章以野外各点实测覆盖度作为参考标准，按照各模型提取出的植被覆盖度作为待检验数据。采用标准误差来评价植被覆盖度提取模型波动性，平均绝对误差来评价提取精度。

1）标准误差评价

标准误差是在等精度测量中，各测量值误差平方的平均值的平方根，又称为均方误

差的平方根。公式为

$$\alpha = \sqrt{\frac{\sum_{i=1}^{n} \Delta x_i^2}{n}} \quad (2\text{-}9)$$

式中，α 为标准误差；Δx_i 为检验值与标准值的差值；n 为检验值的个数。

标准误差是对一系列测量的可靠性估计，能准确地表示出测量结果落在某个范围的可能性大小。当一系列测量数据中有偏离实际值较大的测量值时，标准误差的波动表现非常显著，标准误差能够非常灵敏地反映测量的精度。标准误差越小，测量的结果越可靠；反之，测量结果就越不可靠。根据高斯偶然误差理论，当一系列测量值的标准误差为 σ 时，那么每一个测量值的误差 ε_i 有 68.3% 的可能性是在 $(-\sigma, +\sigma)$ 区间内。

本次测量中，用 Δx_i 表示模拟值与标准值的差值，其求法如下式：

$$\Delta x_i = x_b - x_m \quad (2\text{-}10)$$

式中，x_m、x_b 分别为实地测量值与模型模拟值。式（2-10）代入式（2-9）得标准误差表达式：

$$\alpha = \sqrt{\frac{\sum_{i=1}^{n}(x_b - x_m)^2}{n}} \quad (2\text{-}11)$$

式中，α 表示 n 次测量的标准误差；n 表示测量次数。

2）平均绝对误差

平均绝对误差是求单个观测值与算术平均值差的绝对值的平均。平均绝对误差反映了测量值误差的实际大小。在多次重复测量中，一般各次测量的绝对误差不会相同。计算公式如下：

$$\Delta = (|\Delta 1| + |\Delta 2| + \cdots + |\Delta n|) / n \quad (2\text{-}12)$$

式中，Δ 为平均绝对误差；$\Delta 1, \Delta 2, \cdots, \Delta n$ 为各次测量的绝对误差。

由平均误差和实测数据求出模型的相对精度。相对精度代表着测量的准确度，在精度评价中经常用到。相对精度 δ：

$$\delta = 1 - \Delta^* / A \quad (2\text{-}13)$$

式中，Δ^* 表示相对误差；A 为样地实际植被覆盖度平均值。

经计算，波段回归模型标准误差和精度比较见表 2-3。

表 2-3　波段回归模型标准误差和精度比较表

模型	标准误差	模型精度
高分一号特征波段回归模型	0.0104	77.03%
TM 特征波段回归模型	0.0123	74.01%

通过比较可以发现，高分一号特征波段回归模型得出的模拟值标准误差为 0.0104，表示其中的任何一个测量值的误差 ΔX_i 有 68.3% 的可能性是在 $(-0.0104, +0.0104)$ 区间

内。TM 特征波段回归模型得出的模拟值标准误差为 0.0123，表示其中的任何一个测量值的误差 ΔX_i 有 68.3%的可能性是在（−0.0123，+0.0123）区间内。

高分一号特征波段回归模型的相对误差为 0.0698，模型精度为 77.03%。基于 TM 数据特征波段回归模型的相对误差为 0.079，模型精度为 74.01 %。

从标准误差看，基于高分一号特征波段回归模型模拟值波动误差小于 TM 数据 NDVI 回归模型；从模拟值精度看，基于高分一号特征波段回归模型平均精度高于 TM 特征波段回归模型 3.02 个百分点。

2.2.2 基于 NDVI 的植被覆盖度模型

1. 基于高分一号 NDVI 回归模型

以植被覆盖度 y 为因变量，自变量 x 代表对应像元的 NDVI，x 对 y 做线性回归分析，结果如下：

相关系数 Multiple R=0.822 表明植被覆盖度和 NDVI 之间的关系为高度正相关。调整后的复测定系数 R^2 为 0.671，表示自变量能说明因变量 y 的 67.1%，因变量 y 的 32.9% 要由其他因素来解释。标准误差 0.088，说明拟合程度较好。

通过 F 检验判定回归模型的回归效果，Significance F 的 P 值为 4.45×10^{-17}，小于显著性水平 0.05，该回归方程回归效果显著。

统计量的 P 值：$b=4.45\times10^{-17}$，远小于显著性水平 0.05，因此该自变量与 y 相关。因此 $y=0.052+1.556x$。具体回归参数见表 2-4。

表 2-4 高分一号 NDVI 回归统计表

回归统计	
Multiple R	0.822
R^2	0.676
调整后的复测定系数 R^2	0.671
标准误差	0.088
观测值	65

方差分析

	df	SS	MS	F	Significance F
回归分析	1	1.026	1.026	131.675	4.45×10^{-17}
残差	63	0.491	0.008		
总计	64	1.517			

	系数	标准误差	t Stat	P-value	下限 95.0%	上限 95.0%
截距	0.052	0.027	19.633	1.52×10^{-28}	0.469	0.576
b	1.556	0.136	−11.475	4.45×10^{-17}	−1.828	−1.285

2. 基于 TM 数据 NDVI 回归模型

以植被覆盖度 y 为因变量，自变量 x 代表对应像元的 NDVI，x 对 y 做线性回归分析，结果如下：

相关系数 Multiple R=0.791 表明植被覆盖度和 NDVI 之间的关系为高度正相关。调整后的复测定系数 R^2 为 0.62，说明自变量能说明因变量 y 的 62%，因变量 y 的 38% 要由其他因素来解释。标准误差 0.095 说明拟合程度较好。

通过 F 检验来判定回归模型的回归效果，Significance F（F 显著性统计量）的 P 值为 4.29×10^{-15}，小于显著性水平 0.05，该回归方程回归效果显著。

统计量的 P 值：b=4.29×10^{-15}，远小于显著性水平 0.05，因此该自变量与 y 相关。因此 y=0.053+1.148 x。具体回归参数见表 2-5。

表 2-5 TM 数据 NDVI 回归统计表

回归统计	
Multiple R	0.791
R^2	0.626
调整后的复测定系数 R^2	0.620
标准误差	0.095
观测值	65

方差分析	df	SS	MS	F	Significance F
回归分析	1	0.950	0.950	105.593	4.29×10^{-15}
残差	63	0.567	0.009		
总计	64	1.517			

	系数	标准误差	t Stat	P-value	下限 95.0%	上限 95.0%
截距	0.053	0.022	2.411	0.019	0.009	0.097
b	1.148	0.112	10.276	4.29×10^{-15}	0.924	1.371

3. 精度评价

采用标准误差来评价植被覆盖度提取模型波动性，平均绝对误差来评价提取精度。经计算，NDVI 回归模型精度比较见表 2-6。

表 2-6 NDVI 回归模型精度比较表

模型	标准误差	模型精度
高分 NDVI 回归模型	0.01086	76.3%
TM 数据 NDVI 回归模型	0.01167	74.55%

高分一号 NDVI 回归模型得出的模拟值标准误差为 0.01086，表示其中的任何一个测量值的误差 ΔX_i 有 68.3%的可能性是在（−0.01086，+0.01086）区间内。TM 数据 NDVI 回归模型得出的模拟值标准误差为 0.01167，表示其中的任何一个测量值的误差 ΔX_i 有 68.3%的可能性是在（−0.01167，+0.01167）区间内。

基于高分一号 NDVI 回归模型的相对误差为 0.072，模型精度为 76.3%。基于 TM 数据 NDVI 回归模型的相对误差为 0.077，模型精度为 74.55%。

基于高分 NDVI 回归模型从标准误差看，模拟值波动误差小于 TM 数据 NDVI 回归模型；从模拟值精度看，基于高分 NDVI 回归模型平均精度高于 TM 数据 NDVI 回归模型 1.75 个百分点。

2.2.3 基于像元分解的植被覆盖度模型

本书采用像元二分法，该方法是线性光谱混合法，是像元分解法中最简单明了、精度较高的方法。像元二分法假设像元只由两部分构成，即植被与无植被覆盖地表。光谱信息也是由这两个组分因子线性组合而成，它们在像元中所占的比例即为各自的面积比重。

1. 基于高分一号像元分解法植被覆盖度提取

本书采用像元纯度指数（pixel purity index，PPI）法从高分图像获得纯净像元。通过计算，得出各像元植被覆盖度，与实地测量结果回归分析。

以实测植被覆盖度 y 为因变量，自变量 x 代表采用上述方法反演得到的植被覆盖度，x 对 y 做线性回归分析，结果如下：

相关系数 Multiple R=0.873 表明植被覆盖度和选择的波段之间的关系为高度正相关。调整后的复测定系数 R^2 为 0.758，表示自变量能说明因变量 y 的 75.8%，因变量 y 其余的 24.2%要由其他因素来解释。标准误差 0.076 说明拟合程度较好。

通过 F 检验来判定回归模型的回归效果，Significance F（F 显著性统计量）的 P 值为 2.6×10^{-21}，小于显著性水平 0.05，所以说明该回归方程回归效果显著，模拟值与实测值回归方程为 $y=1.164x–0.044$。具体回归参量见表 2-7。

2. 基于 TM 数据像元分解法植被覆盖度模型

TM 数据同样采用像元纯度指数 PPI 法从自身影像获得纯净像元。通过式（2-6）得出各像元植被覆盖，与实地测量结果回归分析，以实测植被覆盖度 y 为因变量，自变量 x 代表采用上述方法反演得到的植被覆盖度，x 对 y 做线性回归分析，结果如下：

相关系数 Multiple R=0.778 表明植被覆盖度和选择的波段之间的关系为高度正相关。调整后的复测定系数 R^2 为 0.599，自变量能说明因变量 y 的 59.9%，因变量 y 的 40.1%要由其他因素来解释。标准误差 0.097 说明拟合程度较好。

通过 F 检验来判定回归模型的回归效果，Significance F（F 显著性统计量）的 P 值为 2.44×10^{-14}，小于显著性水平 0.05，说明该回归方程回归效果显著，模拟值与实测值回归方程为 $y=0.600x+0.129$。具体回归参数见表 2-8。

表 2-7 高分一号像元分解法回归统计表

回归统计	
Multiple R	0.873
R^2	0.762
调整后的复测定系数 R^2	0.758
标准误差	0.076
观测值	65

方差分析

	df	SS	MS	F	Significance F
回归分析	1	1.156	1.156	201.786	2.60×10^{-21}
残差	63	0.361	0.006		
总计	64	1.517			

	系数	标准误差	t Stat	P-value	下限 95.0%	上限 95.0%
截距	−0.044	0.002	−1.970	0.053	−0.089	0.000643
b	1.164	0.082	14.205	2.60×10^{-21}	1.000	1.327

3. 基于高分端元的 TM 数据植被覆盖度模型

高分一号有空间分辨率高的特点，容易从中获得纯净的像元，但是发射时间比较晚（2013 年 4 月发射），不能反演出更长时间梯度上的植被覆盖度数据。而 Landsat 卫星发射时间较早，TM 数据也容易获得，但空间分辨率不高，纯净像元较难获得。想要 TM 数据用像元分解法获得更高精度的植被覆盖度产品，必须提高端元的精度。

基于以上原因，我们从高分一号影像获取影像端元，把此端元数据作为想要 TM 影像端元，然后用 TM 数据得到更长时间梯度上的植被覆盖度产品。

通过实际实验，以实测植被覆盖度 y 为因变量，自变量 x 代表采用上述方法反演得到的植被覆盖度，x 对 y 做线性回归分析，结果如下：

相关系数 Multiple R=0.817 表明植被覆盖度和选择的波段之间的关系为高度正相关。调整后的复测定系数 R^2 为 0.661，自变量能说明因变量 y 的 66.1%，因变量 y 的 33.9% 要由其他因素来解释。标准误差 0.09 说明拟合程度较好。

通过 F 检验来判定回归模型的回归效果，Significance F（F 显著性统计量）的 P 值为 1.13×10^{-16}，小于显著性水平 0.05，所以说明该回归方程回归效果显著，模拟值与实测值回归方程为 $y=1.030x-0.011$。具体回归参量见表 2-9。

表 2-8　TM 像元分解法回归统计表

回归统计	
Multiple R	0.778
R^2	0.605
调整后的复测定系数 R^2	0.599
标准误差	0.097
观测值	65

方差分析

	df	SS	MS	F	Significance F
回归分析	1	0.918	0.918	96.627	2.44×10^{-14}
残差	63	0.599	0.010		
总计	64	1.517			

	系数	标准误差	t Stat	P-value	下限 95.0%	上限 95.0%
截距	0.129	0.017	7.706	1.17×10^{-10}	0.096	0.163
b	0.600	0.061	9.830	2.44×10^{-14}	0.478	0.722

表 2-9　TM-高分端元的 TM 数据像元分解法回归统计表

回归统计	
Multiple R	0.817
R^2	0.667
调整后的复测定系数 R^2	0.661
标准误差	0.090
观测值	65

方差分析

	df	SS	MS	F	Significance F
回归分析	1	1.012	1.012	126.043	1.13×10^{-16}
残差	63	0.506	0.008		
总计	64	1.517			

	系数	标准误差	t Stat	P-value	下限 95.0%	上限 95.0%
截距	−0.011	0.025	−0.445	0.658	−0.062	0.039
b	1.030	0.092	11.227	1.13×10^{-16}	0.847	1.213

4. 精度评价

精度评价采用标准误差来评价植被覆盖度提取模型波动性，采用平均绝对误差来评价提取精度。

基于各种数据的像元分解模型精度见表 2-10。

表 2-10 像元分解模型精度比较表

模型	标准误差	模型精度
高分一号像元分解模型	0.0093	80.22%
TM 数据像元分解模型	0.012	75.17%
高分端元的 TM 分解模型	0.011	78.91%

基于高分一号像元分解法植被覆盖度模型得出的模拟值标准误差为 0.0093，表示其中任何一个测量值的误差有 68.3%的可能性是在（–0.0093，+0.0093）区间内。TM 数据像元分解法植被覆盖度的模拟值标准误差为 0.012，表示其中的任何一个测量值的误差有 68.3%的可能性是在（–0.012，+0.012）区间内。基于高分端元的 TM 分解模型的植被覆盖度的模拟值标准误差为 0.011，表示其中的任何一个测量值的误差有 68.3%的可能性是在（–0.011，+0.011）区间内。

基于高分一号像元分解模型的相对误差为 0.060，模型精度为 80.22%。基于 TM 数据像元分解模型的相对误差为 0.094，模型精度为 75.17%。基于高分端元的 TM 分解模型的相对误差为 0.064，模型精度为 78.91%

从标准误差看，基于高分一号像元分解模型优于 TM 分解模型。从模拟值精度看，基于高分一号像元分解模型精度高于基于 TM 数据像元分解模型 5.05 个百分点，基于高分端元的 TM 分解模型高于基于 TM 分解模型 3.74 个百分点，由此可见高分端元显著提高了提取精度。

2.3 植被覆盖度时空变化分析

2.3.1 时间变化特征分析

1. 各期分布特征分析

1）1990 年植被覆盖度特征

1990 年博州平均植被覆盖度为 0.58。其中高山区（海拔 2500 m 以上）平均植被覆盖度为 0.58；中山区（海拔 1000~2500 m）平均植被覆盖度为 0.64；低山丘陵区（海拔 1000 m 以下）平均植被覆盖度为 0.57；艾比湖湿地平均植被覆盖度为 0.38。

博州植被覆盖度在 0~30%的占 52.88%，覆盖度在 30%~60%的占 21.52%，覆盖度在 60%~80%的占 14.70%，覆盖度在 80%以上的占 10.90%。艾比湖湿地在 0~30%的占 85.72%，覆盖度在 30%~60%的占 12.77%，覆盖度在 60%~80%的占 1.44%，覆盖度在 80%以上的占 0.07%（图 2-8、图 2-9）。

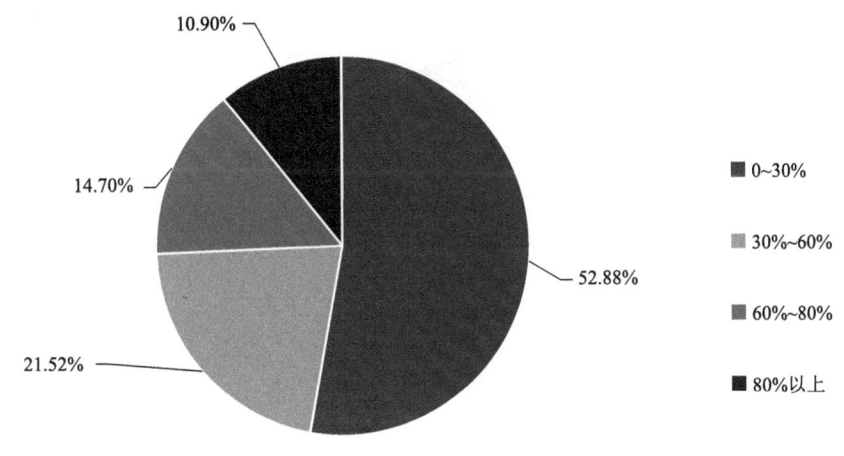

图 2-8　1990 年博州各梯度植被覆盖度组成图

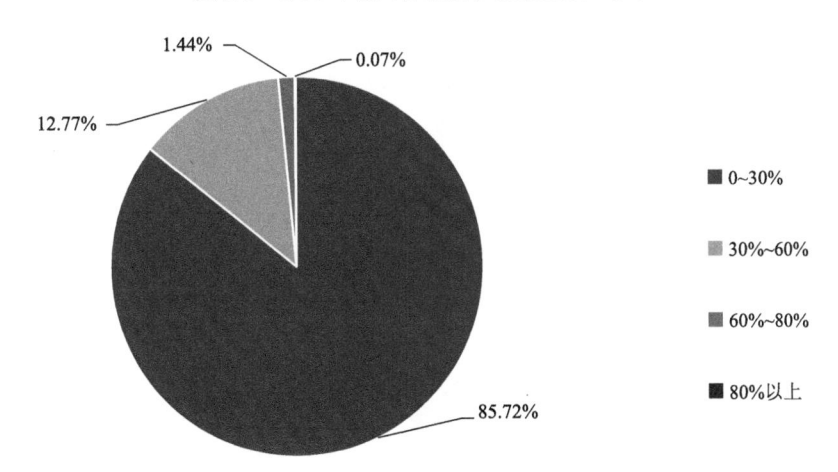

图 2-9　1990 年艾比湖湿地各梯度植被覆盖度组成图

2）2001 年植被覆盖度特征

2001 年博州平均植被覆盖度为 0.61。其中高山区（海拔 2500 m 以上）平均植被覆盖度为 0.60；中山区（海拔 1000～2500 m）平均植被覆盖度为 0.66；低山丘陵区（海拔 1000 m 以下）平均植被覆盖度为 0.61；艾比湖湿地平均植被覆盖度为 0.42。具体分布和组成见图 2-10、图 2-11。

3）2007 年植被覆盖度特征

2007 年博州平均植被覆盖度为 0.59。其中高山区（海拔 2500 m 以上）平均植被覆盖度为 0.60；中山区（海拔 1000～2500 m）平均植被覆盖度为 0.59；低山丘陵区（海拔 1000 m 以下）平均植被覆盖度为 0.61；艾比湖湿地平均植被覆盖度为 0.48。具体分布和组成见图 2-12、图 2-13。

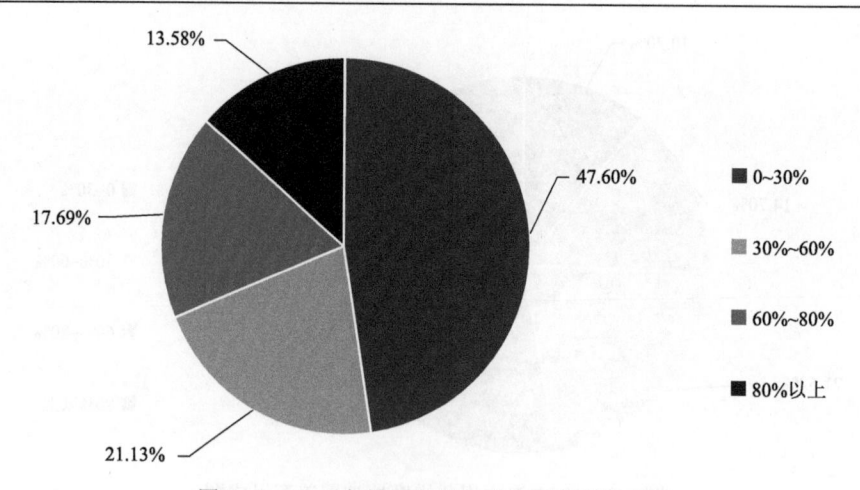

图 2-10 2001 年博州各梯度植被覆盖度组成图

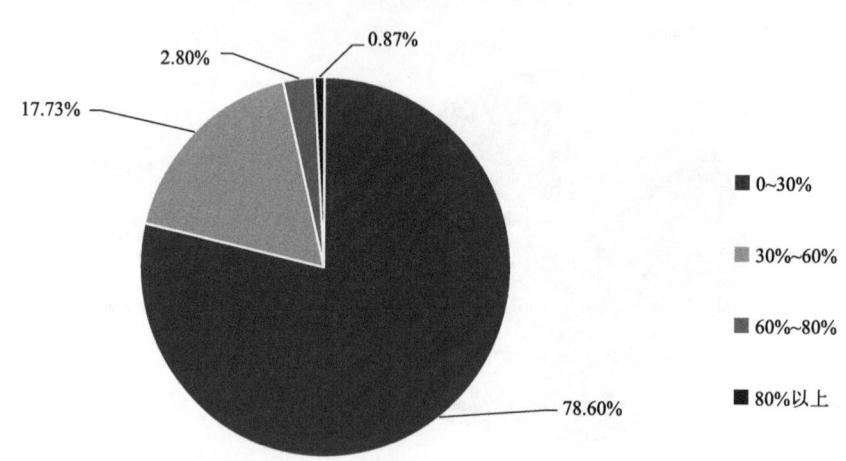

图 2-11 2001 年艾比湖湿地各梯度植被覆盖度组成图

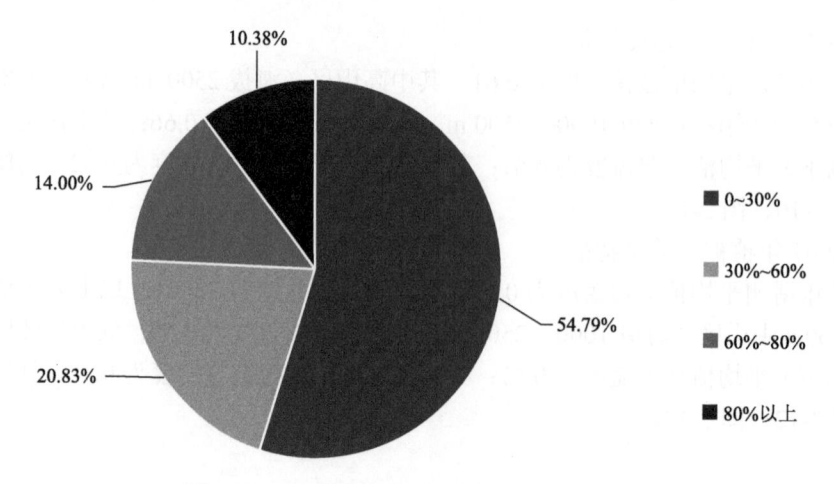

图 2-12 2007 年博州各梯度植被覆盖度组成图

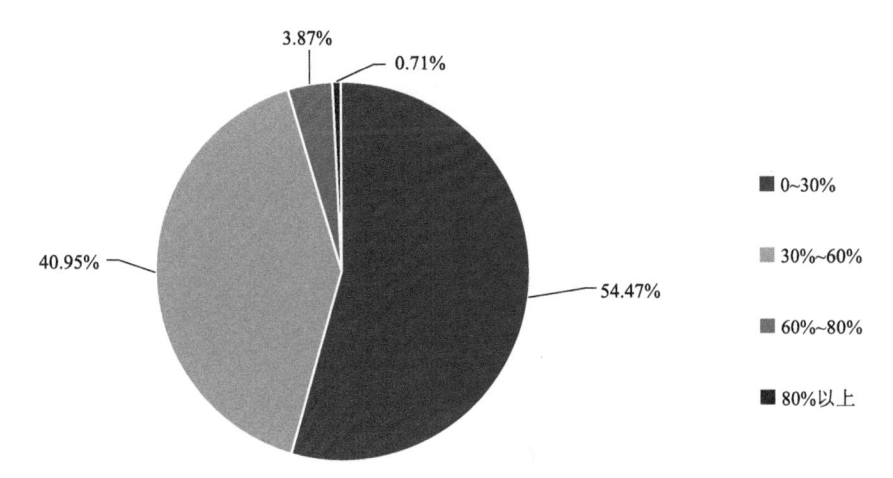

图 2-13　2007 年艾比湖湿地各梯度植被覆盖度组成图

4）2014 年植被覆盖度特征

2014 年博州平均植被覆盖度为 0.64。其中高山区（海拔 2500 m 以上）平均植被覆盖度为 0.64；中山区（海拔 1000~2500 m）平均植被覆盖度为 0.65；低山丘陵区（海拔 1000 m 以下）平均植被覆盖度为 0.68；艾比湖湿地平均植被覆盖度为 0.48。具体分布和组成见图 2-14、图 2-15。

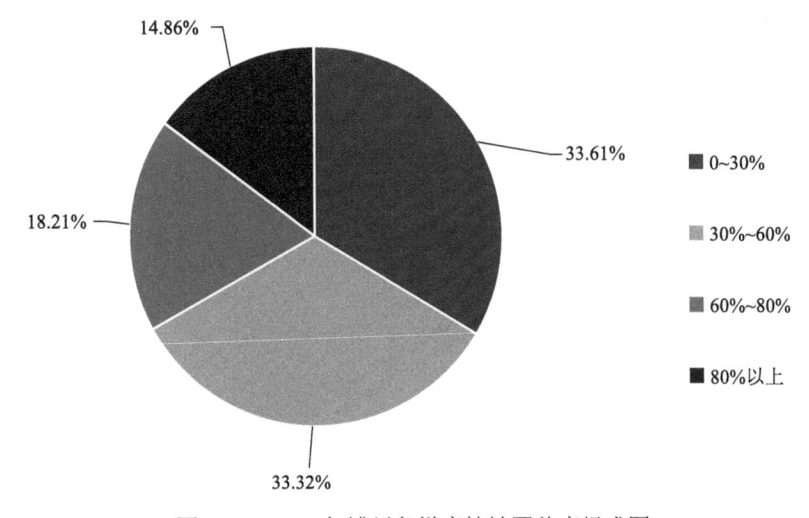

图 2-14　2014 年博州各梯度植被覆盖度组成图

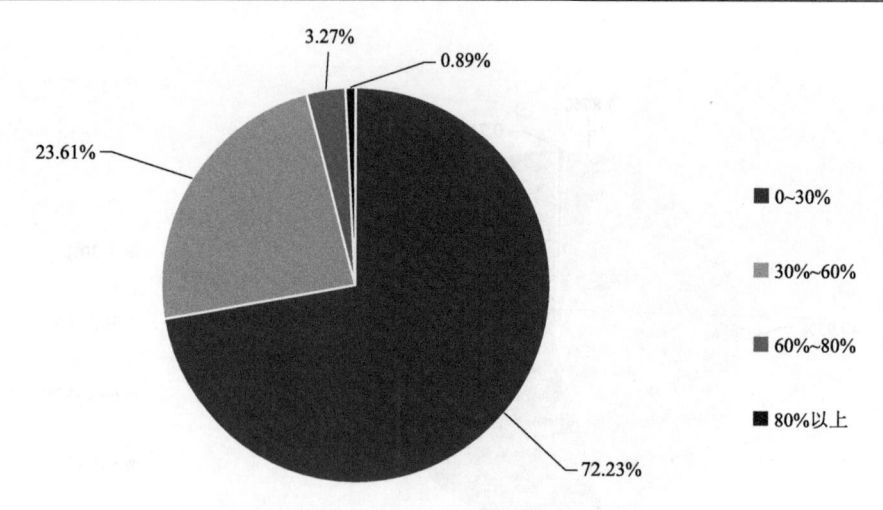

图 2-15　2014 年艾比湖湿地各梯度植被覆盖度组成图

2. 时间变化分析

1）变化趋势分析

从时间序列上来看，1990 年、2001 年、2007 年、2014 年博州植被覆盖度分别为 0.58、0.61、0.59、0.64。博州平均植被覆盖度从总体看呈上升趋势，平均植被覆盖度增长速度为 0.013/5 年。其中 2007~2014 年是 25 年来增长最快的时期，由 2007 年的 0.59 增长到 2014 年的 0.64，年平均增长率达 1.21%。2001~2007 年，博州平均植被覆盖度增长呈负增长的时期，由 2001 年的 0.61 下降到 2007 年的 0.59，年平均下降率为 0.54%。博州各期植被覆盖度见图 2-16。

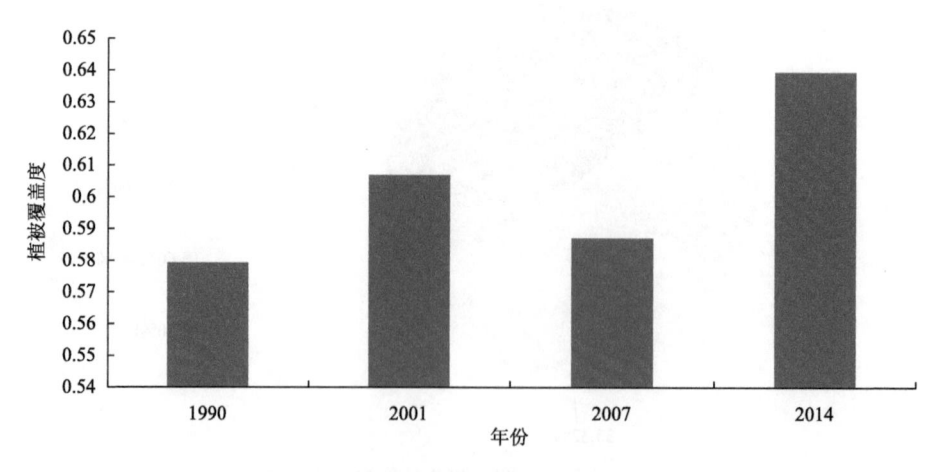

图 2-16　博州各期植被覆盖度变化柱状图

2）各梯度植被覆盖度变化分析

从各梯度覆盖度变化趋势上看，博州低植被覆盖度（<30%）呈减少趋势，中植被覆盖度（30%~60%）处于相对稳定状态，较高和高植被覆盖度（≥60%）呈增长的趋势。

从低植被覆盖度（0~30%）来看，无论是艾比湖湿地还是整个博州低覆盖度（0~30%）都占绝对优势。1990 年，博州低植被覆盖度（0~30%）所占比例达 52.88%，到 2001 年低植被覆盖度所占比例下降到 47.60%，到 2007 年，低植被覆盖度略有增长，为 54.79%；2014 年低植被覆盖度所占比例最低为 33.61%。1990 年，艾比湖湿地低植被覆盖度（0~30%）比例达到 85.72%，2001 年该比例下降到 78.60%，2007 年这一比例进一步下降到最低比例 54.47%，2014 年增长至 72.23%。低植被覆盖度（0~30%）变化趋势见图 2-17。

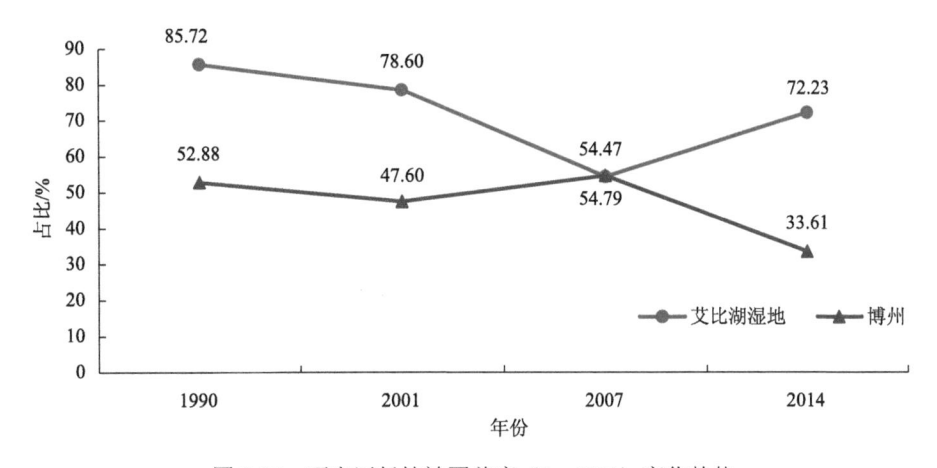

图 2-17　研究区低植被覆盖度（0~30%）变化趋势

从中植被覆盖度（30%~60%）来看，1990~2007 年，博州中植被覆盖度（30%~60%）的面积占总面积的比例相对稳定；2007~2014 年快速增长。1990 年、2001 年、2007 年、2014 年中植被覆盖度所占比例分别为 21.52%、21.13%、20.83%、33.32%。1990~2007 年，艾比湖湿地处于中植被覆盖度（30%~60%）的比例在上升；2007~2014 年快速下降。1990 年、2001 年、2007 年、2014 年该比例分别为 12.77%、17.73%、40.95%、23.61%。中植被覆盖度（30%~60%）变化趋势见图 2-18。

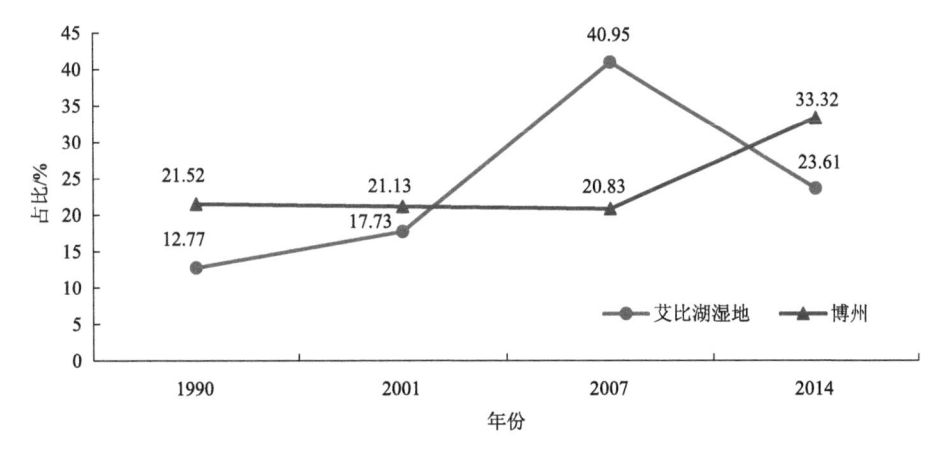

图 2-18　研究区中植被覆盖度（30%~60%）变化趋势

从较高植被覆盖度（60%～80%）来看，艾比湖湿地和博州处于较高植被覆盖度（60%～80%）的比例总体呈现上升趋势。博州处于较高植被覆盖度（60%～80%）的比例要大于艾比湖湿地。1990～2001 年和 2007～2014 年，博州较高植被覆盖度（60%～80%）处于较快增长状态；2001～2007 年处于下降状态。1990～2007 年，艾比湖湿地较高植被覆盖度（60%～80%）处于增长状态；2007～2014 年，略微下降。较高植被覆盖度（60%～80%）变化趋势见图 2-19。

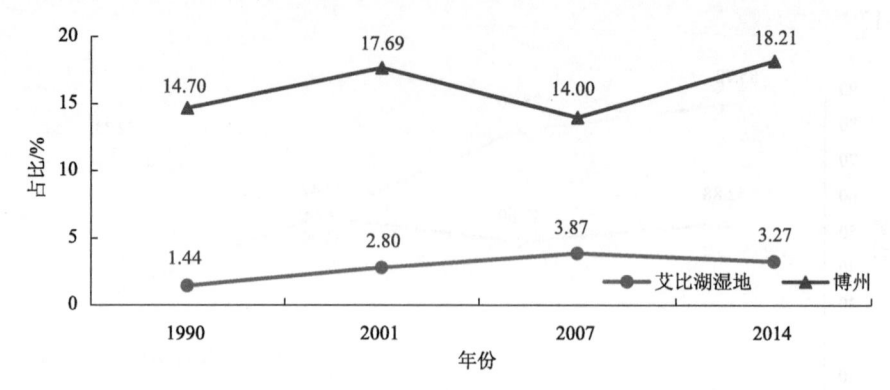

图 2-19　研究区较高植被覆盖度（60%～80%）变化趋势

从高植被覆盖度（≥80%）来看，博州和艾比湖湿地高植被覆盖度（≥80%）变化趋势一致，但博州该覆盖度的比例大于艾比湖湿地。1990～2001 年和 2007～2014 年，博州和艾比湖湿地高植被覆盖度（≥80%）呈现增长趋势；2001～2007 年处于下降状态。具体变化趋势见图 2-20。

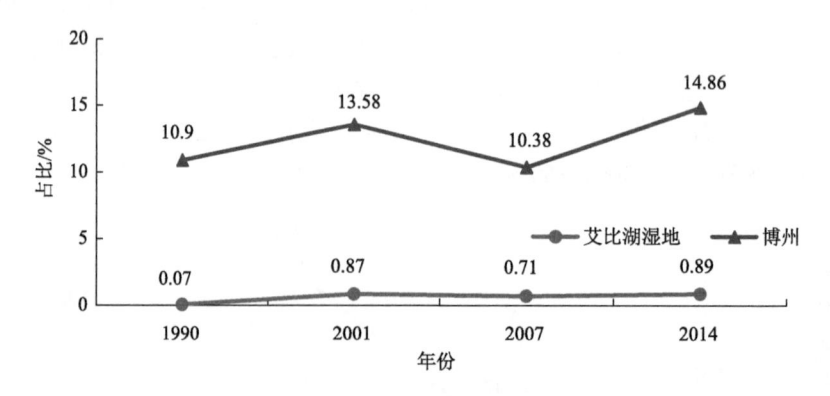

图 2-20　研究区高植被覆盖度（≥80%）变化趋势

2.3.2　空间变化特征分析

本书把植被覆盖度分为 4 级，分级标准为：F_C< 30%为低植被覆盖区，30%≤F_C< 60%为中植被覆盖区，60%≤F_C< 80%为较高植被覆盖区，F_C≥ 80%为高植被覆盖区。覆盖度采用国家基础数据库博州和艾比湖湿地矢量数据，生成感兴趣区，利用 ENVI 在感兴趣区统计工具获得。

1. 空间分布特征分析

博州按行政区划分为精河县、博乐市、温泉县和阿拉山口市,本书只分析精河县、博乐市和温泉县。本节博州数据只包含精河县、博乐市和温泉县数据。2014 年,博州平均植被覆盖度为 0.64。植被覆盖度按行政区划分,其中博乐市植被覆盖度为 0.68,温泉县植被覆盖度为 0.65,精河县植被覆盖度最低为 0.61。

博州按地形特点分为高山区(海拔 2500 m 以上)、中山区(海拔 1000~2500 m)、低山丘陵区(海拔小于 1000 m)和艾比湖湿地。植被覆盖度按地形特征分为:低山丘陵区(小于 1000 m)植被覆盖度为 0.68,中山区(1000~2500 m)植被覆盖度为 0.65,高山区(海拔 2500 m 以上)植被覆盖度为 0.64,艾比湖湿地植被覆盖度为 0.48。

将博州按照植被覆盖度梯度划分,分为高植被覆盖区(80%)、中高植被覆盖度区(30%~80%)、低植被覆盖度区(<30%)。各梯度植被覆盖度分布特征如下:高植被覆盖区(80%)主要分布在博州西北、西南和南部的中高山区(海拔 1000~2500 m)以及湖积平原农耕区。中高山区多以自然生长的乔灌木和草本植物为主,农耕区主要是棉花、玉米等农作物。中高植被覆盖度区(30%~80%)主要分布在高山区(海拔 2500 m 以上)和低山丘陵区。低植被覆盖度区(<30%)主要分布在东北部的艾比湖湿地。其中艾比湖植被覆盖度有如下特点:艾比湖湿地自然保护区分为核心区、缓冲区和实验区,植被覆盖度缓冲区高于实验区,实验区高于核心区。

2. 分布变化特征分析

1990~2014 年,博州植被覆盖度呈现先增长再降低又增长的变化趋势;1990 年、2001 年、2007 年、2014 年,博州平均植被覆盖度分别为 0.58、0.61、0.59、0.64。

植被覆盖度从大小看,博乐市和温泉县,1990~2001 年表现为增长,2001~2007 年表现为下降,2007~2014 年表现为增长。精河县,1990~2014 年一直表现为增长。博州各行政区植被覆盖度见表 2-11。

表 2-11 研究区植被覆盖度

区域	1990 年	2001 年	2007 年	2014 年
博州	0.58	0.61	0.59	0.64
博乐市	0.62	0.65	0.62	0.68
温泉县	0.60	0.64	0.59	0.65
精河县	0.55	0.56	0.57	0.61

高山区(海拔 2500 m 以上)1990~2001 年、2007~2014 年植被覆盖度表现出较快增长,2001~2007 年保持稳定。高山区(海拔 2500 m 以上)1990 年、2001 年、2007 年和 2014 年平均植被覆盖度分别为 0.58、0.60、0.60 和 0.64。高山区 1990~2014 年植被覆盖度年平均增长率为 0.45%。

中山区(海拔 1000~2500 m)1990~2001 年植被覆盖度表现出缓慢增长,2001~2007 年表现出较快下降,2007~2014 年表现快速增长。中山区(海拔 1000~2500 m)

1990年、2001年、2007年和2014年平均植被覆盖度分别为0.64、0.66、0.59、0.65。

低山丘陵区（海拔1000 m以下）1990~2014年植被覆盖度表现出持续增长。低山丘陵区（海拔1000 m以下）1990年、2001年、2007年和2014年平均植被覆盖度分别为0.57、0.61、0.61和0.68。低山丘陵山区1990~2014年植被覆盖度年平均增长率为0.804%。博州各地形区植被覆盖度见表2-12。

表2-12 博州各地形区植被覆盖度

	1990年	2001年	2007年	2014年
博州	0.58	0.61	0.59	0.64
高山区	0.58	0.60	0.60	0.64
中山区	0.64	0.66	0.59	0.65
低山丘陵区	0.57	0.61	0.61	0.68

艾比湖湿地平均植被覆盖度总体呈上升趋势，年平均增长率为0.537%。1990年、2001年、2007年和2014年平均植被覆盖度分别为0.38、0.42、0.48和0.48。各功能区植被覆盖度分布分两个阶段：1990~2001年，核心区<缓冲区<实验区；2001~2014年，缓冲区>实验区>核心区。

艾比湖湿地的核心区共160.7万亩[①]，1990年、2001年、2007年和2014年平均植被覆盖度分别为0.42、0.40、0.43和0.49。其中1990~2001年植被覆盖度呈下降趋势，年平均下降率为0.34%。2001年以后增长速度明显加快，2001~2007年年增长速率为1.12%，2007~2014年是25年来增长最快的时期，年平均增长速率达2.04%。这与2000年建立艾比湖湿地自然保护区，禁止乱砍滥伐，加大对核心区的保护力度有关。

艾比湖湿地的缓冲区196万亩，占艾比湖湿地的比例最大，该区域植被覆盖度的变化对艾比湖湿地的影响最大。1990年、2001年、2007年和2014年平均植被覆盖度分别为0.44、0.45、0.47和0.49，年平均增长率为0.54%。其中1990~2001年增长最慢的时期，年平均增长率为0.22%，2001~2007年是25年来增长最快的时期，年平均增长率达0.82%，2007~2014年年平均增长率为0.75%。

艾比湖湿地的实验区108.9万亩，1990年、2001年、2007年和2014年平均植被覆盖度分别为0.44、0.46、0.45和0.49，年平均增长率达0.50%。其中1990~2001年植被覆盖度增长速度较慢。2001~2007年植被覆盖度呈下降趋势，年下降率为0.20%。2007~2014年年增长速率是25年来增长最快的时期，达1.25%。功能区各期植被覆盖度见表2-13。

表2-13 功能区各期植被覆盖度表

区域	1990年	2001年	2007年	2014年
艾比湖湿地	0.44	0.45	0.48	0.50
核心区	0.42	0.40	0.43	0.49
缓冲区	0.44	0.45	0.47	0.49
实验区	0.44	0.46	0.45	0.49

---

① 1亩≈666.7 m²。

3. 艾比湖湿地与博州覆盖度变化对比

从总体上看，25 年来研究区平均植被覆盖度年变化值（图 2-21），无论是艾比湖湿地还是博州，植被覆盖度都有所增长，但是各时期年平均增长幅度不一。1990~2001 年，博州植被覆盖度年平均增长 0.43%，同时期艾比湖湿地增长速度 0.26%，博州增长速度明显大于艾比湖湿地。这与该时期，博州农业发展迅速，而对艾比湖的保护还不够重视有关。2001~2007 年，博州植被覆盖度年平均增长–0.54%，同时期艾比湖湿地增长速度 0.80%，艾比湖湿地增长速度明显大于博州。这与该时期建立了自然保护区，加大了对艾比湖周边植被保护有关。

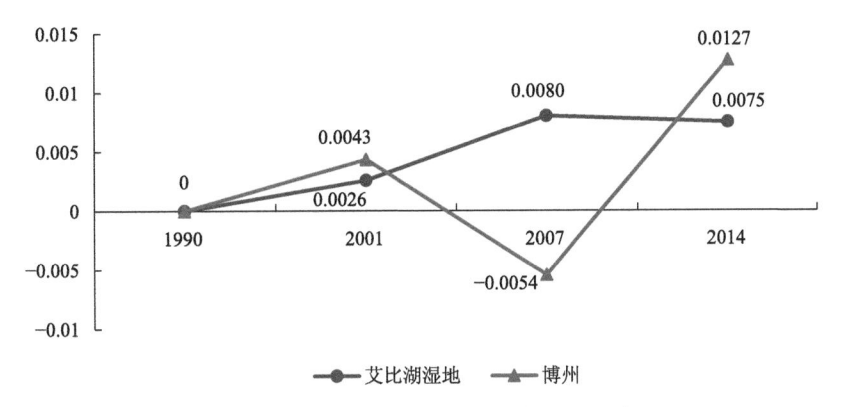

图 2-21 研究区平均植被覆盖度年变化值

2.3.3 变化影响因素分析

植被覆盖度作为检测生态环境的一个重要参数，其影响因素一直以来受到人们的重视，是研究的热点问题之一。植被覆盖度时空变化受自然、社会、经济等多种因素复杂作用，归结起来受人文和自然两类因素影响。

本书采用数理统计与概率分析等方法对驱动植被覆盖度变化的因素进行分析，目的是探究引起荒漠地区植被覆盖度变化的首要驱动因素和影响机理。重点讨论的自然因素有气温和降水，人文因素有人口和经济发展。

1. 自然因素影响分析

1）研究区 1990~2014 年降水、气温特征

从降水来看，近 25 年来博州年平均降水约为 110 mm，年度间变化较大，但是年均降水量呈缓慢减少趋势。最高降水量达 163 mm，出现在 2001 年。最低降水量为 75 mm，出现在 1997 年。1990~2002 年的平均降水量为 114 mm，2002~2014 年的平均降水量为 110 mm。1990~2014 年博州平均降水变化见图 2-22。

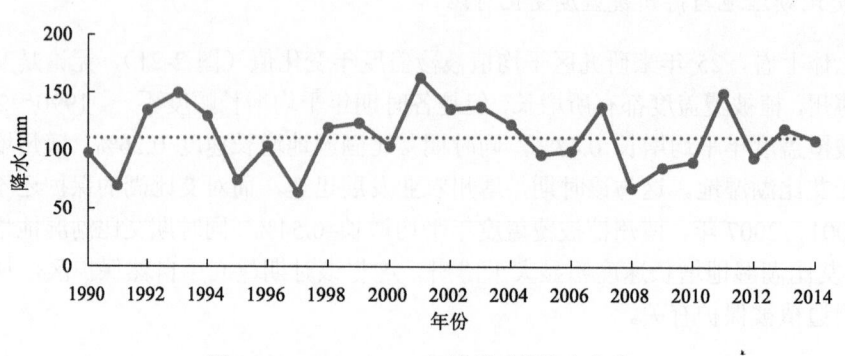

图 2-22　1990～2014 年博州平均降水变化

从气温变化来看，近 25 年来博州的年均气温变化不大，平均值为 8.47℃，最高温度出现在 2002 年和 2008 年，都是 9.7℃。最低气温出现在 1993 年，为 6.8℃。1990～2002 年的平均气温为 8.24℃，最高平均气温达 9.7℃，出现在 2002 年。2002～2014 年的平均气温为 8.71℃，最高平均气温为 9.7℃，出现在 2008 年。前后两期平均气温增长 0.47℃。由此可见，1990～2012 年期间研究区年均气温变化波动不大，但呈略有上升趋势。1990～2014 年博州平均气温变化见图 2-23。

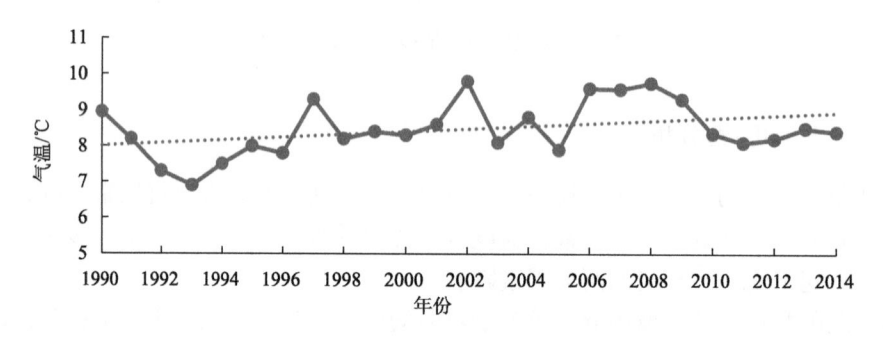

图 2-23　1990～2014 年博州平均气温变化

2）自然因素对植被覆盖度的影响分析

以年为时间单位，将 25 年平均降水量和年平均温度分别对各期植被覆盖度回归分析。结果表明，整个研究区内，植被覆盖度与年平均降雨量、年均温呈正相关，但相关性不大，平均偏相关系数分别为 0.1986 和 0.06。

2. 人为因素影响分析

1）研究区经济发展状况

博州经济生产总值（GDP）从 1990～2014 年持续增长，由 1990 年的 1.82 亿元增长到 2014 年的二百多亿元。1990～2014 年博州 GDP 增长变化见图 2-24。

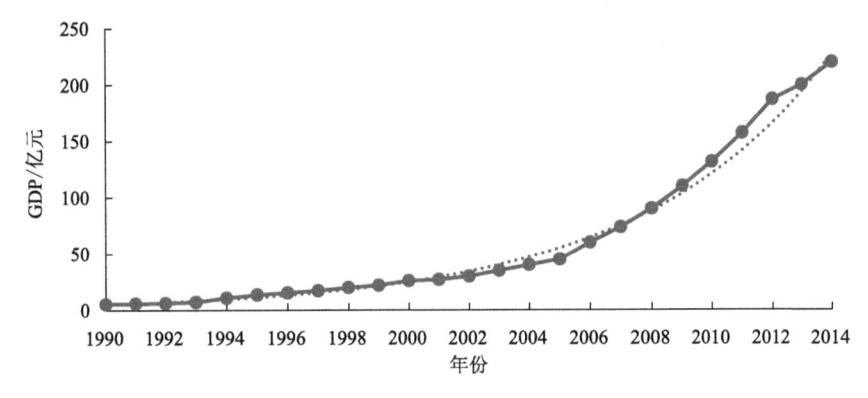

图 2-24　1990~2014 年博州 GDP 增长变化

2）人为因素对植被覆盖度的影响分析

各期植被覆盖度作为因变量，各期对应时间点的人文因素作为自变量。研究将 25 年人口变化和 GDP 两个人文因素对植被覆盖度进行回归分析。结果表明，植被覆盖度与人口和 GDP 呈正相关，相关系数分别为 0.751 和 0.4。具体原因分析如下：靠工业拉动经济增长的地区，GDP 的增长预示着生态的破坏，植被覆盖度的下降；靠种植业拉动经济的地区，经济的增长预示着种植面积的增加。博州属于农业地区，靠种植业拉动 GDP 增长，博州经济的增长则预示着投入农业的人口增多，以及种植面积的增加，表现为植被覆盖度的增大。

艾比湖湿地的影响因素主要为人工保护，保护区建立之前，1990~2001 年植被覆盖度呈低增长或负增长；保护区建立之后，2001~2014 年植被覆盖度呈现较快增长。

第3章 艾比湖湿地荒漠化遥感监测

新疆是中国荒漠化最为严重的省份，而其中的重中之重即为塔里木河流域与艾比湖流域。艾比湖洼地是准噶尔盆地西南缘最低洼地和水盐汇集中心，它不但是中国内陆荒漠中为数不多的荒漠物种集中分布区，而且是指征准噶尔盆地生态环境变化的关键地区。中华人民共和国成立以来，围绕艾比湖的环境演变进行了大量的科学研究，但是利用遥感和地理信息技术，研究整个艾比湖地区的土地荒漠化之动态变化及其机理，目前尚未见到文献报道。选取该区域开展土地荒漠化监测评价研究，不仅可以为该地区生态环境治理、新亚欧大陆桥畅通工程等西部重大项目提供决策依据，而且可为新疆天山北坡广大区域土地荒漠化监测评价研究提供范例。

荒漠化监测评价研究包括荒漠化指征及指标体系的建立、荒漠化监测及评估、治理信息系统的建立三大步骤。荒漠化指征及指标体系在若干年前是荒漠化监测调查的难点。在近十年的时间里，国家林业和草原局荒漠化监测中心组织了全国性的沙漠化普查和荒漠化监测调查，通过大量的理论和业务实践，确定了以风蚀、水蚀、冻融、盐渍化为主导因素的荒漠化监测调查指标体系。从调查成果来看，较好地代表了各地的荒漠化现状，在一定程度上解决了这一问题。但是上述指标体系还存在着一个较为突出的问题，即复合荒漠化土地类型问题。现实情况中，由于荒漠生态系统原生素质的脆弱性，荒漠化地类之间的转换系数较大，加之地理环境的景观多样性，有些土地类型实际上包含或兼容了两种或两种以上的荒漠化性状。这些土地类型应属于过渡或中间荒漠化土地类型。它们对环境条件的变化较为敏感，其景观格局复杂多变。为了准确反映这些土地类型的荒漠化性状，应将它们界定为"复合荒漠化土地类型"，如风蚀-盐渍化、水蚀-盐渍化、盐渍化-风蚀、盐渍化-风蚀-水蚀等。目前国家现有荒漠化监测调查技术标准中，规定采用主导因子界定方法，对于客观存在的复合荒漠化土地类型，以风蚀、水蚀、盐渍化、冻融四大主导因子来确定其荒漠化类型，对其他因素则忽略不计。同时，对复合荒漠化土地类型的监测及评价指标体系亦未建立。因此，监测成果同实际情况存在一定差距。如果在今后的荒漠化监测调查中，对这一问题不予以解决，将对土地荒漠化监测的客观性与准确性造成影响。这是土地荒漠化监测调查中亟待解决的问题。

3.1 研究区域及研究方法

3.1.1 艾比湖洼地生境概况

艾比湖洼地是国家级荒漠自然生态保护区，其类型为湿地、荒漠植被及野生生物混合类型。区域范围是在博尔塔拉蒙古自治州（以下简称博州）行政区域内的艾比湖水域、湖滨荒漠和湿地、干涸湖底，东北至博州精河县与塔城托里县行政区界，西南至北疆铁路绿色长廊规划区。地理座标为 82°30′~83°50′E，44°37′~45°10′N，总面积 2956.27197 km²。

艾比湖是我国一个独特的湖泊，它有 5 个特点：①位于祖国西部国门，是国门湖。②处于阿拉山口大风主通道区，是风口湖泊。年平均≥8 级以上大风 165 天，极大风速达 55 m/s。③湖泊位于新亚欧大陆桥我国西桥头堡附近，是桥头湖泊。新亚欧大陆桥有 140 km 路段沿湖西畔通过。④湖泊北疆绿洲唇齿相依，是屏障湖泊。湖周荒漠植被是防风固沙的天然屏障，护卫北疆铁路沿线绿洲。⑤艾比湖是典型的浅水盐湖，平均水深 1.4 m，矿化度很高，水少、湖缩、林退、沙化。艾比湖不仅是风沙之源，而且是巨大的撒盐场，其荒漠化过程威胁着整个北疆地区。艾比湖生态环境的保护和治理已成为十分紧迫的大事。

艾比湖是干旱荒漠区生物多样性的宝库。有荒漠植物 385 种，植物种类多于古尔班通古特沙漠区（约 200 种）、准噶尔盆地南部（约 128 种），约占中国广大荒漠区植物总数的 64%。其中：国家保护植物 12 种；列入国家珍稀植物名录的有 8 种，为梭梭（*Haloxylon ammodendron*）、白梭梭（*Haloxylon persicum*）、肉苁蓉（*Cistanche deserticola*）、胡杨（*Populus euphratica*）、锁阳（*Cynomorium songaricum*）、沙拐枣（*Calligonum mongolicum*）、中麻黄（*Ephedra intermedia*）和甘草（*Glycyrrhiza uralensis*）。有各种野生动物 117 种，其中国家一二级保护动物 21 种，自治区一二级保护动物 23 种，共计 44 种。艾比湖卤虫资源丰富，卤虫虫体年资源量为 1.94 万 t（鲜重），在我国盐湖中名列首位。

艾比湖由于地势低洼，一般地貌景观模式为：山地—冲积洪积扇—冲积湖积平原—湖泊湿地。但局地生态系统特征受周边大地貌、风、水和盐等因子的综合影响，形成了多层次、多类型和多规模的系统及系统界面，由此也就发育了多样的生态系统类型、演变过程和与之相匹配的动植物种类。

显域性植被类型有梭梭荒漠、盐节木荒漠；隐域性植被类型有杜加依林、灌丛、低地草甸和沼泽，表现为胡杨林、柽柳灌丛、芦苇草甸和芦苇沼泽等。

梭梭荒漠广布于艾比湖地区的砾质戈壁、盐化砂壤土及沙土上，是分布最广的一种植被类型，又可分为砾漠梭梭林、盐化砂壤土白梭梭林[高大盐化砂壤土梭梭林（面积小）和低矮盐化砂壤土梭梭林]和沙土白梭梭林三种亚类型。其中：砾漠梭梭林是稀有林型，连续面积大，主要分布在艾比湖北部广大的冲积洪积扇上；白梭梭林在我国主要分布在新疆北部的准噶尔盆地，是特有林型，而艾比湖是我国唯一尚处在原始状态的白梭梭林分布区，具有典型性和代表性，主要分布在艾比湖东北角艾比湖老湖积平原和奎屯河冲积三角洲上，形成规模浩大的高大白梭梭林，其中砂壤土白梭梭林和猪毛菜-白梭梭林从动态群落分类角度看属演替的高级阶段或顶极阶段，均处在老龄林阶段，高度一般在 3~5 m，高大的单株可达 7 m，地径达 30 cm；砂壤土白梭梭林密度较大，为 2500~5000 株/hm²，猪毛菜-白梭梭林相对稀疏，为 667~990 株/hm²。

梭梭林还因不同的地貌部位伴生植物不同，有胡杨、柽柳、膜果麻黄、盐节木、红砂、沙枣、肉苁蓉和一些短命植物。由此产生了许多复合型或演替过渡类型的群落，如高芦苇-白梭梭林、低芦苇-（白）梭梭林、胡杨-梭梭林、柽柳-胡杨-梭梭林、柽柳-梭梭林、柽柳砂壤土梭梭林等。过渡类型主要分布在艾比湖东北角奎屯河冲积平原向北部的砾漠-梭梭林的过渡带上和北部砾漠-梭梭林以下的湖边一阶台阶地上。前者随着地形由北向东变化，海拔逐渐降低，基质由砾漠变为沙土地，加之历史上曾经有苏也克河水流经，曾有胡杨带状生长，随着小河的干涸，胡杨也衰败；另外此处因高程变化相对较大，湖面萎缩与扩大，对周边环境的影响大，在短距离内就能够观察到群落结构和类型的变化。从大系统结构上讲，该区是甘家湖白梭梭林保护区与砾漠-梭梭林的过渡带，景观多样性和生态系统多样性都很丰富，是关键生态区。由于胡杨林和柽柳林的形成需地表水过程的支持，因此随河流干涸和湖面的萎缩，原有的环境和群落整体严重退化，原有的胡杨林和柽柳灌木林退化为沙地胡杨林和沙丘柽柳灌丛。在没有地表水的支持，只有降雪和地下水的情况下，梭梭和白梭梭得以快速生长，因此，就出现了胡杨、柽柳与梭梭的多种混交林。胡杨从总体态势上处在被替代退出状态，残留、衰败是普遍现象；梭梭替代柽柳也是普遍态势，但是两者都依托地下水生存，且柽柳有较强的耐盐和萌蘖能力，所以这两者的共生或替代是一个相当漫长的过程。胡杨生长在湖边一阶台地上的梭梭-胡杨林、梭梭-柽柳-胡杨林或芦苇-胡杨林等，这一带是泉水溢出带，胡杨和柽柳还是群落的优势种，柽柳的优势稳定性要高于胡杨，梭梭开始侵入。

盐节木荒漠属多汁木本盐柴类荒漠，由于盐节木极耐盐且极耐水淹，故广泛分布于湖滨及扇缘带盐土洼地，不同地貌部位盐节木可以和盐角草、盐穗木、骆驼刺、黑果枸杞、白刺等组成盐柴类荒漠。研究表明，艾比湖南岸盐生植物盐节木和旱中生植物柽柳的分布具有一定的规律性，其分布数量同距湖岸的距离相关，具有很强的非线性关系；土壤含盐量是决定盐生植物和旱中生植物分布的主导因子，其土壤含盐量与湖岸距离呈负相关。盐生植物集中分布于距离湖岸 300～700 m 的区域，其土壤含盐量 0.6%～3.0%。中旱生植物集中分布于距湖岸 700 m 以远的地方，在 1000 m 处出现概率几乎稳定，土壤含盐量在 0.5%以下。

隐域植被类型由于特殊的局地水土条件优势集合，形成有一定规模的非地带性植被。艾比湖湿地的隐域植被主要有胡杨林、柽柳灌丛、芦苇草甸和芦苇沼泽等。它们主要分布在奎屯河下游和保护区东南部平行于天山的大型天然泉水沟。

奎屯河下游至艾比湖分布有大规模的湿地芦苇，下游上部沿河两岸分布有生长茂盛的胡杨林、柽柳-胡杨林、梭梭-胡杨、芨芨草-铃铛刺-胡杨林、甘草-罗布麻-胡杨林，它们与外侧的白梭梭林（木本猪毛菜-梭梭林）构成艾比湖湿地连续、茂密的植被带，是陆生生物多样性最丰富的地区。同时在奎屯河连接艾比湖的东北和东南沿岸又是卤虫的集中分布区。因此，从奎屯河下游至艾比湖东部湖区是艾比湖湿地最重要的生态区。

泉水沟从湿地西南边沿至古尔图河西岸，蜿蜒 50 余千米。在泉水沟的源头区有大量的群泉，形成沼泽湿地，分布有以禾本科植物为主的优良草地、濒危植物艾比湖桦小片林、完整高大的原始柽柳灌丛林及外侧的胡杨林，此处因多淡水点，水源稳定，微环境变化大，所以生境多样，是艾比湖湿地的次生物多样性分布区。同时，沿泉水沟的上游至中游分布大量的胡杨林，面积 555.35 km^2，是北疆最大的，也是仅存的原始胡杨林分布区。中下游还生长着茂密的芦苇，是造纸的重要原料区。

3.1.2 数据源概况

采用的卫星图像数据是 2002 年 6～8 月的美国陆地卫星 Landset-7 数据,灰度拉伸上采用线性拉伸,以森林植被、荒漠化土地类型为主体进行了图像增强。开展几何精校正,在 1∶5 万地形图上选取 1～2 个控制点且均匀分布,控制点数字化中误差小于图面 0.2 mm,配准中误差小于地面 15 m。对 2002 年水体面积分别用当年度的 2 月、4 月、5 月、6 月、7 月、8 月、10 月、12 月的 Landset-7 监测数据求均值得出。

分别收集了 1998 年的荒漠化遥感监测数据,研究地区的植被调查、生态环境调查、森林分类经营调查数据,1∶25 万数字化地图、1∶10 万植被分布图。

3.1.3 研究方法

研究技术路线见图 3-1。

1. 荒漠化土地类型监测指标体系的确定

在对现有荒漠化监测指标体系系统归纳分析的基础上,通过对研究区气候、生态、国土与景观资源的利用现状等要素的综合分析,运用景观生态学、森林立地分类与评价理论,对复合荒漠化土地类型进行界定。

选取与荒漠化性状有关的地形地貌、土壤、局地小气候、植被等因子,利用综合分析与现地验证,本着既能准确地代表荒漠化的性状,又能从遥感数据中方便获取的原则,选取荒漠化监测指标因子,确定分类系统和分类指标,构建荒漠化监测指标体系。

2. 土地荒漠化遥感信息提取

1)遥感数据处理

在经过校正、配准等基础处理后,对遥感影像进行分析,提取有关荒漠化特征的信息。

2)荒漠化遥感信息提取

以卫星数据解译结合现地调查的方法获取荒漠化地类指征因子现状,并对以往荒漠化调查结果进行补充调查,以此为基础,确定训练样本;建立解译标志,对融合遥感图像采取计算机有监分类结合目视解译的方法,提取荒漠化监测指标因子信息。解译结束后进行现地验证,调查结果建立数据库。

3. 荒漠化评价研究

1)荒漠化背景数据库的建立

在总体设计的基础上,进行荒漠化背景数据库功能设计,实现工作区管理、视图控制、调图控制、图层控制、查询分析、数据编辑、统计分析、专题调用、数据库管理、打印输出、系统帮助等功能。采用面向对象的组件化 GIS 开发方式进行荒漠化背景数据库软件开发,建立独立的 GIS 应用工作平台。在 GeoMedia GIS 软件平台上建立基础地理信息数据库和各类专题数据库,集成多尺度、多源海量数据,对荒漠化数据库进行有效的管理,实现荒漠化信息的检索、更新、分析与处理功能。

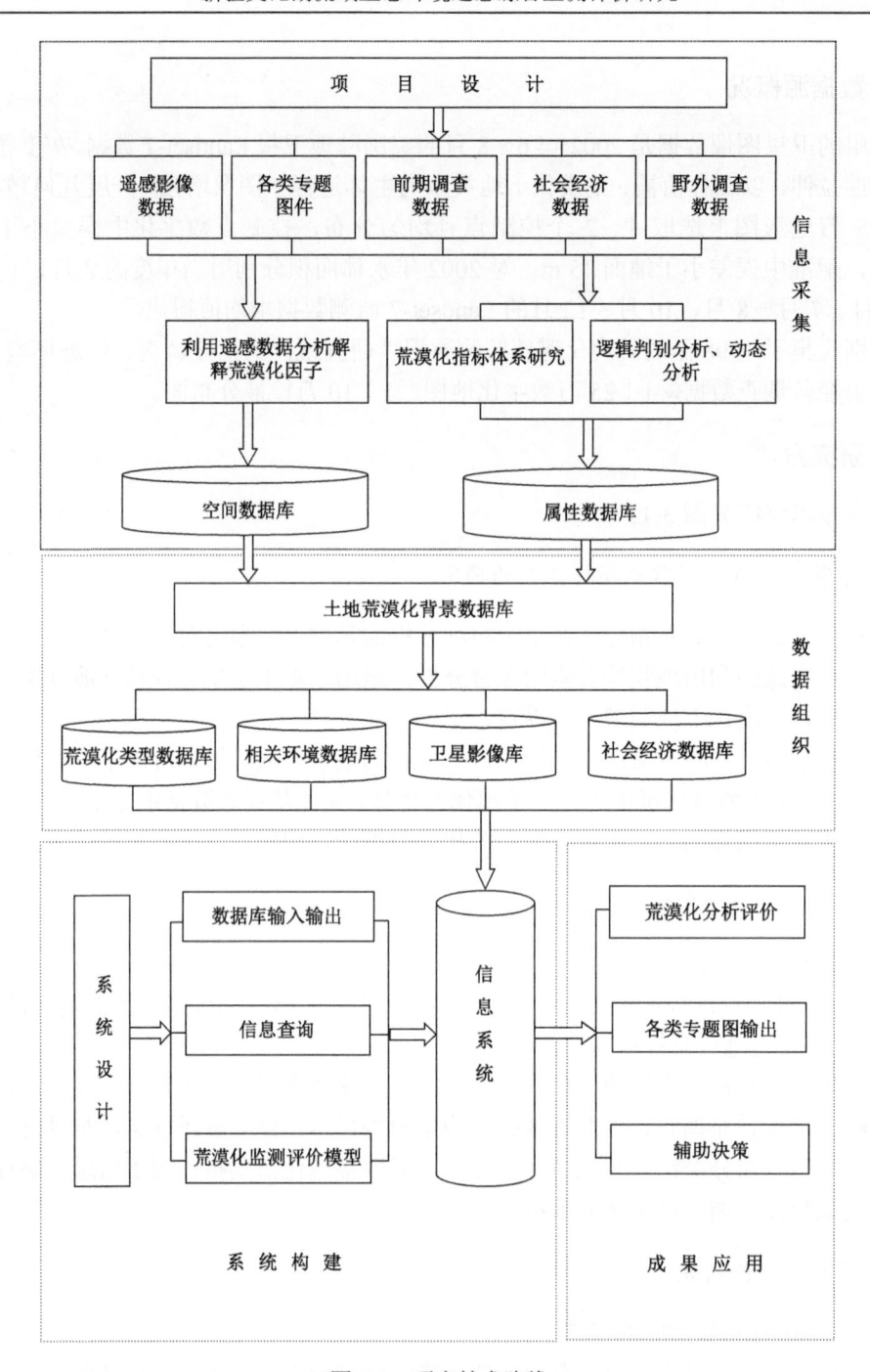

图 3-1 研究技术路线

2）土地荒漠化评价研究

选取能够在时间、空间和程度上反映不同荒漠化程度的自然地理、生态、社会经济指标，建立荒漠化评价指标体系。通过对背景数据库数据的统计和叠加分析，对土地荒漠化的现状与动态变化进行评价分析。

3.2 土地荒漠化监测指标体系建立

3.2.1 土地荒漠化指征

1. 荒漠及其类型

各学科的专家对荒漠的研究角度不同，所确定的荒漠概念也不一致（张煜星，1996）。从地貌学的观点讲，荒漠属于干旱气候地貌，其形成主要是受副热带高压带的控制，气候极为干旱，年降水量一般在 250 mm 以下，而且非常集中，甚至集中在一两次降水之内，而蒸发量远远大于降水量（大几倍甚至上百倍），空气非常干燥，因此，荒漠地域物理风化强烈，而化学风化较弱，地面裸露，植被极为稀少。植物生态学家的观点认为，荒漠是干旱区水平（或垂直）地域带植物群落演替过程中形成的顶极或亚顶极群落。在任何一个具体地区内，一般的演替系列的终点决定于该地的气候性质，主要表现在顶极群落的优势种能够很好地适应该地区的气候条件，于是逐渐形成气候顶极群落，或者在特殊的条件（如土壤、地形等）下，发展中的植被可能停止在最后阶段之前的阶段上，也具有较长期的稳定性，即形成亚顶极。由此可见，荒漠的形成最终是干旱气候长期作用的结果，这是所有学者共同的观点。

荒漠主要分布在北半球 10°～55°N，南半球 10°～55°S 之间，为副热带高压带所控制，终年为信风活动的区域，按其地理位置和成因可分为热带、亚热带、温带荒漠 3 种类型。我国的荒漠属于温带荒漠，主要分布在西北、内蒙古温带及暖温带的极干旱、干旱、半干旱地区。我国荒漠的形成主要是由于远离海洋和受青藏高原的地势影响，但这种作用也是通过环流因子的影响才显示出来的。青藏高原的存在，不仅影响我国和东亚的气候，甚至影响整个北半球的气候。据研究，上新世时青藏高原的海拔仅 1000 m 左右，当时我国的气候主要受纬度的影响，自南而北作有规律的变化。到上新世末青藏高原大幅度隆起，由于高原隆起后其在气候上的热力作用和动力作用，诱发了印度季风；西伯利亚高压因高原隆起而北移并强化，同时，也强化和维持了东亚的季风环流，引起各地气候带重新分异。正是由于欧亚大陆和太平洋的对比关系及巨大青藏高原自上新世以来的不断强烈隆起，所建立起新的气压分布形势和季风环流系统，以及其后青藏高原和天山、昆仑山等高大山系最终又成为季风的严重障壁，而使高原北部处于雨影地区。这样，就使远离海洋、深居内陆的我国西北和内蒙古的广大地区，冬季在西伯利亚-蒙古冷高压控制下，气候异常干燥寒冷；夏季由于高山高原屏障，也难受到湿润季风的影响，高温少雨。因此，终年处于极端干旱的情况下，形成世界上最巨大的、具有典型干燥大陆性气候的温带、暖温带干旱区。因干燥气候下强烈的物理风化作用和盐分聚积，形成缺少植被覆盖的光裸地面，并逐渐干旱。荒漠根据其地表物质组成划分为以下几种类型：岩漠、砾漠、沙漠、泥漠、盐漠、土漠（土戈壁）。此外，还有寒漠，它分布在高纬的极地、亚极地及中低纬的高山、高原地区，由于长期处在大陆性气候条件下，地温常处于零度或负温，地表或地下基本处于冻结状态。寒漠是荒漠类型的一种，但不全是干旱荒漠。

2. 荒漠化及其类型

最初提出荒漠化（desertification）这一术语的是法国植物学家、生态学家A. Aubreville，他在1949年出版的小册子《热带非洲的气候、森林和荒漠化》中对荒漠化的定义是：在人为造成土壤侵蚀而破坏土地的情况下，使生产性土地最终变成荒漠的过程。1977年在肯尼亚召开了联合国荒漠化大会，在总结前人思想的基础上，对荒漠化的定义为："荒漠化是土地生产潜力的降低和破坏，是生态系统的退化过程"；荒漠化是干旱的表征，是人类活动引起的土地承载力的超载现象。土地荒漠化是在脆弱生态条件下由于人为强度活动、经济开发资源利用与环境不协调下出现的类似荒漠景观的土地生产力下降的环境退化过程，包括气候与人类活动的种种因素作用下，干旱区、半干旱区及干旱亚湿润区地区的土地退化过程。1994年10月，世界各国政府代表在巴黎签署了《联合国防治荒漠化公约》，确定了统一的荒漠化定义："荒漠化系指包括气候变化和人类活动在内的种种因素造成的干旱、半干旱和干旱亚湿润地区的土地退化。"由此可见，荒漠化的概念是经过不断发展完善的。

荒漠化根据其成因可分为风蚀荒漠化、水蚀荒漠化、盐渍荒漠化、冻融荒漠化。风蚀荒漠化是指风的作用使地表土壤物质脱离地表被搬运的现象及气流中土壤颗粒对地表的磨蚀作用。水蚀荒漠化系大气降水，尤其是降雨所导致的土壤搬运和沉积过程。盐渍荒漠化类型指地下水、地表水带来的对植物有害的易溶盐分在土壤中积累引起的土地生产力下降。冻融荒漠化指温度在0℃左右及其以下时，对土地造成的机械破坏作用。荒漠化程度是指土地退化的严重程度和恢复生产力与生态系统功能的难易状况。根据国家林业和草原局关于土地荒漠化监测的有关技术规定，上述四类荒漠化类型每种类型按荒漠化程度分又为轻、中、重、极重四级，即轻度风蚀、中度风蚀、重度风蚀、极重度风蚀；轻度水蚀、中度水蚀、重度水蚀、极重度水蚀；轻度盐渍化、中度盐渍化、重度盐渍化、极重度盐渍化；轻度冻融、中度冻融、重度冻融、极重度冻融。

3. 复合荒漠化土地类型的界定

现实情况中，由于荒漠生态系统原生素质的脆弱性，荒漠化地类之间的转换系数较大，不同土地类型的荒漠化处于动态和相互转换的过程中，有些荒漠化土地类型实际上包含或兼容了两种或两种以上的荒漠化类型。其荒漠化的性状常介于两种或两种以上荒漠化指征之间，随着周围环境变化而表现出不同的荒漠化指征与过程。如某些荒漠化土地类型，在气候干旱、地下水位下降时，表现为风蚀为主的荒漠化过程，一旦降水增加、地下水位上升，则表现为风蚀与盐渍化并存的地理景观。这些土地类型应属于过渡或中间荒漠化土地类型，它们对环境条件的变化较为敏感，其景观格局复杂多变。为了准确反映这些土地类型的荒漠化性状，应将它们界定为"复合荒漠化土地类型"，如风蚀-盐渍化、水蚀-盐渍化、盐渍化-风蚀、盐渍化-风蚀-水蚀等。

4. 艾比湖地区复合荒漠化土地类型指征研究

从土壤学的角度而言，艾比湖地区典型的地带性土壤为灰漠土、灰棕土和风沙土，隐域性土壤为盐泽土和草甸土,在土壤地理学中属准噶尔盆地荒漠碱土,加之艾比湖地区及其湖滨地带地下水位普遍较高,因此土壤水文过程结果的一个主要反映就是土壤的次生盐渍化。然而,由于艾比湖地区地处北疆两大气流入口之一——阿拉山口的"进口"风风口之处,土壤和土地的变化受水过程、强气流过程和人类活动过程综合作用的影响和制约,在景观上表现为风蚀、次生盐渍化和复合荒漠化插花分布的地理现象。如前所述,艾比湖地区强风与浅水湖的组合构成了该区域生态环境变化的指示器。艾比湖地区荒漠化的关键是水资源的空间格局和水过程偏离了原有的模式,使得依托原有水过程而发生的地表物理、土壤水文物理和生物生命现象不能维持原有的平衡而形成了不同的荒漠化过程与类型。复合荒漠化土地类型的表征以盐渍化和风蚀的复合为主(图3-2)。

中度风蚀-中度盐渍荒漠化

重度盐渍-重度风蚀荒漠化 　　　　　　重度风蚀-重度盐渍荒漠化

图 3-2　艾比湖复合荒漠化土地类型

通过现地调查,结合对艾比湖地区原有土地荒漠化监测成果及相关的土壤、水文、植被调查研究成果的综合分析,确定艾比湖地区复合荒漠化土地类型有三类:中度风蚀-中度盐渍荒漠化、重度盐渍-重度风蚀荒漠化、重度风蚀-重度盐渍荒漠化(表3-1)。

表 3-1　艾比湖地区复合荒漠化类型指征表

复合荒漠化类型	土壤类型	植被	景观特点	地理分布
中度风蚀-中度盐渍荒漠化	碱化漠钙土、草甸土	白梭梭、罗布麻、早熟禾、地白蒿、猪毛菜	植物盖度25%~30%,且分布较均匀;地貌类型以沙漠、土漠、沉积阶地、湖滨沙地为主	艾比湖地区西南、东南、东北部的了望塔、鸭子湾、黄羊泉、甘家湖一线
重度盐渍-重度风蚀荒漠化	灰漠土、盐泽土	木本猪毛菜	植物盖度20%,分布不均,地面可见大面积盐碱地;地貌多以雅丹地貌、土林、白砻堆等风蚀地类为主	艾比湖湿地西北干涸湖底
重度风蚀-重度盐渍荒漠化	荒漠碱土-灰漠土、灰棕土和风沙	木本猪毛菜、羽矛	植物盖度15%~20%,分布不均,多为与石漠、砾漠毗邻的干涸盐池	艾比湖湿地西北方向毗邻阿拉山口石头房子至克科巴斯套一线

3.2.2 土地荒漠化监测指标体系研究

3.2.2.1 单一荒漠化土地监测指标体系

1. 监测分类系统

要确定荒漠化土地的土地利用类型、荒漠化类型和荒漠化程度。土地利用类型强调荒漠化对社会生产力的影响，荒漠化类型及程度着眼于采取的治理措施及治理需要采取的力度。分类方法：荒漠化程度分级+土地荒漠化类型+土地利用分类。

（1）土地利用类型划分。分为耕地、林地、草地、工矿及居民交通用地、水域、未利用地等6种类型。未利用土地包括流动沙丘及沙地、戈壁、风蚀劣地、重盐碱地、盐地、沼泽地及其他未利用地类型。

（2）荒漠化类型划分。划分以下主要荒漠化类型。①风蚀。指风的作用使地表土壤物质脱离地表被搬运及气流中颗粒对地表的磨蚀作用。②水蚀。指由于大气降水，尤其是降雨所导致的土壤搬运和沉积过程。③冻融。指温度在0℃左右及其以下时，对土体所造成的机械破坏作用。④盐渍化。指地下水、地表水带来的对植物有害的易溶盐分在土壤中积累引起的土壤生产力下降。⑤其他原因引起的植被退化。因过牧、樵采、挖药等引起的植被生物量降低、种群结构变化、土壤坚实、林木生长不良、优良牧草减少等。

2. 荒漠化程度及评价指标

各类型荒漠化土地的荒漠化程度分为4级，即轻度、中度、重度、极重度荒漠化。

1）风蚀荒漠化程度

轻度：植物盖度≥30%，风沙活动不明显，地表稳定或基本稳定的沙丘或沙地。沙漠化普查中的固定沙地和沙丘、滩田划入此类。

中度：植物盖度10%～30%，分布较均匀，风沙流活动受阻，但流沙纹理普遍存在的沙丘或沙地；每公顷有乔木和灌木750株以上，分布均匀。沙漠化普查中的半固定沙丘与沙地和部分林地划入此类。

重度：植物盖度<10%、风沙流活动强烈的流动沙丘和沙地及其丘间风蚀地，仅以非生物手段固定或半固定的沙丘（地）。流动沙丘和沙地、非生物治沙工程地、风蚀残丘、劣地、戈壁以及由于风力作用形成的雅丹地貌、土林、白砻堆等风蚀地。

2）盐渍荒漠化程度

轻度：地面可见少量盐碱斑（≤20%），有耐盐碱植物出现，植被盖度≥36%。

中度：地面出现较多的盐碱斑（21%～40%），耐盐碱植物大量出现，一些乔木不能生长，植被盖度21%～35%。

重度：41%～60%的地表为盐碱斑，大部分为强耐盐碱植物，多数乔木不能生长，只能生长胡杨、柽柳等，植被盖度10%～20%，难以开发利用。

极重度：≥61%的地表为盐碱斑，几乎无植被，极难开发利用。

3) 几种主要土地利用类型的退化指标

对于几种主要的土地利用类型其荒漠化程度（即退化程度）分级方法如下：

(1) 草地退化。草地退化的标志主要从 4 个方面衡量：草地可食牧草产量下降；草地营养成分与适口性降低；草地小环境恶化；草地向低能量级方向发展，食物链缩短，结构简化。

草地退化分级标准为：①轻度退化。群落种类组织未发生重大变化，但不同种的数量有显著改变。一般优势种的个体数量降低，适口性高及不耐践踏的种类减少或消失，适口性低及耐践踏的种类个体增多；可食牧草产量与盖度下降 1/3 左右，地被物明显减少或部分消失。②中度退化。建群种和优势种发生明显更替，耐践踏更耐旱的矮禾草及小半灌木成为优势种；不耐践踏的中生性物种消失，但群落中还保留大部分原生物种；草群变稀、变低，可食牧草产量与盖度降低 1/2 左右；地表半裸露，呈现较明显的侵蚀痕迹，土壤变坚实。低湿地段，土壤含盐量显著增加。③重度退化。原生种类大部分消失，种类组成单一化，低矮而耐践踏的杂类草或小半灌木占绝对优势，适口性大大降低，草群更为稀疏低矮。盖度与可食牧草产量下降 2/3 以上。表土裸露，出现明显的侵蚀微地形，土壤有机质明显降低或明显盐碱化，出现盐碱斑。极严重时地表植物消失或仅剩零星杂草，成为裸地或连片盐碱斑，失去利用价值。

(2) 耕地退化。耕地退化主要是土壤侵蚀、次生盐渍化的发生而导致耕地生产力或耕地质量的下降。①轻度：坡耕地坡度<7°，发生轻度侵蚀、风蚀，土壤 A 层尚存；风沙地轻度风蚀，土壤 A 层尚存；盐碱地轻度次生盐渍化。②中度：坡耕地坡度 7°～15°，土壤 A 层不存在，发生沟蚀；风沙地中度风蚀，土壤 A 层不存在，盖沙；盐碱地中强度次生盐渍化。③重度：坡耕地坡度≥15°，强烈沟蚀；风沙地重度风蚀，盖沙>30 cm，地面出现沙包；盐碱地次生盐土。

风蚀、水蚀、盐渍化采用多因子加权数量化评价方法。植被退化和冻融荒漠化类型的程度采用描述性半定量评价方法。

3.2.2.2 复合荒漠化土地监测指标体系研究

1. 监测分类系统

1) 土地利用类型

为保持与国家现有的土地荒漠化监测指标体系的一致性，复合荒漠化土地利用类型划分与目前的监测分类系统一致，即土地利用类型划分为 6 类：耕地、林地、草地、工矿及居民交通用地、水域、未利用地。

2) 复合荒漠化类型划分

艾比湖地区的复合荒漠化类型有两种：风蚀-盐渍荒漠化与盐渍-风蚀荒漠化。

风蚀-盐渍荒漠化：指气流过程和土壤水文过程共同作用，导致地表土壤物质脱离地表被搬运及对植物有害的易溶盐分在土壤中积累引起的土壤生产力下降的过程。

盐渍-风蚀荒漠化：指地下水、地表水带来的对植物有害的易溶盐分在土壤中积累引起的土壤生产力下降，同时伴随风的作用，使地表土壤物质脱离地表被搬运及气流中颗粒对地表的磨蚀的土地退化过程。

复合荒漠化的分类命名方法与单一主导因素荒漠化相同，即荒漠化程度分级+土地荒漠化类型+土地利用分类。

2. 荒漠化程度及评价指标

国家现有的土地荒漠化评价标准将荒漠化程度分为轻、中、重、极重四级，与之对应的复合荒漠化程度也应该相应地进行分级，但是这种分级应该是在更为广阔的空间范围来进行。限于各类因素，本书的研究对复合荒漠化程度的分级与评价仅限于艾比湖地区，因此建立的复合荒漠化程度及评价指标体系仅适合于艾比湖流域，更为系统的研究还有待于今后完成。

通过对艾比湖地区原有监测样地的复核及现地的补充调查，确定艾比湖地区存在三种不同程度的复合荒漠化类型。

中度风蚀-中度盐渍荒漠化：分布于艾比湖地区西南、东南、东北部的了望塔、鸭子湾、黄羊泉、甘家湖一线，植被以白梭梭、罗布麻、早熟禾、地白蒿、猪毛菜为建群种，盖度为25%~30%。地貌类型以沙漠、土漠、沉积阶地、湖滨沙地为主，土壤为碱化漠钙土、草甸土。其景观具有明显的风蚀特征，但是其间夹杂着大片的盐碱斑。

重度盐渍-重度风蚀荒漠化：集中分布于艾比湖湿地西北干涸湖底。土壤为灰漠土、盐泽土。标志性植物为盐生植物木本猪毛菜，植物盖度为20%，分布不均，地面可见大面积盐碱斑。地貌多以雅丹地貌、土林、白砻堆等风蚀地类为主。

重度风蚀-重度盐渍荒漠化：土壤为荒漠碱土-灰漠土、灰棕土和风沙土。标志性植物为盐生植物木本猪毛菜，间与羽矛混生，植物盖度15%~20%，分布不均。地貌类型多为与石漠、砾漠毗邻的干涸盐池、新老湖积平原，零星分布于艾比湖湿地西北方向毗邻阿拉山口石头房子至克科巴斯套一线，面积较小。

3. 土地荒漠化监测指标因子的确定

一个可供操作的监测指标起码应该包括：地表形态构成、地表植被及盖度、地面及土壤组成结构、气候动力因素等四大指标因子。指标因子的选择应本着具有代表性、实用性、科学性和操作性的原则，既易于地面观测确定，也便于遥感图像解译。同时，几个因子的不同方法叠加可以产生新的评价因子。如：地表形态因子与植被覆盖率因子叠加，可得出固定、半固定还是流动沙丘的判断等。这些指标因子综合就可以判别土地的荒漠化类型和程度，重复测定时可以确定土地的荒漠化发展类型。

采用"确定指标因子权重—划定因子等级值—将因子指标等级数量化—建立荒漠化得分公式—依得分在不同区划的数量化表中得出土地荒漠化评价"的思路，即"多因子指标分级数量化法"。这是基于如下考虑：

（1）引入了"权重"，避免了多因子指标等级交错的问题，且权重可因地区差异有调整区间，便于不同地区试验和推广。

（2）各调查判读因子可以有不同的划分级，如覆被率可以10分法，而盐渍化程度只分三级。既可以充分利用全国沙漠化普查数据，又能容纳各因子在遥感图像判读的不同分级，而不必向较少的分级数看齐。

（3）采用数量化表，便于计算机运算、成图分层与叠加，便于建立专家系统及监测GIS系统有机结合。

（4）用荒漠区总得分值查不同区划的分值区间，就可确定同样的区域状况得分值在不同区划下荒漠化程度的差异，便于世界不同地区推广使用。这个"不同区划"一开始是气候区划，随着工作的深入可以变为二级区划、三级区划等，从而更有针对性，更能适应多种地区，更符合实际。

（5）由荒漠化得分公式，可推演一块荒漠区、一个地区、一个县以及一个省的得分值，便于今后防沙治沙法及领导岗位目标责任的评价。

（6）对于荒漠化监测而言，监测的尺度是关键性的。尺度通常是指观测和研究的物体或过程的空间分辨率和时间单位。荒漠化过程在不同的时空尺度上，表现形式是不一样的，特别是空间尺度上，更加明显。例如艾比湖地区在区域尺度上，荒漠化表现为森林、草场面积的减少，植被覆盖度的降低等；在低一级的尺度上，则表现为植被类型的变化，盐碱地和流沙面积的扩大；在更低一级的尺度上，表现为群落组成的变化、植物生长量的变化、土壤特征变化等。不同的尺度上荒漠化的过程不同，决定了评价荒漠化程度的指标选取，指标阈值不同，调查方法手段也不同（表3-2）。

表 3-2 不同尺度荒漠化监测调查方法

尺度等级	空间尺度范围	监测方法
区域尺度	$10^2 \sim 10^5$ km	卫星数据监测（TM+MODIS）
三级景观：（县域尺度）	$10^1 \sim 10^2$ km	卫星数据监测（TM+CBERS-1+IRS）
二级景观：（乡域尺度）	$1 \sim 10^1$ km	卫星数据监测（TM）+航片监测
一级景观：（村域尺度）	$10^2 \sim 10^3$ m^2	航片监测+样地调查
群落尺度	$10^1 \sim 10^2$ m^2	样地调查+定位观测

根据上述研究思路，依据景观生态学原理和遥感理论，通过对合成影像及原有卫星遥感解译标志的综合分析，结合现地区划，确定与荒漠化有关的地形地貌、土壤、植被因子为荒漠与复合荒漠化类型指标因子（表3-3）。

表 3-3 艾比湖地区土地荒漠化监测指标因子表

荒漠化类型	监测指征因子与调查方式	
	航空照片判读与地面样地调查	卫星数据解译
风蚀	植被盖度、土壤质地或砾石含量、覆沙厚度、地表形态	植被盖度、地表形态
水蚀	植被盖度、坡度、沟壑密度	植被盖度、坡度、沟壑密度
盐渍化	盐碱斑地率、植被盖度、土地可利用程度	盐碱斑地率、植被盖度
风蚀-盐渍荒漠化	植被盖度、土壤类型、地表形态、土地可利用程度、土壤含盐量	植被盖度、盐碱斑地率、地表形态
盐渍-风蚀荒漠化	植被盖度、土壤类型、地表形态、盐碱斑地率、土地可利用程度	盐碱斑地率、植被盖度、地表形态

3.2.3 艾比湖地区土地荒漠化监测指标体系的建立

为了与国家荒漠化监测体系保持统一，便于成果的比较分析与数据汇总，艾比湖地区荒漠化监测指标体系和命名方法，与单一主导因子的荒漠化监测分类系统和监测指标同属多因子指标分级数量化体系。但是国家单一主导因子的荒漠化监测分类系统并未考虑复合荒漠化问题，而且土地利用类型也只分到一级（即耕地、林地、草地等六大类）。对于国家范围的荒漠化监测而言，这无疑是较为适宜的，但是对于中小尺度大比例尺区域的荒漠化监测来讲，此种分类就略显粗放了。区域荒漠化监测的目标是该地区荒漠化的现状与动态变化，根据新疆森林经理立地区划结果，艾比湖地区属盆地灰漠土荒漠化旱生、盐生植物立地亚区，在景观上表现为风蚀、次生盐渍化和复合荒漠化插花分布的地理现象。因此中小尺度大比例尺区域的荒漠化监测，首先，必须考虑荒漠化土地状况，对于非荒漠化土地可不纳入分类体系中。这样做的益处一是不易造成混乱，二是分类系统简洁明了、可操作性强。其次，由于监测将采用遥感数据分析与地面抽样相结合的技术路线，可将二级土地利用类型纳入监测指标体系，使荒漠化监测的景观格局更为系统化。通过上述论证，结合对艾比湖地区土地荒漠化前期监测调查成果的综合分析，确定如下监测指标体系（表3-4）。

表 3-4 艾比湖地区土地荒漠化监测指标体系

土地利用类型监测级别			监测指标
一级	二级	三级	
风蚀荒漠化土地	中度风蚀荒漠化土地	中度风蚀灌木林地 中度风蚀疏林地 中度风蚀天然草地 中度风蚀阔叶林地 中度风蚀沙生灌丛 中度风蚀宜林地 中度风蚀难利用地	林型、植被盖度、土壤质地或砾石含量、覆沙厚度、地表形态、沙丘密度、植被群落类型
	重度风蚀荒漠化土地	重度风蚀灌木林地 重度风蚀疏林地 重度风蚀天然草地 重度风蚀阔叶林地 重度风蚀沙生灌丛 重度风蚀宜林地 重度风蚀难利用地	林型、植被盖度、土壤质地或砾石含量、覆沙厚度、地表形态、沙丘密度、植被群落类型
水蚀荒漠化土地	轻度水蚀荒漠化土地	轻度水蚀灌木林地 轻度水蚀疏林地 轻度水蚀天然草地 轻度水蚀阔叶林地 轻度水蚀沙生灌丛 轻度水蚀宜林地 轻度水蚀难利用地	植被盖度、坡度、沟壑密度、植被类型

续表

土地利用类型监测级别			监测指标
一级	二级	三级	
盐渍荒漠化土地	中度盐渍化荒漠化土地	中度盐渍化灌木林地 中度盐渍化疏林地 中度盐渍化天然草地 中度盐渍化阔叶林地 中度盐渍化沙生灌丛 中度盐渍化宜林地 中度盐渍化难利用地	盐碱斑地率、植被盖度、土地可利用程度、地表形态、植被群落类型、土壤类型
	重度盐渍化荒漠化土地	重度盐渍化灌木林地 重度盐渍化疏林地 重度盐渍化天然草地 重度盐渍化阔叶林地 重度盐渍化沙生灌丛 重度盐渍化宜林地 重度盐渍化难利用地	盐碱斑地率、植被盖度、土地可利用程度、地表形态、植被群落类型、土壤类型
	极重度盐渍化荒漠化土地	极重度盐渍化灌木林地 极重度盐渍化天然草地 极重度盐渍化难利用地	盐碱斑地率、植被盖度、土地可利用程度、地表形态
复合荒漠化土地	中度风蚀-中度盐渍荒漠化土地	中度风蚀-中度盐渍灌木林地 中度风蚀-中度盐渍疏林地 中度风蚀-中度盐渍天然草地 中度风蚀-中度盐渍阔叶林地 中度风蚀-中度盐渍沙生灌丛 中度风蚀-中度盐渍宜林地 中度风蚀-中度盐渍难利用地	植被盖度、土壤类型、地表形态、土地可利用程度、土壤含盐量、覆沙厚度、沙丘密度、植被群落类型
	重度盐渍-重度风蚀荒漠化土地	重度盐渍-重度风蚀难利用地	植被盖度、土壤类型、地表形态、盐碱斑地率、土地可利用程度

注：命名方法为荒漠化程度分级+土地荒漠化类型+土地利用分类。

3.3 土地荒漠化遥感信息提取

艾比湖地区地域辽阔，荒漠化与沙漠化类型多样，野外调查条件异常艰苦。监测和调查具有涉及专业多、技术要求高、工作量大的特点。加之经费的限制，使本书涉及的多项研究都面临不小的困难。为了保证监测调查数据的准确性和成果的可靠性，本着充分利用前期相关及专业调查成果的原则，采用了建立在抽样基础上的卫星判读结合现地调查的技术路线，即以遥感样地调查数据推断全区域土地荒漠化的总体数据。依托新疆土地荒漠化遥感监测体系在艾比湖地区布设的遥感解译样地，建立各种荒漠化地类的解译标志，利用遥感图像的色调和纹理特征，解译各类土地荒漠化的分布面积与数量并利用实地调查进行验证（图3-3）。

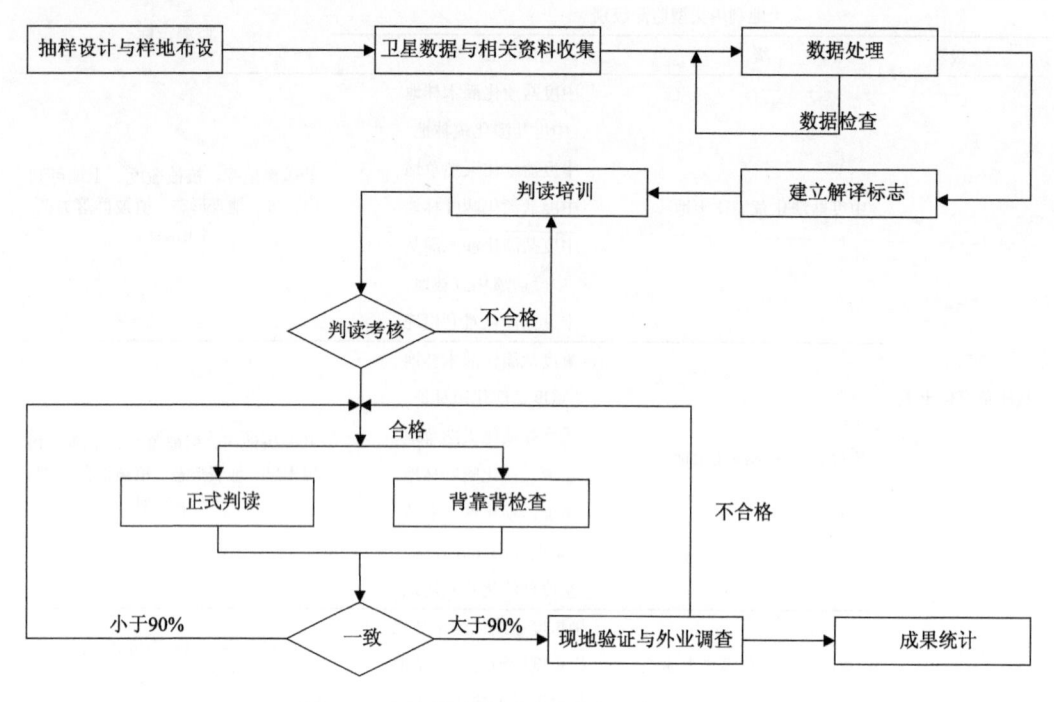

图 3-3 土地荒漠化遥感信息提取技术路线图

3.3.1 抽样设计

1. 新疆土地荒漠化抽样监测体系

该体系为系统抽样，占全国荒漠化土地监测定期复查固定样地的37%。共布设荒漠化监测样地238060个（全新疆共布设样地274846个，其中，极干旱区有30330个样地，湿润区有6456个样地），布设以北京五四坐标系为基准，遥感解译样地的点间距为3 km×2 km。判读样地为点判读，即以判读样地公里网交叉点所处地地类为判读样地的地类，并按此点判读其他因子。

以全新疆荒漠化土地为调查总体，按95%的可靠性估计，主要荒漠化土地类型面积现状抽样精度在95%以上（主要荒漠化类型土地面积成数小于20%时,抽样精度要求90%以上）。经计算各荒漠化类型的精度分别为：新疆监测区内荒漠化面积抽样精度P=99.49%；风蚀荒漠化面积精度P=98.16%；水蚀荒漠化面积精度P=97.00%；盐渍化荒漠面积精度P=93.06%；冻融荒漠化面积精度P=89.94%。

2. 艾比湖地区景观分析与监测样地布设

1) 艾比湖地区景观分析

艾比湖洼地三面环山，东北部敞开与古尔班通古特沙漠相连，艾比湖为准噶尔盆地的最低洼地，湖面海拔189 m，是地表、地下水汇集中心。同时艾比湖又处在北疆两大气流入口之一——阿拉山口的风口之处,加之湖床平坦,湖面辽阔,平原广袤,在地质过程、水过程、强气流过程和人类活动过程的综合作用下留下了多样的地貌景观。

水过程地貌有湖泊湿地、堆积湖堤、沉积阶地、湖滨沙地、苇塘湿地、沼泽、湖周盐碱地、新老湖积平原等;气流过程地貌有湖南部的雅丹地貌、高大沙丘、流动沙地等;地质过程留下了山体、石漠、砾漠等。水过程和气流过程共同作用留下了景观系统的自然格局,这些格局把水与风的外部时空作用过程最大限度地内在化,地表物理过程表现为物质的空间移动,地表生物过程表现为群落物种结构和外貌的更替。以上被动的物理过程和主动的生物过程共同推动了景观的变化。强风推动了沙的流动,依托水而生的植物又改变了流沙的搬运与堆积过程,地形-风-水-植物共同塑造了风线上的湖泊、各种形态的风蚀地貌、吹扬沙堆、盐碱沙丘和各种植物群落等自然景观,演绎了自然干扰与植物调节生存的伟大创举,像一部具有浓郁地方色彩的自然地理和生命演化巨著,记载了丰富的地理历史信息和动植物进化遗传信息;又像一个巨大的仓库,贮藏着区域大自然各阶段的创新产品和多样的生命现象。

现代人类活动塑造了新的系统退化景观。人类活动塑造的最显著的景观特征是湖面萎缩,形成新的湖积平原。随着湖泊的演变,湖周发育了大面积的湖积平原,根据其形成的早晚,可将其分为新湖积平原区和老湖积平原区(>50 aBP),新老湖积平原呈带状分布在湖泊周围。在湖的西北岸和东南岸新湖积平原宽阔,南岸则呈狭长的条带状沿现代湖岸分布。艾比湖区强风与浅水湖的组合构成流域生态环境变化的指示器。艾比湖流域生态环境退化的关键是水资源的空间格局和水过程偏离了原有的模式,使得依托原有水过程而发生的地表物理、土壤水文物理和生物生命现象不能保持原有轨迹。研究表明,在相同的气候变化背景下,中亚不同湖盆形态的湖泊对此做出的响应不尽相同,湖盆浅平,以面积变化为主;湖盆深凹,则以水位变化为主。艾比湖的湖泊面积变化对入湖水量反应极为敏感。入湖水量增减 1 亿 m^3,湖面增缩 80 km^2 左右,贮水量增减 0.48 亿 m^3。不仅如此,这种变化在强大的风力作用下,通过风沙吹扬和立体跨空间流动的形式得到放大而易感知。这种生态指示器,在艾比湖是最典型的。

2)监测样地布设情况

新疆荒漠化抽样监测体系在艾比湖地区一共布设了 613 个遥感解译样地(含加密样地),它是全国荒漠化土地监测定期复查固定样地的一部分,利用这些样地的判读或实测数据,结合部分重点区域的遥感区划调查,可以提取艾比湖地区荒漠化土地面积现状及动态数据。上述样地已在 1:10 万的地形图和卫星影像(2000 年、2002 年 TM 数据)上进行了系统布设,其分布见表 3-5。

表 3-5 艾比湖地区不同地表景观荒漠化监测样地分布一览表

景观类型	面积/km^2	比例/%	样地数	比例/%
新湖积平原	378.45	12.8	103	16.8
老湖积平原	575.67	19.5	196	31.97
沙丘地	878.40	29.7	235	38.34

续表

景观类型	面积/km²	比例/%	样地数	比例/%
冲积平原	120.33	4.1	17	2.77
洪积平原	40.05	1.35	6	0.98
湖面面积	678.03	22.94	0	0
其他	285.34	9.61	56	9.14
合计	2956.27	100	613	100

对于各样地，需要记录它的地理位置、调查方式、气候类型以及地貌等基础信息，还需要记录调查样地中每个图斑的面积大小、土地利用情况、荒漠化类型、地形数据、土壤数据、植被情况、农作物生长状况以及大的地貌特征，并根据技术规定中的荒漠化程度评价方法判定该图斑的荒漠化程度属于轻、中、重、极重和非荒漠化5个层次中的哪一层。在内业处理时，将样地内土地利用类型、荒漠化类型、荒漠化程度相同的图斑的面积相加，分别计算它们在样地内的比例，然后计算各类荒漠化土地面积成数并估计精度。

3.3.2 图像分类与土地类型划分

统计模式识别的出发点，是把识别对象特征的每一个观测量视为从属于一定分布规律的随机变量。在多维观测的情况下，则把识别对象特征的各维观测值的总体视为一个随机向量，每个随机向量在一个多维特征空间中都有一个特征点与之对应。所有特征点的全体在特征空间中将形成一系列的分布群体。每个分布群体中的特征点被认为是具有相似特征的，并可以划为同一个类别。最后，设法找到各个分类群体的边界线（面）或确定任意特征点落入每个分布群体中的条件概率，并以它们为判据来实现特征点（或其相应的识别对象）的分类。

在纯理想情况下，属于同一类别的各地物点，理应具有相同的图像亮度值，即完全相同的光谱响应。但由于各种外界因素的影响，同类地物的成像亮度值总是带有随机误差，因而图像亮度（即光谱特征）的观测值是一个随机变量（x）。于是，同类地物点在不同波段图像中亮度的观测量将构成一个多维的随机向量（X），称为光谱特征向量。即：

$$X = [x_1 x_2 \ldots x_n]^T \tag{3-1}$$

式中，n 为图像波段总数；x_i 为地物图像点在第 i 波段图像中的亮度值，$i=1,2,\cdots,n$。

由于随机性，同类地物的各取样点在光谱特征空间中的特征点不可能只表现为同一点，而是形成一个相对聚集的点集群，而不同地物的点集群在特征空间内一般是相互分离的。特征点集群在特征空间中的分布大致可为：无论在总的特征空间中，或在任一子空间中，不同类别的集群之间总是存在有重叠现象。这时重叠部分的特征点所对应的地物，在分类时总会出现不同程度的分类误差，这是遥感图像分类中最常见的情况。

显然，欲在不同特征点分布集群之间划分出分类界线（面），其关键问题是要对各集群的分布规律进行统计描述。通常它是用特征点（或其相应的随机向量）分布的概率密

度函数 $P(X)$ 来表征的。一旦各类集群分布的概率密度函数都可确定,就可能计算任一随机变量属于某类集群的条件概率。进而依据某种概率比较的判决规则,即分类判决函数,实施分类处理。然而地物光谱特征点的随机分布经常并不从属简单的高斯分布,更实际的情况是属于各种分布核(如正态分布、矩形分布、三角形分布等)的加权复合,这时,对集群分布密度函数的确定过程就比较复杂,称其为"非参数估计法",其典型方法如泊松估计法等。相比之下对有固定形式(如正态分布)的密度函数的确定法,称为"参数(如数学期望 M 和协方差 Σ 等)估计法"。

假设特征点的统计分布属于正态分布,则其概率密度函数可表达为

$$P(X) = \frac{|\Sigma|^{-\frac{1}{2}}}{(2\pi)^{n/2}} \cdot \exp\left[-\frac{1}{2}(X-M)^{\mathrm{T}} \cdot (\Sigma)^{-1}(X-M)\right] \tag{3-2}$$

式中,X 为由式(3-1)表达的随机向量;$M = [m_1 m_2 ... m_n]^{\mathrm{T}}$ 为数学期望向量。

$$m_i = \frac{i}{N}\sum_k X_{ik}$$

式中,X_{ik} 表示第 i 类第 k 个像素的灰度值。

$$\Sigma = \begin{pmatrix} \delta_{11} & \cdots & \delta_{1n} \\ \vdots & & \vdots \\ \delta_{n1} & \cdots & \delta_{nn} \end{pmatrix} \quad (\text{协方差矩阵})$$

$$\delta_{ij} = \frac{1}{N}\sum_k (x_{ik} - m_i)(x_{ik} - m_j)$$

在遥感图像计算机分类过程中,类别的可分性不仅取决于各类集群的分布情况,而且还取决于所采用的分类准则,即分类判决函数或分类器。同时,分类器的效果好坏又与分类的随机变量(即特征)的选择有关。

1. 计算机分类处理过程

(1)对图像分类方法进行比较研究,掌握各种分类方法的优缺点,然后根据分类要求和图像数据的特征,选择合适的图像分类方法和算法。

(2)根据应用目的及图像数据的特征制定分类系统,确定分类类别,也可通过监督分类方法,从训练数据中提取图像数据特征,在分类过程中确定分类类别。

(3)找出代表这些类别的统计特征。

(4)为了测定总体特征,在监督分类中可选择具有代表性的训练场地进行采样,测定其特征。

(5)对遥感图像中各像素进行分类。包括对每个像素进行分类和对预先分割均匀的区域进行分类。

(6)分类精度检查。

(7)对判别分析的结果统计检验。

2. 目视解译

对影像进行解译时必须结合目视解译的方法，综合运用研究对象的生态学与地理学规律进行辅助解译，这是目前计算机分类中必然遵守的规律之一。自 20 世纪 90 年代以来，艾比湖地区先后开展了土地沙漠化、荒漠化监测，重点生态建设工程区资源环境遥感调查，新疆国土资源环境遥感综合调查，森林分类经营遥感区划调查等多项大型遥感专业调查项目，建立了系统成熟的 TM 土地利用类型遥感解译标志（表 3-6）。利用这些解译标志，集合相关专业调查成果，对研究区的不同土地类型进行判读分析，为监督分类和训练样本的选择提供修正数据。

表 3-6 新疆荒漠化监测土地利用类型遥感解译标志表（TM 4，5，3 波段）

类型	色调	形态	结构（纹理）	位置及相关分布
山地阔叶树	红色、黄红色	不规则小片状、块状、边缘不整齐	粗糙不均匀	针叶林下缘及以下部位的阴坡、半阴坡和河谷沿线。主要在天山及阿尔泰山地中低山地带
农田林网	黄红色、褐红色，与农作物较易区分	整齐的线状，通常联结成直角相交的网状	粗糙、不均匀，有规律重复纹理	农田周边、水渠、道路沿线
胡杨林	褐红色	带状（多数联结成絮状），不规则片状、块状	纹理结构较均匀	干旱地区平原河流沿岸，主要在塔河流域和艾比湖流域
平原果树及果园	鲜褐红色（同农田及林地较易区别）	整齐多边形有直角边界（果园），不规则斑点状（居民点附近果树）	粗糙	绿洲、村庄、居民点附近
山地阔叶灌木林	红色、黄红色（比阔叶树略淡，比草地略暗，但不易区分）	不规则小片、块状、边缘不太清晰	光滑（但较草地粗糙）	针叶林下林缘部位的阴坡、半阴坡
山地柏类灌木林	鲜红色	不规则小斑块状，经常联结成大斑块，边界极清晰	光滑	针叶林上下限附近或阳坡
沙地灌木林	深蓝青色	块状、片状，面积较大	参差状（因沙丘形态而异）	主要分布在北疆沙地
戈壁灌木林	深蓝青色	大面积片状	有明显道路条纹及流水脉络	山前洪积扇
云杉林	红色（幼中林），暗褐色（近成熟林）	不规则块状、片状，一般面积较小	光滑	天山南北坡中山带阴坡。海拔 1500~2700 m（北坡），2000~2900 m（南坡）
落叶林	深褐红色	不规则块状、片状，一般面积较小	光滑	阿尔泰山南坡，天山东端北坡的阴坡、半阴坡，海拔 1100~2300 m（阿山），1500~2700 m（天山）
山地草地	红色、黄红色、褐红色（以上为杂草地），灰青色、灰蓝色（荒漠草地）	不规则大面积块状、片状	均匀光滑，略有绒状质感	全新疆山地
打草地	红色、黄红色	边界极为清晰，有直角（围栏）边界，大面积规则几何形或小面积串珠状	均匀极光滑	天山北坡，阿尔泰山南坡针叶林下林缘部位，或山间河流沿线。周边为草地，有明显区别
山区宜林地	红色、黄红色或其他颜色	不规则小块状或带状	光滑	不足 20 hm² 的林空地（草地）或针叶林下林缘 150 m 范围内草地

续表

类型	色调	形态	结构（纹理）	位置及相关分布
苗圃	红色	规则斑块状具有直角边界	均匀，光滑	天山、阿尔泰山河流岸边
冰川积雪	玫瑰红色	斑块状，边界清晰，由大量不规则弧线组成	均匀，光滑	全新疆各地山峰顶部
农地（绿洲水浇地）	红色或蓝灰、青灰	规则块状，有明显的直角边界和重复条纹，均呈直线状	均匀，光滑	大河沿岸或中小河流冲积扇中部
旱地	红色、黄红、灰红、灰黄、黄白（同周边有明显区别）	块状、片状、条状，有明显边界	均匀，光滑	周边为草地，有明显区别，一般在有黄土分布的低山地带（海拔800~1100 m，主要分布在伊犁地区、塔额盆地、布尔津、呼图壁以东天山北坡各县），一般在黄土梁（塬）顶部
宜林沙荒地	灰白、灰青，夹杂褐红色斑点（胡杨、红柳）	不规则，大面积	粗糙，有斑点，有明显沙丘纹理	塔河沿岸
芦苇地	鲜红	不规则椭圆状或多边形	均匀，光滑	河边或湖边局部分布
盐碱地	白色	不规则斑状	均匀，光滑	戈壁地带地势低洼处
戈壁	蓝青灰色	有近半圆的冲积扇分布，有较明显的放射形水系脉络	较粗糙	低山以下的倾斜平原，往上为山地，往下则为河流或绿洲

3. 遥感影像的分类

先对遥感影像数据进行非监督分类，在非监督分类的分类属性编辑器（raster attribute editor）中进行人工解译，并确定其类别属性，然后将人工解译后的非监督分类的分类属性表经过光谱聚类处理转化成适用于监督分类的分类模板文件，再进行监督分类。

具体过程是，首先利用遥感软件 Erdas Imagine 8.5 对影像进行非监督分类，采用基于最小光谱距离的迭代自组织分类法（ISODATA）。在聚类选择对话框中，选择由图像文件整体的统计值（initialize from statistics）产生自由聚类，一般在实际工作中将初始分类数取为最终分类数 2 倍以上。本书在非监督分类过程中，将初始分类数分别选择为 15、30、60 和 100，进行了 4 次非监督分类的尝试。试验结果表明：非监督分类的初始分类数应尽可能多些，如果太少，光谱特性相近的地物出现混淆的现象非常突出，致使分类精度很低；但初始分类数也不宜过多，否则计算机的工作量很大，而且最终的分类精度也没有提高。根据反复操作的结果，最终选定初始分类数为 60。非监督分类的最大循环次数（maximum iterations）定义为 24，循环收敛阈值（convergence threshold）设置为 0.95。然后进行各个类别的专题判别、色彩确定、分类合并等处理，将最终的分类结果保存为模板文件（signature），作为下一步监督分类的分类模板。利用 Image Interpreter-iGIS Analysis-Recode 分类重编码命令，最终将该模板初始分类中的 60 类合并为耕地、草地、水体、居民点、园地、未利用地等分类要素。

选择训练样本。训练样本的选择是监督分类的关键，尽管多光谱图像数据的分类是一个高度自动化的阶段，但在训练阶段它绝不是自动的。它需要图像分析者和图像数据之间进行紧密的配合，而且它还需要了解研究区内大量的参照数据和完整的地理知识（表 3-7）。最重要的是，训练阶段的质量决定着分类阶段的成功与否，因而也决定着从分类中所获得的信息的价值。

表 3-7　TM 不同训练区的特征值

类别		样本数	波段统计参数				
			波段	最小	最大	平均	标准差
10	耕地	50838	3	82	186	145.74	16.34
			4	54	157	117.82	13.90
			2	63	126	99.73	9.49
20	林地	16688	3	0	50	0.99	3.53
			4	6	75	27.34	7.31
			2	0	31	0.31	1.72
41-1	平原荒漠草地	177856	3	79	176	120.47	12.44
			4	34	146	88.05	13.80
			2	59	126	87.79	8.08
41-2	灌木林地	121873	3	63	214	117.82	17.66
			4	47	163	94.00	14.77
			2	51	153	87.98	12.92
41-3	阔叶林地	59046	3	25	154	69.83	17.63
			4	0	126	35.67	22.08
			2	11	116	50.76	13.06
41-4	疏林地	39630	3	25	151	83.75	20.29
			4	30	136	89.59	15.74
			2	11	110	60.34	14.50
41-5	难利用地	11804	3	31	142	75.33	13.72
			4	47	129	84.75	15.49
			2	7	102	51.15	10.90
41-6	沙生灌丛	9011	3	6	88	48.57	9.5
			4	37	102	68.18	10.40
			2	0	63	29.34	8.51
41-7	宜林荒地	2665	3	37	63	51.75	4.35
			4	61	81	69.64	3.34
			2	11	43	28.90	3.64
50	居民点及工矿用地	55503	3	9	135	53.00	12.01
			4	0	92	19.16	12.23
			2	15	102	46.16	7.42
71	湖泊、水库、坑塘水域	108989	3	0	110	19.87	15.49
			4	0	47	0.06	1.10
			2	0	82	33.32	14.27
79	冰川及永久积雪	31620	3	135	255	253.50	8.51
			4	116	255	241.26	27.96
			2	114	255	250.52	16.44

训练阶段的整个目标是，收集一系列描述图像分类中每一种地面覆盖类型的光谱响应模式的统计数字。为了获得满意的分类结果，在选择训练样本时做了以下几方面的工作：①所选每一类别的训练样本都是均质的，既不包含其他类别，也不选边界像元或混合元。②所选的训练样本既有代表性，同时还要具有完整性。不仅为所有类别选择训练样本，而且对于每一类的训练样本，一是要考虑各种环境因子的影响，在图像上划出不同环境因子空间分布，然后基于不同的环境因子选择训练样本。二是要考虑信息类型，如水体，如果水体仅包含一个水体，并且这个水体在整个区域的图像中具有相同的光谱响应特征，那么在训练阶段仅需要一个训练区来代表水体即可。然而，如果同一水体既有清澈的水体部分，也有混浊的水体部分，那么至少需要选择水体的这两种光谱训练区；如果有多个水体，那么需要对每个可能出现的水体区域选训练区。三是要有完整性，如未利用地，它可能包含荒草地、裸岩、石砾地等几种类型，这时就要从这几种类型分别采样。总而言之，用于图像分类的训练样区的统计结果，一定要充分反映每种信息类型中光谱类别的所有组成。③在选择训练样本时，必须考虑每一类别训练样本的总数量，作为一个普遍的规则，如果图像有 N 波段，则每一类别至少应有 $N+1$ 个训练样本。在本书研究的实际工作中，一般选择 $10N$ 个以上的样本，因为训练样本越多，计算的均值矢量和协方差矩阵的质量就越好，也越能有效地反映每个光谱类别。同时，总的样本数量应根据区域的异质程度而有所不同，在对试验区选择样本时，根据研究区的植被差异、地形、气候区分别选取样本，一般保证每种土地类型的样本在 $30N$ 以上。④由于空间自相关性存在于邻近像元，邻近像元有很大可能具有相似的亮度值，每隔一定空间隔采集几个连续的样本像元。

融合图像的各类之间的分离度相对于原图像有较大的改进。

选择分类函数。本书利用最大似然分类法求出像元数据对于各类别的似然度（likelilood），而后把该像元分到似然度最大的类别中去。似然度是指当观测到像元数据 x 时，它是从分类类别 k 中得到的（后验）概率。设从类别 k 中观测到 x 的条件概率为 $P(x|k)$，则似然度 L_k 可表示为

$$L_k = P(k|x) = P(k) \times 1(x|k) / \Sigma P(i) \times P(x|i) \tag{3-3}$$

式中，x 为待分像元；$P(k)$ 为类别 k 的先验概率，它可以通过训练区来决定（通常假定它无论在哪个类别中都取相等的值）。

此外，由于分母无论对哪个类别来说都是相同的值，所以在类别间比较的时候可以忽略，最大似然比分类必须知道总体的概率密度函数 $P(x|k)$。由于假定（使）训练区光谱特征和自然界大部分随机现象一样，近似服从正态分布（对一些非正态分布可以通过数学方法化为正态问题来处理）。通过训练区，可求出其平均值及方差、协方差等特征参数，从而可求出总体的先验概率密度函数。此时，像素 x 归为类别 k 的归属概率表示如下[这里省略了式（3-3）中的分母和先验概率的项，即和类别无关的数据项]：

$$L_k(X) = \left\{ (2\pi)^{n/2} \times (\det \Sigma_k)^{1/2} \right\}^{-1} \times \exp\left\{ (-1/2) \times (x-u_k)^t \Sigma_k^{-1} (x-u_k) \right\} P(k) \tag{3-4}$$

式中，n 为特征空间的维数；$P(k)$ 为类别 k 的先验概率；$L_k(X)$ 为像素 x 归并到类别 k 的

归属概率；x 为像素向量；u_k 为类别 k 的平均向量（n 维列向量）；det 为矩阵 A 的行列式；Σ_k 为类别 k 的方差、协方差矩阵（$n\times n$ 矩阵）。

当各类别的方差、协方差矩阵相等时，归属概率变成线性判别函数，如果类别的先验概率也相等，此时，是根据欧氏距离建立的线性判别函数，特别当协方差矩阵取为单位矩阵时，最大似然判别函数退化为采用欧氏距离建立的最小距离判别函数。

为了以较高精度测定平均值及方差、协方差，各个类别的训练数据要为特征维数的 2 倍到 3 倍以上。

如果 2 个以上的波段相关性很强，那么方差、协方差矩阵的逆矩阵就不存在，或非常不稳定。在训练数据几乎都取相同的均质性数据组的情况下也是如此。此时，最好采用主成分分析法，把维数减到仅剩相互独立的波段。

当总体分布不符合正态分布时，不适于采用以正态分布的假设为基础的最大似然比分类法，其分类精度也将下降。

遥感分类的后处理。由于监督分类和非监督分类都是按照图像光谱特征进行聚类分析的，带有一定的盲目性，因此，计算机自动分类后的结果需要进行分类后处理，才能得到理想的分类效果，主要是小图斑的处理操作。计算机分类后的艾比湖土地利用分类影像中存在较多的细碎图斑，而本书主要考虑荒漠化的主要地块类别，所以分类结果过于细碎的话就会影响实际的应用。因此对分类的影像数据进行小图斑的处理。

Erdas 系统中的 GIS 分析命令 Clump、Eliminate 可以联合使用，来完成小图斑的处理工作。首先，利用 Image Interpreter—GIS Analysis—Clump 命令计算研究区遥感分类影像中每个分类图斑的面积，记录相邻区域中最大图斑面积的分类值，并产生一个聚类统计类组输出文件。其次，用 Eliminate 命令对产生的 Clump 类组文件进行去除分析，就是说 Eliminate 命令先将聚类统计类组文件中小于所定义的最小尺寸的小图斑删除，再将删除的小图斑合并到相邻的最大的分类当中，并将分类图斑的属性值自动恢复为 Clump 处理前的原始分类的属性。经过分类后处理后的影像将能够满足实际应用和专题制图的要求。

分类精度评价。为分析比较分类方法和效果，需要进行分类精度评估。分类精度是指分类图像中的像元被正确分类的程度。现在，衡量分类精度最广泛的方法是由 Congalton 提出的误差矩阵法（error matrix）。误差分析可用一个矩阵（表）来进行，它是一个 $r\times r$ 矩阵（r 是类型数），矩阵中的元素表示像元数目。分类精度主要指标有生产者精度（producer's accuracy，PA）、用户精度（user's accuracy，UA）、总体精度（overall accuracy，OA）、漏分误差（omission errors，OE）、错分误差（commission errors，CE）和 Kappa 系数等。生产者精度（PA）：指某一类别的正确分类数（表中主对角线上的数据 X_{ii}）占参考数据中该类别像元总数（列数据和 X_{x+i}）的比例，对应的误差为漏分误差。用户精度（UA）：指某一类别的正确分类数（表中主对角线上的数据 X_{ii}）占分为该类像元总数（行数据和 X_{i+}）的比例，对应的误差为错分误差。总体精度（OA）：指总分类正确数（即主对角线数据之和 ΣX_{ii}）占总抽样数（N）的比例，它反映分类结果总的正确程度。

由于总体精度只利用了误差矩阵主对角线上的元素，而未利用整个误差矩阵的信息，作为分类误差的全面衡量尚显不足，因此许多研究者提出了 Kappa 系数指标。Kappa 系数可用下列公式计算：

$$K = -\frac{N\sum_{i=1}^{r} X_{ij} - \sum_{i=1}^{r}(X_{i+} \times X_{x+i})}{N^2 - \sum_{i=1}^{r}(X_{i+} \times X_{x+i})} \tag{3-5}$$

式中，K 为 Kappa 系数；r 为分类矩阵的行数；X_{ij} 为第 i 行 j 列的观察值；X_{i+} 和 X_{x+i} 分别为分类误差矩阵的行总和及列总和；N 为总观察值。因为 Kappa 系数充分利用了分类误差矩阵的信息，可作为分类精度评估的综合指标。

进行精度评估，首先要建立精度评估误差矩阵。误差矩阵采用像元抽样产生，抽样时，需确定抽样点数和抽样方法，并逐个确定像元点的参考（实际）类别。本项研究在 Erdas Imagine 的支持下，利用分类模块（Classifier）中 Accuracy Assessment 功能首先分层随机产生抽样点，然后逐点进行参考类别确定。参考类别确定采用土地利用图与目视解译相结合的方法进行，逐点对抽样点进行准确的参考类别确定，最后执行评价，分别得到初步分类图的精度评估误差矩阵。

4. 艾比湖地区土地利用类型遥感区划结果

利用 2000 年与 2002 年的 TM 数据的处理分析，本书得出了艾比湖地区不同土地类型的现状与动态变化情况。由于艾比湖地区已分别于 1998 年、2000 年被划为省级和国家级湿地自然保护区，加之环境恶劣、人烟稀少，其境内的土地类型较为单一，主要是林地、草地和未利用地。

艾比湖地区在 2000~2002 年，总体土地类型及覆盖变化不大，但艾比湖水面面积发生了变化。通过两期卫星监测数据的对比分析；艾比湖水体面积增加了 9.5%。这无疑对艾比湖湿地环境的改善具有积极意义。

3.3.3 艾比湖地区土地荒漠化信息提取

3.3.3.1 荒漠化遥感解译标志的建立

1. 资料的收集

收集与判读解译有关的 2000 年荒漠化遥感监测图，研究地区的植被调查、生态环境调查、森林分类经营调查区划图，1：10 万植被分布图、地形图、林相图、森林分布图等专业图件，1998~2000 年针对 TM 数据建立的解译标志。通过举办培训班、外业试点训练、上机判读练习、考核等过程，提高业务素质，遴选判读人员。

2. 样地调查

（1）样地布设。根据样本单元数，将样地系统布设在地形图公里网交叉点上，样地面积为 0.1 km×1.0 km。

（2）制作卫星影像。在各监测期制作调查总体与调查年度和季节最接近、与所使用地形图比例尺相同的卫星影像。将地形图上布设的样地位置转绘到卫星影像上。各监测期要重新将样地位置转绘到新的卫星影像上。

（3）样地定位、设置与复位。样地附近有永久性地物标时，现地采用引点方法确定样地位置。样地附近没有永久性地物标时，用 GPS 结合卫星影像识别确定样地位置。

（4）样地设置固定标志。复查时样地复位除采用原定位方法外，应对照调查前后期的卫星影像，还可用前期样地的景观照片来帮助样地复位。

（5）样地区划与调查。样地内存在不同土地利用类型、荒漠化类型及程度的土地时，要区划图斑，分别进行调查。实测时，面积大于 50 m×50 m 的地块要区划图斑调查；判读时，图上大于 1 mm×1 mm 的可识别地块要判读区划。用实测或直接从影像上判读（在图斑界线明显时）的方法区划图斑。样地图斑调查因子一般到现地勘查，特征明显的样地（如流动沙丘）可从卫星影像上直接判读。调查图斑的土地利用类型、荒漠化类型、程度及其他自然地理状况。

（6）以各类型荒漠化土地在样地内的面积成数为标志值，按系统抽样方法估计总体特征数（各类型荒漠化土地面积成数平均数、估计精度），根据其面积成数平均数估计值和调查总体面积估计各类型荒漠化土地面积。

（7）通过两期调查获得荒漠化土地面积动态。

3. 解译标志的建立

通过对地形、遥感影像的识别，利用 GPS 导航、定位，对调查样地的地貌地形、植被、土壤、地表形态、土地利用类型等因子进行调查记载，并一一与相应的 TM 影像特征对照验证，鉴别出每一种影像特征对应的地物属性，从而得出荒漠化监测土地类型 TM 影像解译标志。同时进行不同荒漠化类型地物波谱的测定，建立起影像与地面特征的对应关系，并拍摄地面实况照片，制作遥感影像图的判读样片。

4. 室内分析

根据野外踏查所确定的影像和地物的对应关系，借助辅助信息，建立遥感影像上反映的色彩、形态、结构、地域分布、立地条件与判读因子之间的相关关系。通过室内分析，对各判读类型的定义形成统一的认识，对各类型在遥感数据影像上的特征进行描述，形成判读标准，建立土地荒漠化判读解译标志（表 3-8），并用 VFP 建立数据库。

表 3-8　土地荒漠化监测 TM 影像解译标志表

土地类型 一级	土地类型 二级	土地类型 三级	TM 影像特征
风蚀荒漠化土地	中度风蚀	灌木林地	蓝青色，片状或块状分布，色调较均，分布于沉积阶地和湖滨沙地
		疏林地	红褐色，不规则片状、块状，常与沙丘插花分布，边界不明显
		天然草地	片状分布，浅灰褐、浅绿、浅红色，色调不均，沙丘纹理明显
		阔叶林地	片状分布，浅红或青灰色，与沙丘或风蚀地貌镶嵌，形状不规则
		沙生灌丛	蓝青色，不规则片状、块状，有斑点和明显沙丘纹理
		宜林地	灰青，夹杂褐红色斑点（胡杨、红柳）；不规则，大面积粗糙，有斑点，有明显沙丘纹理
		难利用地	蓝灰色，形状不明显，纹理杂乱清晰，斑块状分布，边界不明显

续表

土地类型			TM 影像特征
一级	二级	三级	
风蚀荒漠化土地	重度风蚀	灌木林地	青色或浅蓝色，片状或块状分布，与波浪或垄状沙丘为邻，阴影纹理明显
		疏林地	浅红色或褐色，零星块状分布于风蚀劣地或雅丹地貌边缘，纹理结构较粗
		天然草地	植被盖度小于10%，浅红、浅褐色的斑点夹杂在白色或灰白色的沙地之间，有较明显的沙丘纹理，色调不均
		阔叶林地	块状分布，青色，粗糙不光滑，有絮状条纹、吹蚀条纹，植被盖度15%
		沙生灌丛	青灰色，有絮状吹蚀条纹，纹理结构较粗糙，植被盖度15%~18%
		宜林地	灰色或灰白色，植被盖度小于10%，纹理结构粗糙，零星分布于湖滨沙地及木特塔尔沙漠边缘
		难利用地	
水蚀荒漠化土地	轻度水蚀	灌木林地	深蓝青色，大面积片状，有明显道路条纹及流水脉络
		疏林地	褐红色，不规则片状、块状，分布于湖边台地
		天然草地	片状、块状、斑状分布，褐绿、浅红、粉灰色，形状不规则，色调不均，边界不清晰
		阔叶林地	褐红色，带状（多数联结成絮状）、不规则片状、块状，纹理结构较均匀
		沙生灌丛	深蓝青色，块状、片状，面积较大，纹理参差不齐（因沙丘形态而异）
		宜林地	
		难利用地	蓝灰色夹杂少量不规则红色斑点，形状不明显，纹理杂乱清晰，斑块状分布
盐渍荒漠化土地	中度盐渍化	灌木林地	蓝青色，面状或块状分布，色调较均，分布于湖积平原和湖滨沙地
		疏林地	红褐色，不规则片状、块状，并夹有少量灰白色碱斑（20%）
		天然草地	色调较明亮，灰白夹杂粉色（盐生植物），盐碱斑地率25%~30%，色调不均
		阔叶林地	片状分布，浅红或青灰色（木本猪毛菜），色调不均，盐碱斑地率30%。植被盖度25%
		沙生灌丛	蓝青色，不规则片状、块状，盐碱斑地率25%~30%，植被盖度20%
		宜林地	青灰色夹杂白色斑点，片状、斑块状，不规则，纹理均匀、光滑灰白
		难利用地	青色夹杂不规则白色斑点，块状或小面状分布，盐碱斑地率35%~40%
	重度盐渍化	灌木林地	植被盖度15%，盐碱斑地率50%，青色或浅蓝色，片状或块状分布，纹理不光滑，较粗糙
		疏林地	褐色夹杂粉色、青灰色，植被盖度小于20%，盐碱斑地率50%~60%
		天然草地	植被盖度10%，粉色夹杂灰白色，分布于湖滨地带与湖积平原，盐碱斑地率50%，大面积分布，边界不规则
		阔叶林地	块状分布，青灰色夹杂粉色，盐碱斑地率50%~60%，形状不规则，边界明显
		沙生灌丛	零星分布，蓝青色夹杂灰白色和粉色，不规则块状、片状，一般面积较小
		宜林地	植被盖度10%~15%，灰百色、粉色，45%~60%的地表为盐碱斑，面状或块状分布
		难利用地	白色、淡玫瑰色，大面积分布，边界不规则，纹理不光滑，较粗糙
	极重度盐渍化	灌木林地	灰白色与暗紫色、粉色杂混，色调不均，地面可见大片的盐斑，盐碱斑地率80%~90%，植被盖度小于10%
		天然草地	盐碱斑地率80%~90%，零星分布，白色夹杂少量粉色，色调不均匀，纹理结构光滑，明度较高，植被盖度小于10%
		难利用地	色调为白色，粗糙不光滑，有絮状条纹、吹蚀条纹，边界不规则

续表

土地类型			TM 影像特征
一级	二级	三级	
复合荒漠化土地	中度风蚀-中度盐渍荒漠化	灌木林地	蓝青色，面状或块状分布，色调较均，盐碱斑地率 20%，植被盖度 15%~20%
		疏林地	红褐色，不规则片状、块状，纹理不光滑，较粗糙，有少量灰白色碱斑（20%），纹理结构较均匀
		天然草地	浅灰褐、浅绿、浅红色，虽常片状分布于沙丘等风蚀地貌但仍有一定的盐碱斑地，植被盖度 25%
		阔叶林地	片状分布，浅红或青灰色，沙地阴影和纹理不明显，有少量白色碱斑地块，纹理结构均匀，片状分布
		沙生灌丛	蓝青色，不规则片状、块状，有斑点和明显沙丘纹理，盐碱斑地率 20%，植被盖度 30%
		宜林地	灰青，夹杂褐红色与白色斑点，形状不规则，大面积分布，纹理粗糙
		难利用地	蓝灰色，夹杂不规则白色斑点，斑块状分布，边界不明显
	重度盐渍-重度风蚀荒漠化	难利用地	色调为白色、灰白色，粗糙不光滑，有絮状条纹、吹蚀条纹，边界不规则，盐碱斑地率 70%~80%

3.3.3.2 土地荒漠化遥感信息提取

1. 判读考核

选取 30~50 个判读样地进行判读，要求判读类型的正判率超过 95%方可正式判读。对错判原因进行认真分析，必要时修正解译标志表。

2. 正式判读

利用数字图像在计算机前直接进行判读解译。利用计算机将判读解译的位置进行显示或放大。根据荒漠化监测的技术标准规范，将判读标志与显示状态（色彩、色调、纹理、形状、分布等）有机结合起来，准确区分判读因子，以 VFP 数据库表的形式，采用在计算机上双界面输入的方法，填写《解译判读样地判读因子登记表》与《固定样地遥感解译调查表》，如表 3-8、表 3-9 所示。

表 3-9 TM 影像解译标志

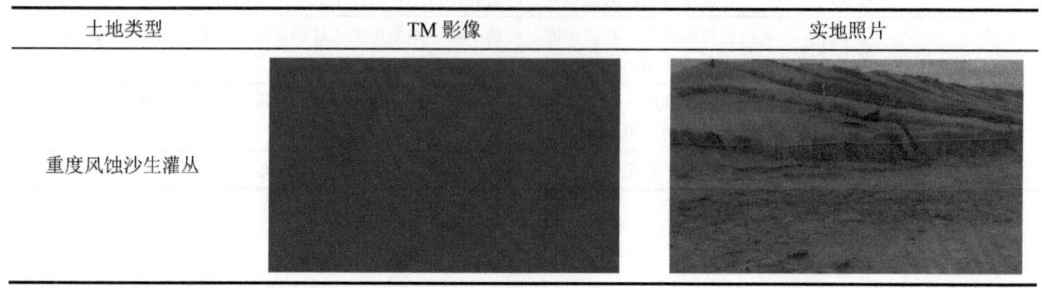

土地类型	TM 影像	实地照片
重度风蚀沙生灌丛		

续表

土地类型	TM 影像	实地照片
重度风蚀草地		
重度风蚀阔叶林地		
重度风蚀灌木林地		
中度风蚀灌木林地		
中度风蚀草地		
中度风蚀阔叶林地		

续表

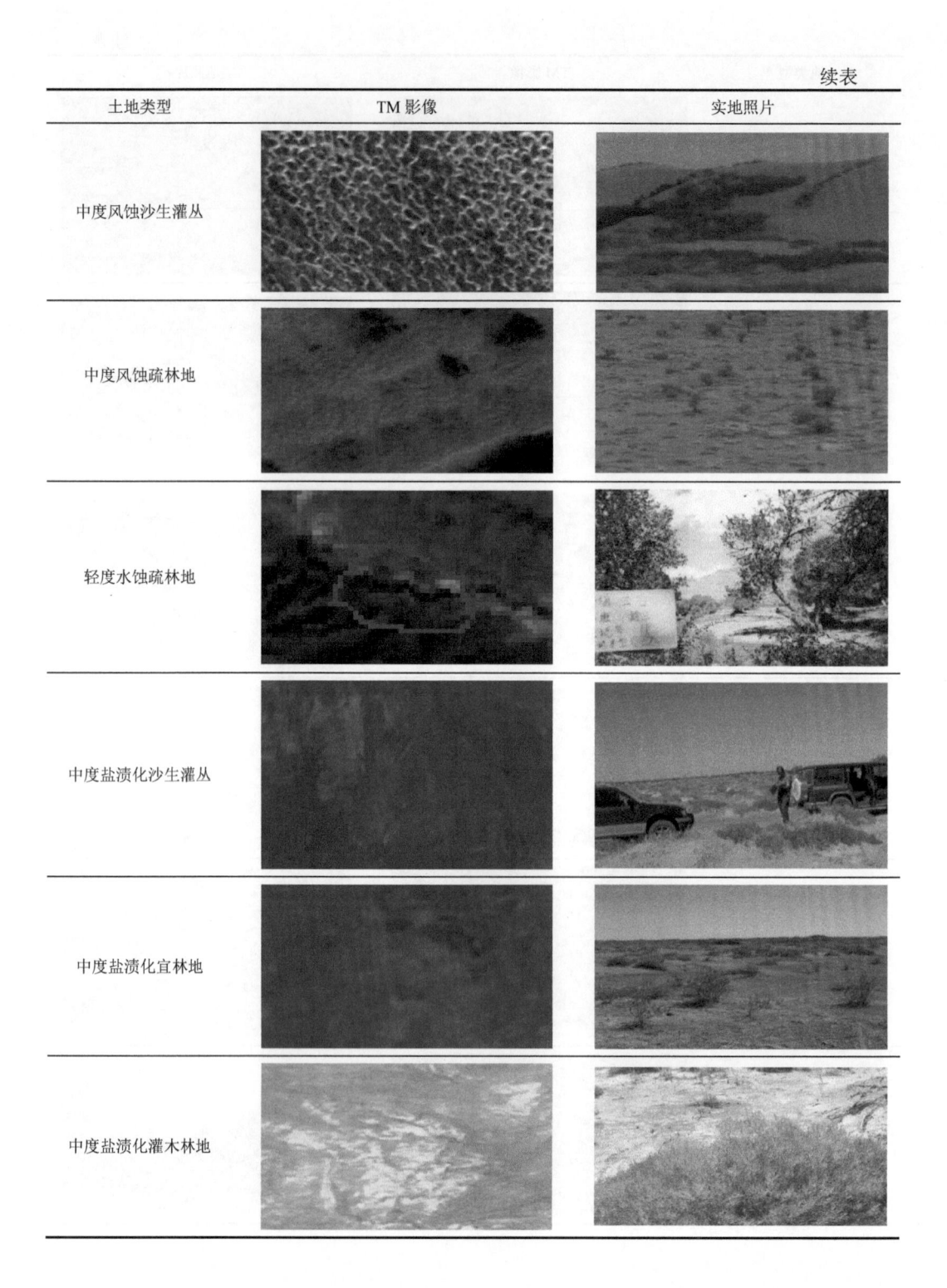

土地类型	TM 影像	实地照片
中度风蚀沙生灌丛		
中度风蚀疏林地		
轻度水蚀疏林地		
中度盐渍化沙生灌丛		
中度盐渍化宜林地		
中度盐渍化灌木林地		

续表

土地类型	TM 影像	实地照片
中度盐渍化阔叶林地		
中度盐渍化草地		
中度盐渍化疏林地		
中度盐渍化难利用地		
重度盐渍化灌木林地		
重度盐渍化草地		

续表

土地类型	TM影像	实地照片
重度盐渍化疏林地		
重度盐渍化难利用地		
重度盐渍化沙生灌丛		
极重度盐渍化灌木林地		
极重度盐渍化难利用地		
重度盐渍-重度风蚀难利用地		

续表

土地类型	TM 影像	实地照片
中度风蚀-中度盐渍灌木林地		
中度风蚀-中度盐渍疏林地		
中度风蚀-中度盐渍草地		
中度风蚀-中度盐渍阔叶林地		

3. 现地验证

判读结束以后,选取 5%的样地进行现地验证,求得正判率。

4. 质量检查

各判读因子正判率的检查采用现地验证的方法进行。检查内容包括:

1) 遥感图像处理
（1） 层次丰富、可判读性好。
（2） 几何校正符合精度要求,地形、地物、境界及公里网套合较好。
（3） 控制点选取合理,几何校正具有较好的可重复性。

2) 遥感图像判读
（1） 以样地为单位进行判读时,判读样点位置正确并通过地理坐标固定。
（2） 判读标志具有充分的代表性,类型齐全,与现地调查结果相符。

(3) 判读辅助信息资料收集齐全并在判读中进行了充分应用。
(4) 各判读因子的正判率达到规范要求。

3.4 艾比湖湿地荒漠化现状分析与动态监测

3.4.1 资料收集与区划判读

按照国家荒漠化监测中心的要求，土地荒漠化的遥感监测每五年开展一次。然而，运用 RS 与 GIS 进行荒漠化的动态监测，国内和国际都无成熟的经验可以借鉴。国家在 1998~2000 年组织了全国荒漠化监测调查之后，未组织 2000~2002 年的两期荒漠化监测调查。而且 1998 年的荒漠化监测采用的是单一主导因素的监测指标体系，未将复合荒漠化类型考虑在内，其监测数据与 2002 年遥感区划数据的可比性不强。所以艾比湖地区的土地荒漠化动态监测，必须按现有的监测指标体系规范，将 1998 年的土地荒漠化监测的遥感数据和样地调查数据重新整理区划。图 3-4 为土地荒漠化动态监测研究思路。

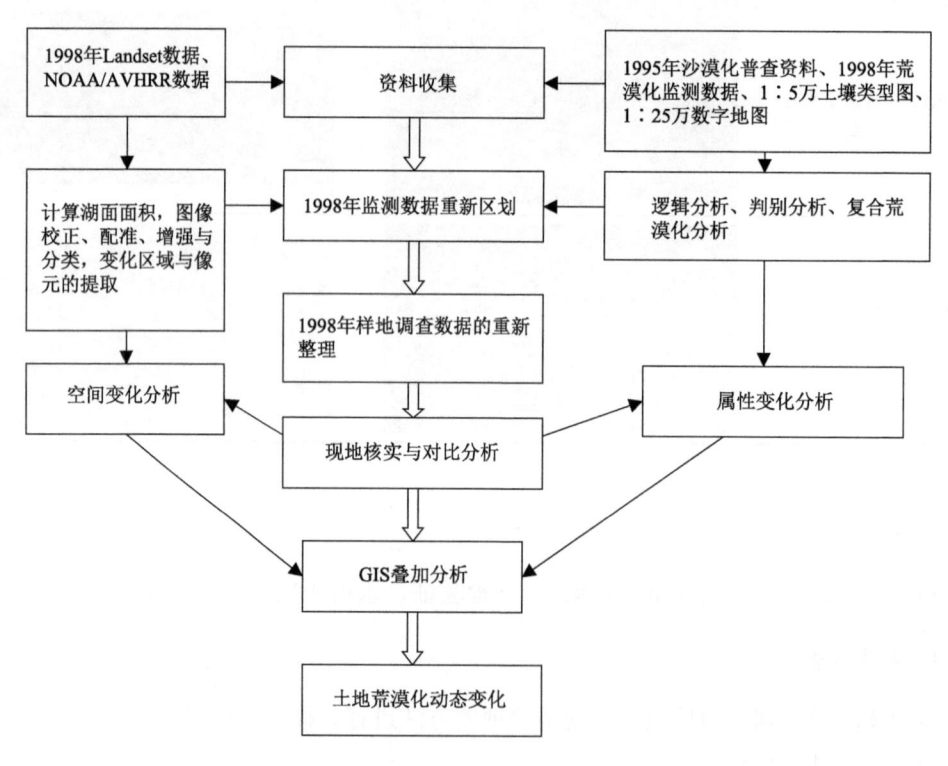

图 3-4 土地荒漠化动态监测研究思路

1. 资料的收集

采用了与 2002 年同一系列的 1998 年 6 月艾比湖地区的美国陆地卫星 Landset-7 数据，同样在灰度拉伸上采用线性拉伸，以森林植被、荒漠化土地类型为主体进行了图像增强。几何精校正是在 1∶5 万地形图上选取 1~2 个控制点且均匀分布，控制点数字化中误差小于图面 0.2 mm，配准中误差小于地面 15 m。对 1998 年水体面积采用当年的 2~8 月、10 月、12 月的 NOAA/AVHRR 监测数据求均值得出。

收集整理了艾比湖地区 1995 年沙漠化普查资料、1998 年荒漠化监测数据、2001 年森林分类经营遥感区划数据，研究区的植被调查、生态环境调查、森林资源调查数据，1∶25 万数字地图、1∶5 万土壤类型图。

2. 监测数据的区划判读

采用与本书相同的技术标准及方法对 1998 年的 TM 卫星数据进行了重新区划研究。以 2002 年的荒漠化遥感监测数据为本底，对原有的遥感解译样地进行同样的重复调查解译。调查精度按 95%的可靠性估计，两期主要荒漠化土地类型面积现状抽样精度均在 95%、调查监测精度在 90%以上（主要荒漠化类型土地面积成数小于 20%时，抽样精度要求 90%以上）。将遥感解译结果以 VFP 数据库的形式输入 GIS，形成带有地理属性的空间数据。利用 GIS 统计计算荒漠化现状，汇总 1998 年、2002 年两期的荒漠化遥感监测调查数据。通过对比分析，得出艾比湖洼地 1998~2002 年土地荒漠化的动态变化。同时通过对该时间段艾比湖水文资料的研究，分析评价荒漠化动态变化的原因。

3.4.2 艾比湖地区土地荒漠化现状分析

1. 土地利用类型

艾比湖洼地的土地类型较为单一，主要是林地、水域、草地和未利用地。在上述地类中，林地面积比例占有很大优势（图 3-5），其次为水域，其他土地利用类型所占比例不足 10%。

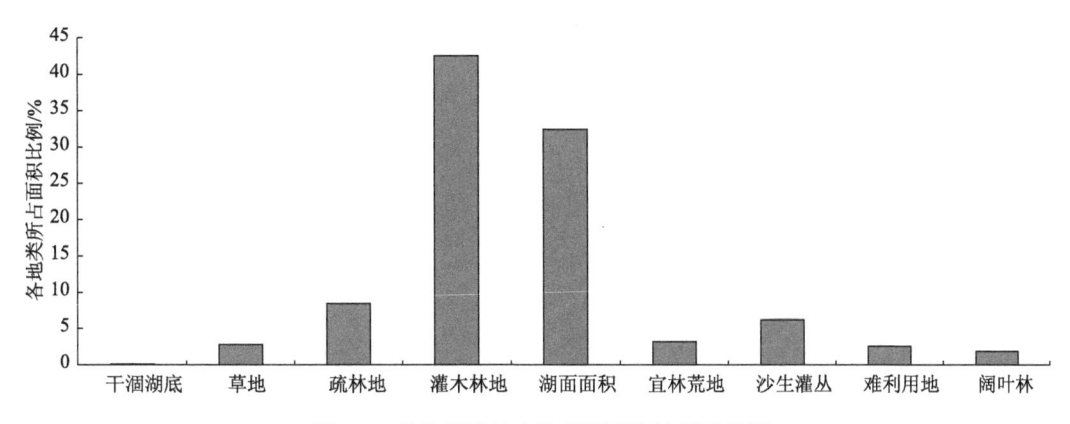

图 3-5 艾比湖洼地土地类型面积比例现状图

艾比湖划为湿地自然保护区后，其所属的林业用地经 2001 年国家森林分类经营区划界定为国家重点生态公益林。林地面积 1837.323 km^2，占自然保护区面积的 62.15%。其中，灌木林地为林业用地中的主要地类（图 3-6）。

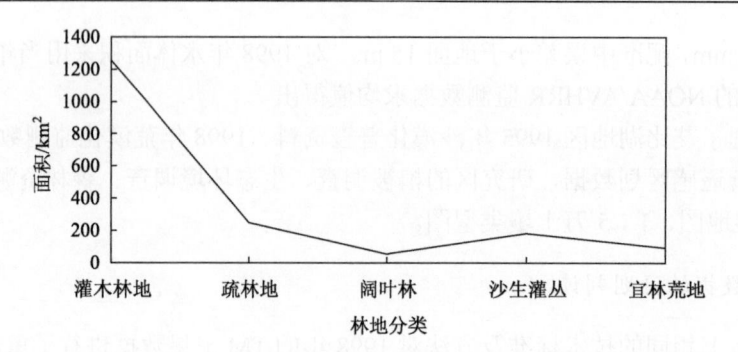

图 3-6 艾比湖洼地林业用地面积比例现状图

2. 总体土地荒漠化现状

1）土地荒漠化程度

通过遥感信息提取与抽样调查，确定艾比湖地区共有 9 种荒漠化类型：轻度水蚀、中度风蚀、重度风蚀、中度盐渍化、重度盐渍化、极重度盐渍化、中度风蚀-中度盐渍化、重度风蚀-重度盐渍化、重度盐渍化-重度风蚀（表 3-10，图 3-7）。如前所述，重度盐渍化-重度风蚀零星分布于艾比湖湿地西北方向毗邻阿拉山口石头房子至克科巴斯套一线，因面积较小（不足 1 km²）而未进行区划。

表 3-10 艾比湖湿地荒漠化程度一览表

	总面积	非荒漠化	轻度	中度	重度	极重度
面积/km²	2956.26	961.8	10.7	1433.6	440.2	109.96
占比/%	100	32.53	0.36	48.5	14.9	3.71

注：由于数据统计精度及四舍五入误差，全书各地类面积稍有差异，余同。

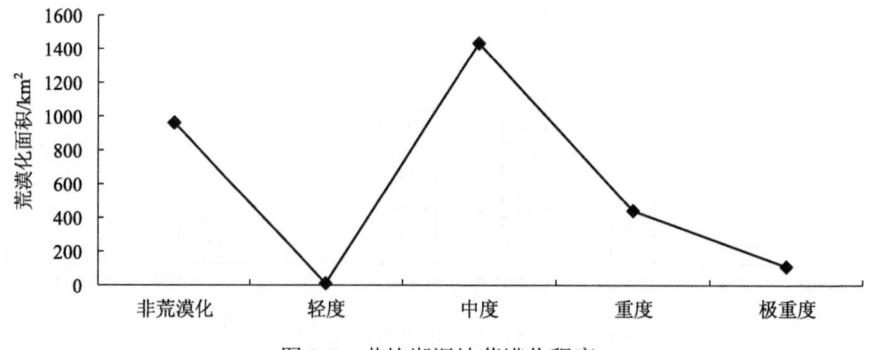

图 3-7 艾比湖湿地荒漠化程度

由以上图表可以得知：艾比湖地区除水域以外，各类土地类型均存在不同程度的荒漠化，以中度荒漠化所占面积最大，分布也最广。就程度而言，中度以上荒漠化面积达 1983.76 km²，占整个保护区总面积的 67.11%，占陆地面积的 99.463%。重度以上则分别占 18.61% 和 27.58%。因此，艾比湖地区是一个土地荒漠化非常严重的区域，尽管 2000~

2002年由于大气降水的增加和国家一系列生态保护与建设工程的实施，艾比湖湿地的环境有了一定程度的改善，但治理任务仍然非常艰巨。在今后的时间里，艾比湖应做好山地天然林保护工程，发展节水农业和节水经济，保护湖滨森林植被及珍稀野生动植物等工作。

2）荒漠化类型

艾比湖地区的土地荒漠化以盐渍化、风蚀为主（表3-11，图3-8），作为准噶尔盆地的水盐汇集中心，盐渍化是干旱蒸发与地下水、地表水相互作用的结果。同时，由于艾比湖处在新疆北疆两大气流入口之一——阿拉山口的"进口"风风口之处，在地质过程、水过程、强气流过程和人类活动过程的综合作用下留下了多样的地貌景观的自然格局。这些格局把水与风的外部时空作用过程最大限度地内在化，地表物理过程表现为物质的空间移动，地表生物过程表现为群落物种结构和外貌的更替。以上被动的物理过程和主动的生物过程共同推动了景观的变化。加之人类的干扰，使各荒漠化类型常交错分布，插花叠加，出现了多种复合荒漠化类型如风蚀-盐渍化、盐渍化-风蚀等地类变化。

表 3-11 艾比湖湿地荒漠化类型一览表

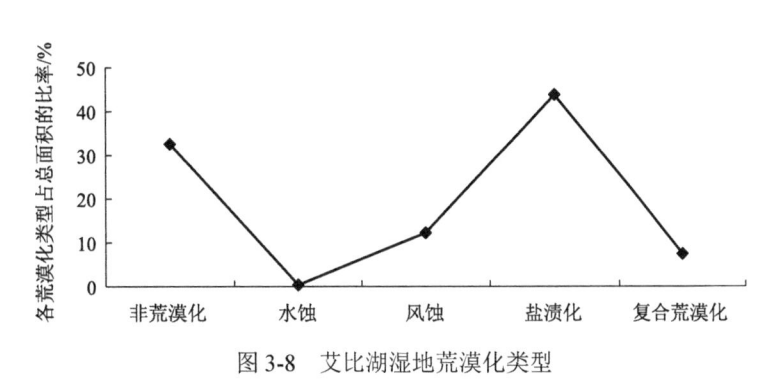

	总面积	非荒漠化	水蚀	风蚀	盐渍化	复合荒漠化
面积/km²	2956.26	961.8	10.76	470.87	1293.58	219.25
占比/%	100	32.53	0.36	15.93	43.76	7.42

图 3-8 艾比湖湿地荒漠化类型

3. 各土地类型荒漠化现状

1）灌木林地

灌木林地作为艾比湖地区面积最大、分布最广的土地类型，是阻止风沙侵入新疆北部及乌鲁木齐以远地区的天然绿色屏障，在艾比湖流域以及天山北坡经济带范围内发挥着不可替代的生态作用。灌木林地荒漠化的发展及逆转过程将对整个艾比湖洼地的荒漠化产生重大影响。

根据图表数据的分析结果（表3-12、图3-9、图3-10），艾比湖地区灌木林地的荒漠化类型以盐渍荒漠化，程度以中度荒漠化为主。这与灌木林地所处的地理环境及本身的种群生态学特性有关。艾比湖地区灌木林显域性植被有梭梭荒漠、盐节木荒漠；隐域性植被类型有杜加依林、灌丛、低地草甸和沼泽。梭梭荒漠广布于艾比湖地区的砾质戈壁、盐化砂壤土及沙土上，是分布最广的一种植被类型，分为砾漠梭梭林、盐化砂壤土白梭梭林[高大盐化砂壤土梭梭林（面积小）和低矮盐化砂壤土梭梭林]和沙土白梭梭林三种亚类型。盐节木荒漠属多汁木本盐柴类荒漠，由于盐节木极耐盐且极耐水淹，故广泛分布于湖滨及扇缘带盐土洼地，不同地貌部位盐节木可以和盐角草、盐穗木、骆驼刺、黑果枸杞、白刺等组成盐柴类荒漠。灌木林地的共有特征是种群优势种为耐盐植物，动态群落分类角度属演替的高级阶段或顶级阶段。由此构成了我国唯一尚处在原始状态的规模浩大的梭梭及盐生植物分布区，它不但是准噶尔盆地西南缘最重要的生态屏障，而且对维护天山北坡经济带的生态安全具有重要作用，地理位置及生态区位十分重要。

表 3-12 灌木林地荒漠化状况一览表

	总面积	中度风蚀	重度风蚀	中度盐渍化	重度盐渍化	轻度水蚀	极重度盐渍化	中度风蚀-中度盐渍化
面积/km²	1256.59	97.55	72.97	780.21	112.52	0.86	54.84	137.64

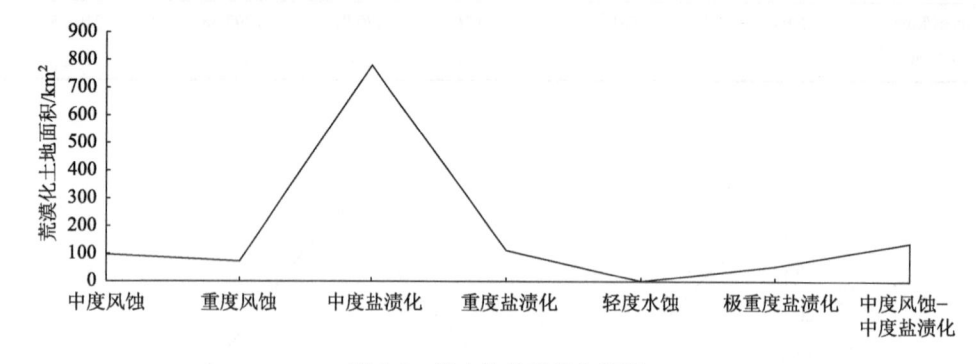

图 3-9 灌木林地荒漠化类型

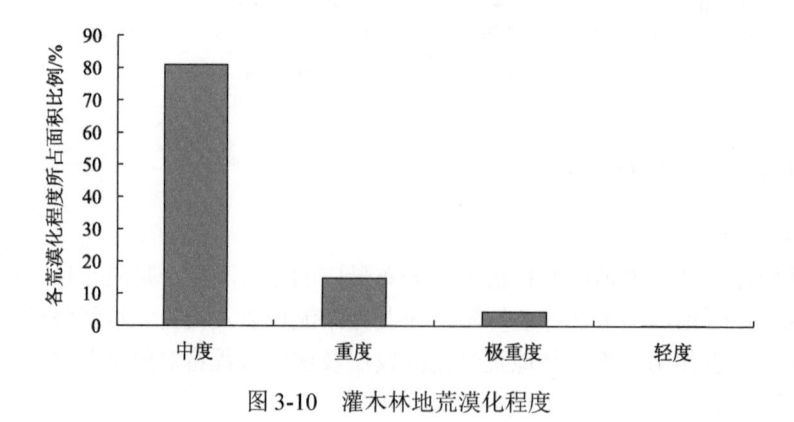

图 3-10 灌木林地荒漠化程度

2）疏林地

艾比湖洼地的疏林地分布在艾比湖东北角奎屯河冲积平原向北部的砾漠-梭梭林的

过渡带上和北部砾漠-梭梭林以下的湖边一阶台阶地上。随河流干涸和湖面的萎缩,原有的环境和群落整体严重退化,原有的胡杨林和柽柳灌木林退化为沙地胡杨林和沙丘柽柳灌丛,形成疏林地(表 3-13、图 3-11、图 3-12)。

表 3-13 疏林地荒漠化状况一览表

	总面积	中度风蚀	重度风蚀	中度盐渍化	重度盐渍化	轻度水蚀	极重度盐渍化	中度风蚀-中度盐渍化
面积/km²	248.96	60.15	6.04	135.88	26.93	5.53	0	14.43

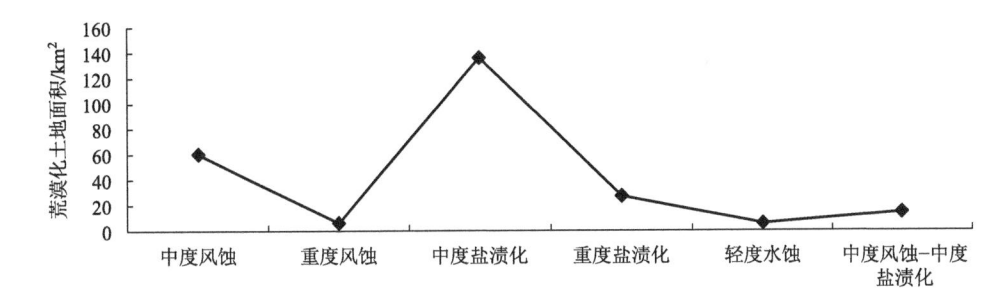

图 3-11 疏林地荒漠化类型

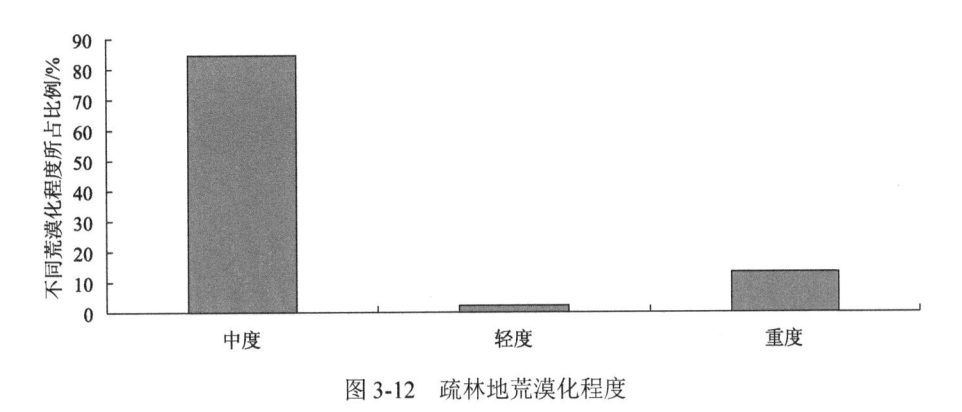

图 3-12 疏林地荒漠化程度

与灌木林地类似,疏林地的土地荒漠化现状亦呈现出类型以盐渍荒漠化、程度以中度荒漠化为主的态势。

3) 阔叶林地

艾比湖洼地的阔叶林地主要是泉水沟的上游至中游分布的胡杨林,在泉水沟的源头区有大量的群泉,形成沼泽湿地,分布有以禾本科植物为主的优良草地、濒危植物艾比湖桦小片林、完整高大的原始柽柳灌丛林及外侧的胡杨林,此处因多淡水点,水源稳定,微环境变化大,所以生境多样,是艾比湖湿地的次生物多样性分布区。阔叶林地的荒漠化以中度盐渍化、中度风蚀为主,但重度荒漠化面积比例高于疏林地(表 3-14、图 3-13、图 3-14)。

表 3-14　阔叶林地荒漠化状况一览表

	总面积	中度风蚀	重度风蚀	中度盐渍化	重度盐渍化	轻度水蚀	极重度盐渍化	中度风蚀-中度盐渍化
面积/km²	54.76	8.32	3.78	28.33	10.24	0.35	0	3.74

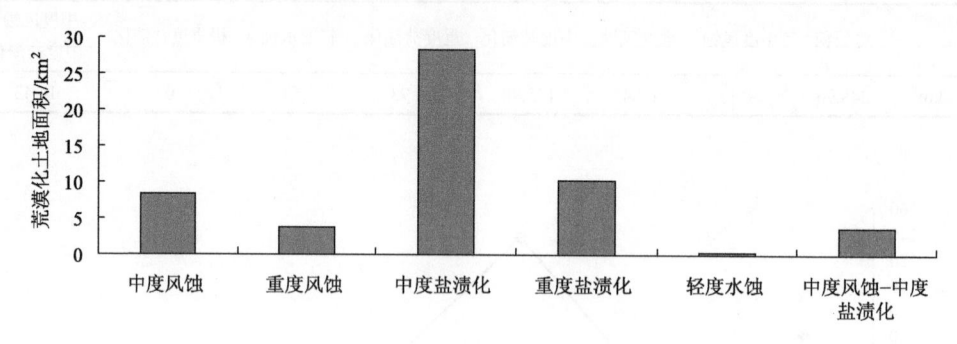

图 3-13　阔叶林地荒漠化类型

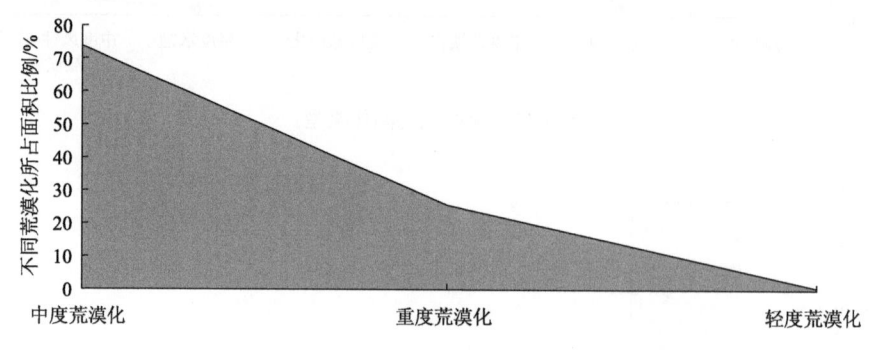

图 3-14　阔叶林地荒漠化程度

4）沙生灌丛

沙生灌丛主要分布于艾比湖东侧的甘家湖梭梭自然保护区与木特塔尔沙漠之间区域，以及乌伊公路北侧新疆林业科学院精河治沙站—沙泉子区域。在艾比湖自然保护区石头房子管护站至克科巴斯套管护站之间也有少量分布。沙生灌丛虽然面积不大，但由于其主要分布区位于艾比湖沙尘源的主要起沙区，防风固沙作用非常明显，因此也是比较重要的地类（表 3-15、图 3-15）。

表 3-15　沙生灌丛荒漠化状况一览表

	总面积	中度风蚀	重度风蚀	中度盐渍化	重度盐渍化	中度风蚀-中度盐渍化
面积/km²	182.59	1.84	95.53	31.62	4.40	49.20

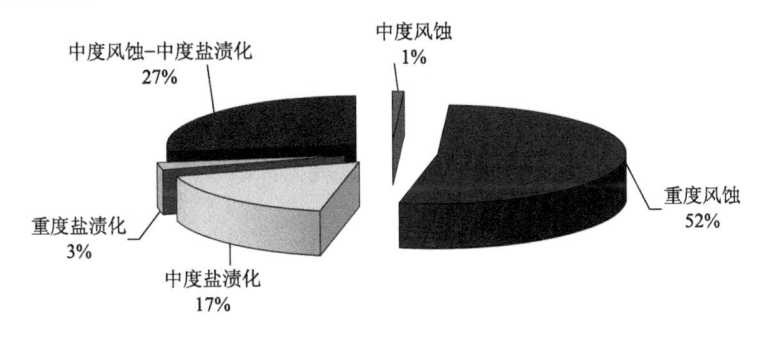

图 3-15 沙生灌丛荒漠化状况

与前述土地荒漠化不同，沙生灌丛的荒漠化就类型和程度来讲，是以风蚀荒漠化和重度荒漠化占优势，特别是重度风蚀占52%，这说明艾比湖地区的沙生灌丛屹立在最严酷的风沙前沿地带，起着固定流沙、防止土地荒漠化、巩固发展荒漠生态系统的重要作用，是天山北坡最前沿的第一道绿色屏障，生态防护功能非常显著。

5）草地

草地在艾比湖洼地所占比例较小，零散分布于保护区西北部的克科巴斯套与东南部的塔桥子一线（表3-16、图3-16）。

表 3-16 草地荒漠化状况一览表

	总面积	中度风蚀	重度风蚀	中度盐渍化	重度盐渍化	轻度水蚀	极重度盐渍化	中度风蚀-中度盐渍化
面积/km²	81.83	2.50	0	27.80	35.29	4.04	7.03	5.17

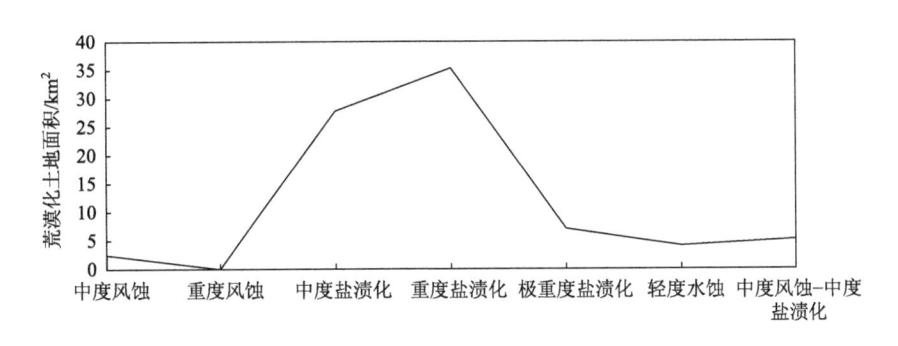

图 3-16 草地荒漠化类型

草地荒漠化以盐渍荒漠化为主，风蚀-盐渍荒漠化次之，二者合计占整个草地荒漠化的92%。其中盐渍化集中在艾比湖洼地东南部，复合荒漠化集中在保护区西北部的克科巴斯套地区，就程度而言，重度及以上草地荒漠化占全部草地荒漠化的51.7%。所以不同于林地，艾比湖洼地的草地荒漠化是比较严重的。

艾比湖草地荒漠化的原因主要是人为因素，在利益驱动下，擅自进入保护区盗挖药材、乱砍滥伐林木、盲目开荒的现象愈演愈烈。若对这类现象不加以制止，草地荒漠化还将进一步发展。

6）宜林荒地

艾比湖湿地的宜林地零星分布于湖滨沙地及木特塔尔沙漠边缘。另外在精河老盐场与了望塔、鸭子湾之间也有少量分布，其地貌景观为冲积洪积扇-冲积湖积平原-湖泊湿地（表3-17，图3-17）。

表 3-17 宜林荒地荒漠化状况一览表

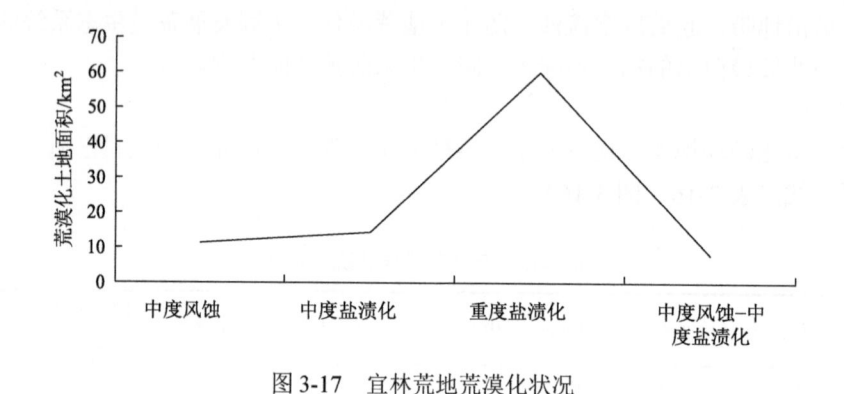

	总面积	中度风蚀	中度盐渍化	重度盐渍化	中度风蚀-中度盐渍化
面积/km²	93.66	11.32	14.37	60.04	7.93

图 3-17 宜林荒地荒漠化状况

宜林荒地荒漠化为盐渍与风蚀荒漠化及其复合类型。重度荒漠化占64%，因此该地类的保护利用任务较为艰巨。

7）难利用地

艾比湖的难利用地分布于艾比湖洼地的多种地貌景观，包括干涸湖底、植被盖度小于10%的荒草地、盐碱地、沙地、裸地、石漠和沼泽，是该地区土地荒漠化变化最为剧烈和严重的区域。重度以上的荒漠化占79.58%。尤其是艾比湖干缩形成的新老湖积平原多为含有大量细沙的盐漠，在阿拉山口的强风作用下，成为北疆沙尘暴的主要源地，是艾比湖生态环境治理的重点区域（表3-18，图3-18）。

表 3-18 难利用地荒漠化状况一览表

	总面积	中度风蚀	中度盐渍化	重度盐渍化	极重度盐渍化	中度风蚀-中度盐渍化
面积/km²	76.00	0.95	13.41	12.45	48.03	1.16

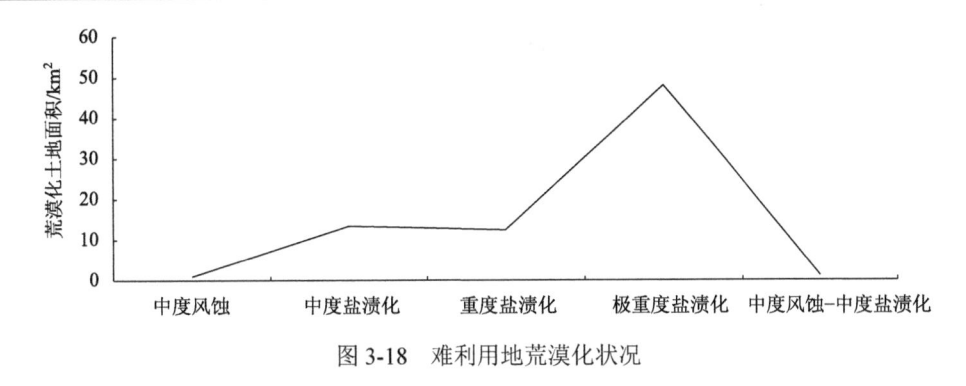

图 3-18 难利用地荒漠化状况

4. 不同荒漠化类型的土地利用现状

1) 风蚀

风蚀荒漠化以林地为主要地类。林地中，灌木林地和沙生灌丛占整个风蚀荒漠化土地类型的 74.2%。主要分布于艾比湖西北侧靠近阿拉山口方向和艾比湖东侧的甘家湖梭梭自然保护区与木特塔尔沙漠之间区域（表 3-19、图 3-19）。

表 3-19 风蚀荒漠化土地利用类型表

	总面积	灌木林地	疏林地	阔叶林地	沙生灌丛	草地	宜林荒地	难利用地
面积/km²	470.87	179.39	83.04	28.94	114.21	19.34	28.16	17.79

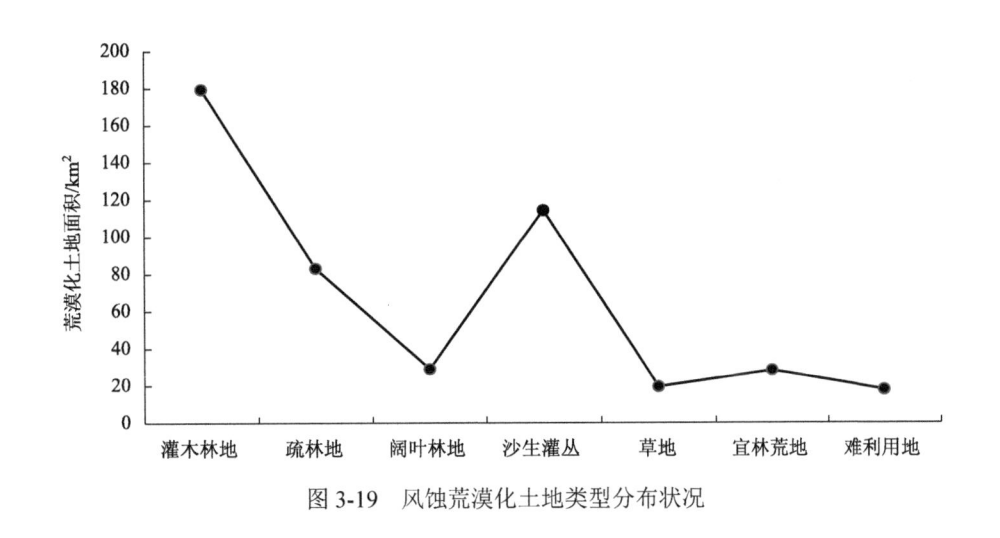

图 3-19 风蚀荒漠化土地类型分布状况

2) 水蚀

水蚀荒漠化是所有荒漠化类型中面积最小的，主要分布于泉水沟从艾比湖湿地西南边沿至古尔图河西岸，也是艾比湖洼地自然条件最好、荒漠化程度最轻的区域（表 3-20）。

表 3-20 水蚀荒漠化土地利用类型表

	总面积	灌木林地	疏林地	阔叶林地	沙生灌丛	草地	宜林荒地	难利用地
面积/km²	10.76	0.85	5.52	0.35	0	4.04	0	0

3）盐渍化

盐渍荒漠化是艾比湖面积最大，分布最广的荒漠化类型。与风蚀荒漠化类似，盐渍化土地类型以林地为主要地类，但其他土地类型的面积比重比风蚀荒漠化要高（表 3-21、图 3-20）。风蚀、盐渍化和复合荒漠化均包括了艾比湖湿地的所有土地利用类型。

表 3-21 盐渍荒漠化土地利用类型表

	总面积	灌木林地	疏林地	阔叶林地	沙生灌丛	草地	宜林荒地	难利用地
面积/km²	1293.58	931.86	147.10	22.87	20.32	54.42	58.83	58.18

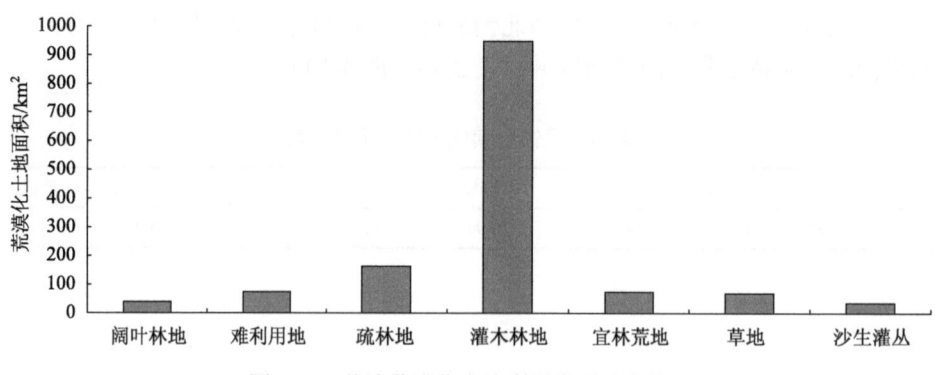

图 3-20 盐渍荒漠化土地利用类型分布状况

4）复合荒漠化

复合荒漠化反映了盐渍、风蚀两类荒漠化共存共生的现象，复合荒漠化土地类型的分布状况类似于风蚀荒漠化，以灌木林地和沙生灌丛分布占优，但各土地类型之间的差异较风蚀荒漠化小（图 3-21）。

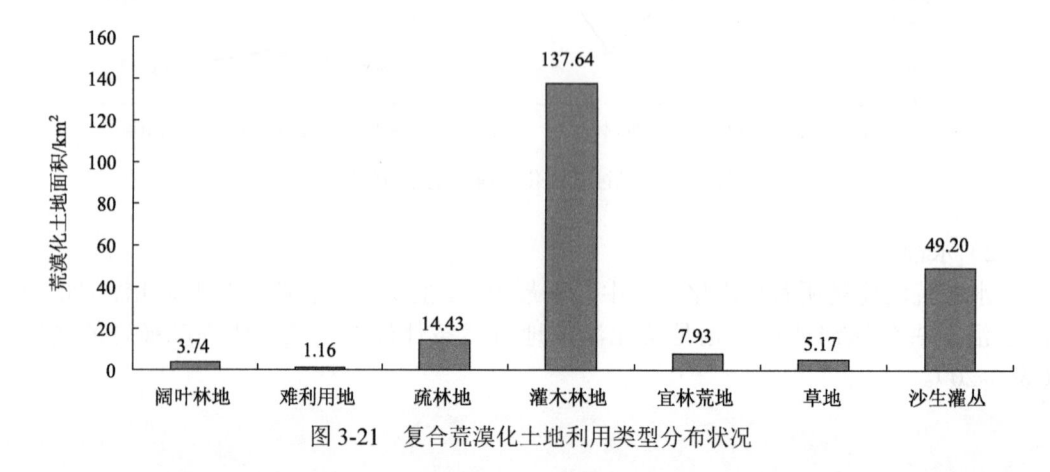

图 3-21 复合荒漠化土地利用类型分布状况

5. 不同荒漠化程度的土地利用现状

1)轻度荒漠化

轻度荒漠化在艾比湖地区的面积最小,分布也比较集中,以草地和疏林的水蚀荒漠化为主。由于水土条件较好,土地类型较其他程度荒漠化少(图3-22)。

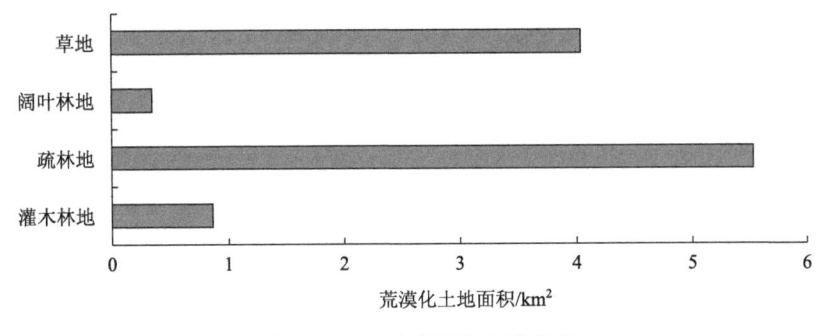

图 3-22 轻度荒漠化土地现状

2)中度荒漠化

中度荒漠化以林业用地为主要地类。林地中,灌木林地和疏林地占整个中度荒漠化的85%。中度荒漠化土地面积占艾比湖保护区面积的48%,占陆地面积的72%,在整个调查研究区域均有分布。因此遥感监测结果表明,艾比湖地区目前的土地荒漠化程度是以中度荒漠化为主,纠正了以前艾比湖地区为重度荒漠化区的错误说法(表3-22,图3-23)。

表 3-22 中度荒漠化土地利用类型表

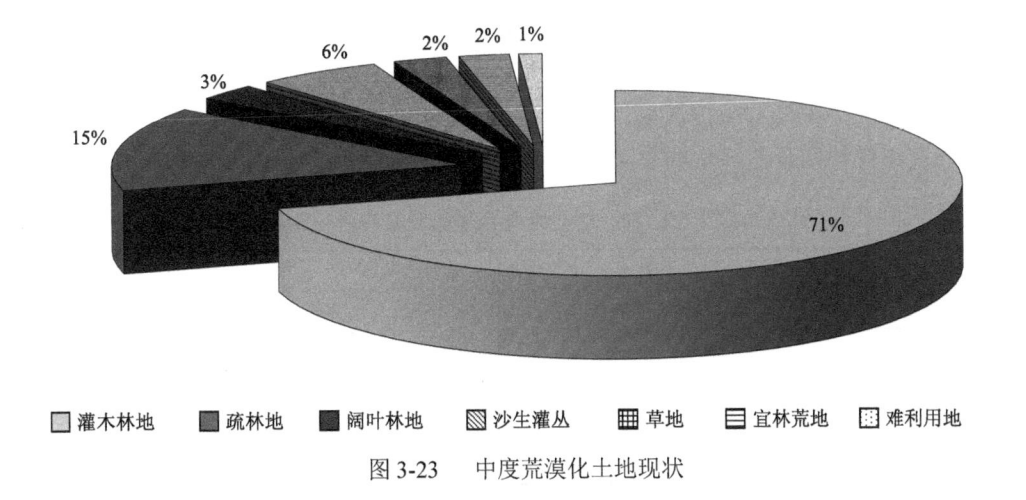

	总面积	灌木林地	疏林地	阔叶林地	沙生灌丛	草地	宜林荒地	难利用地
面积/km²	1433.60	1015.40	210.46	40.39	82.66	35.49	33.68	15.52

图 3-23 中度荒漠化土地现状

3)重度及极重度荒漠化

重度及极重度荒漠化土地面积为 550.16 km², 占艾比湖保护区面积的 18%, 陆地面积的 27.58%, 土地类型以灌木林地和阔叶林地占优势（表 3-23, 图 3-24）。

表 3-23 重度以上荒漠化土地利用类型表

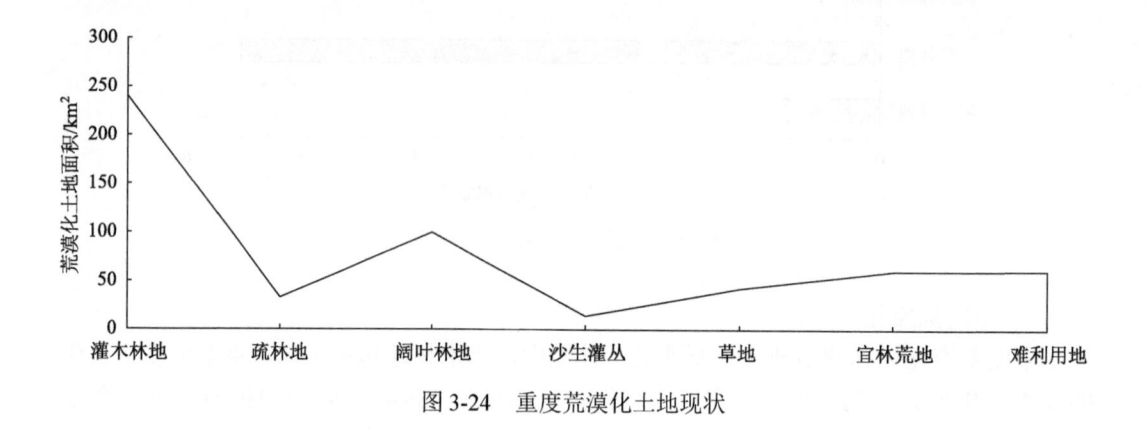

	总面积	灌木林地	疏林地	阔叶林地	沙生灌丛	草地	宜林荒地	难利用地
面积/km²	550.16	240.4	32.97	99.93	14.02	42.32	60.04	60.48

图 3-24 重度荒漠化土地现状

3.4.3 艾比湖地区土地荒漠化动态分析

1. 土地利用/覆盖动态变化

艾比湖地区在 1998～2002 年, 总体土地类型及覆盖变化不大（表 3-24）。变化比较突出的是水域面积的增加和难利用地的减少。2000～2002 年由于大气降水的增加和国家一系列生态保护与建设工程的实施, 艾比湖湖面面积有了一定程度的增加。通过两期卫星数据的监测对比分析表明：5 年期间, 艾比湖地区水体面积增加了 9.5%, 由于湖水面积的扩大, 原属难利用地的干涸湖底被大片淹没, 成为浅水区, 与此对应的是难利用地面积的大幅度减少。1998～2002 年艾比湖地区难利用地的面积减少了 79%, 这无疑对艾比湖湿地环境的改善具有积极意义, 但水面的扩大所引起的地下水位上升, 又造成了局部地区的荒漠化特别是盐渍化的加重（图 3-25）。

表 3-24 艾比湖洼地土地利用/覆盖动态变化一览表

地类	1998 年 面积/km²	1998 年 占比/%	2002 年 面积/km²	2002 年 占比/%
灌木林地	1256.60	42.51	1256.60	42.51
疏林地	248.96	8.42	248.96	8.42
阔叶林	54.76	1.85	54.76	1.85
沙生灌丛	182.59	6.18	182.59	6.18

续表

地类	1998年 面积/km²	占比/%	2002年 面积/km²	占比/%
宜林荒地	93.65	3.17	93.65	3.17
草地	81.89	2.77	81.89	2.77
难利用地	359.89	12.17	79.12	2.67
湖面面积	678.12	22.93	958.69	32.43
合计	2956.46	100	2956.26	100

注：由于数据统计和四舍五入误差，各地类面积和总面积本书各处稍有差异，在误差允许范围内，余同。

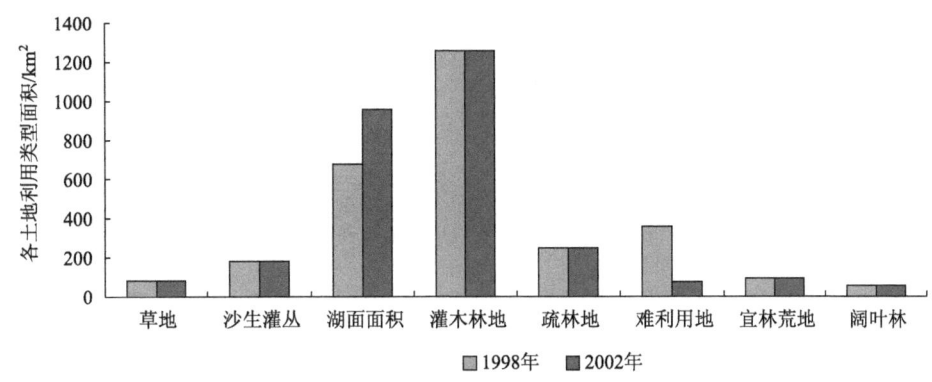

图 3-25　艾比湖地区土地利用/覆盖动态变化

2. 荒漠化动态变化状况

总体而言，艾比湖地区的荒漠化以盐渍化和风蚀两大类型占绝对优势。将两期数据进行平均，风蚀占 25.82%，盐渍化占 61.86%，风蚀-盐渍化占 11.72%。就程度而言，调查区域的 95% 以上都处于中度以上荒漠化，其中重度以上达 27.92%。因此尽管 2000~2002 年由于大气降水的增加和国家一系列生态保护与建设工程的实施，艾比湖湖面面积有了一定程度的增加。但艾比湖湿地仍是一个荒漠化非常严重的地区，治理任务非常艰巨（表 3-25、图 3-26）。

表 3-25　荒漠化动态变化状况

荒漠化程度	面积变化/km² 1998年	2002年	增减/km²	变化率/%
中度风蚀	491.66	182.63	−309.03	−62.85
中度盐渍化	847.93	1031.72	183.79	21.67
重度风蚀	272.36	178.33	−94.03	−34.52
重度盐渍化	261.86	261.86	0	0
极重度盐渍化	109.97	109.97	0	0
轻度水蚀	10.78	10.78	0	0
中度风蚀-中度盐渍化	0	219.25	219.25	—
重度风蚀-重度盐渍化	283.77	0	−283.77	−100
荒漠化面积合计	2278.33	1994.54	−283.79	−12.45

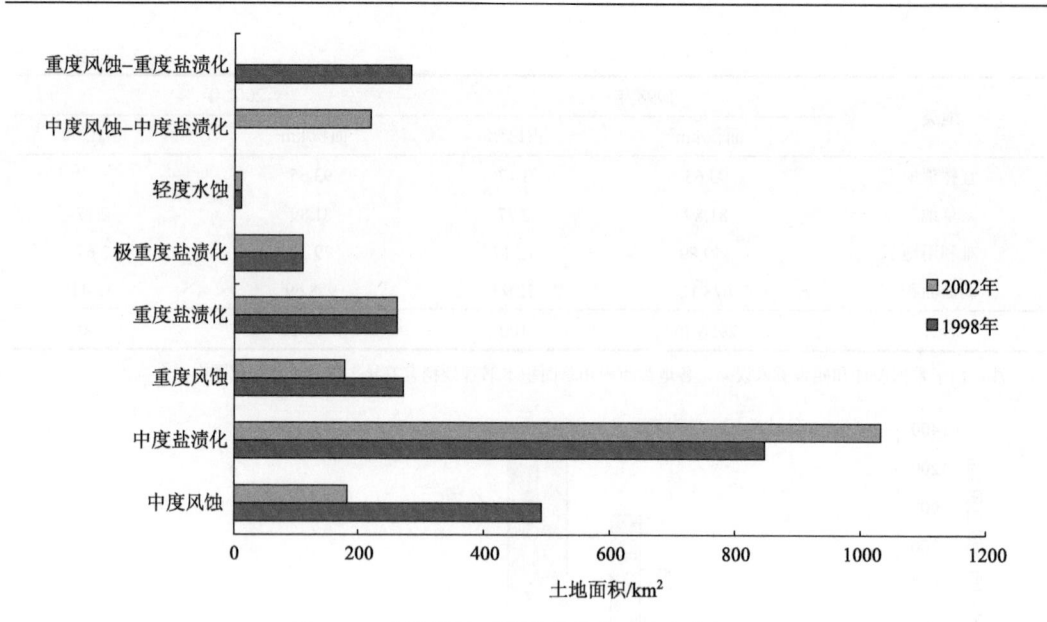

图 3-26　艾比湖地区土地荒漠化动态变化情况

根据监测结果，2002年艾比湖湿地的荒漠化面积较之1998年减少了283.79 km²。由于湿地面积的增加，整个湿地的环境趋于好转，荒漠化程度有所缓解。特别是风蚀的危害被降低很多。由图表得知，艾比湖地区风蚀荒漠化的面积减少了403.06 km²，减少幅度达53%，其在荒漠化中所占的比重也由34%降为18%。但是湖面面积的增加、水面的扩大所引起的地下水位上升，又造成了局部地区的荒漠化特别是盐渍化的加重。与1998年相比，2002年艾比湖的盐渍化面积增加了183.79 km²，比重由54%上升为70%。就荒漠化的程度而言，目前是趋于下降，很多重度风蚀及盐渍化转为了中度，但复合型荒漠化面积减少。

3. 各土地类型荒漠化动态变化情况

1）灌木林地

由表3-26可以看出，在总面积不变的情况下，灌木林地荒漠化的动态变化是风蚀减弱而盐渍化增强。由于地下水位的抬升，土壤盐化过程及淋溶作用的加强，使很多风蚀灌木林地转为盐渍化或风蚀-盐渍化（图3-27）。

表 3-26　艾比湖湿地灌木林地荒漠化动态变化一览表

荒漠化状况	面积动态变化/km² 1998年	面积动态变化/km² 2002年	增减/km²	变化率/%
中度风蚀	343.47	97.55	−245.92	−71.6
重度风蚀	128.12	72.97	−55.15	−43.05
中度盐渍化	616.79	780.21	163.42	26.5
重度盐渍化	112.52	112.52	0	0

续表

荒漠化状况	面积动态变化/km² 1998年	面积动态变化/km² 2002年	增减/km²	变化率/%
极重度盐渍化	54.84	54.84	0	0
轻度水蚀	0.86	0.86	0	0
中度风蚀-中度盐渍化	0	137.64	137.64	—
合计	1256.60	1256.59	0	0

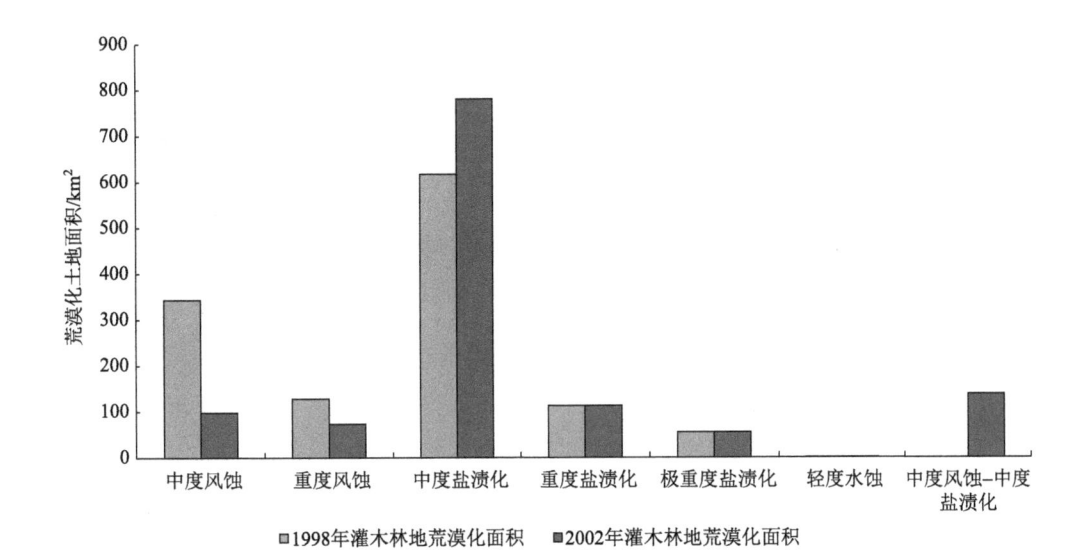

图 3-27 灌木林地荒漠化动态变化

2）疏林地

与灌木林地相似，疏林地荒漠化的动态变化是风蚀减弱而盐渍化增强。变化的荒漠化类型主要是中度风蚀与中度盐渍化，其变动分布区域主要在乌伊公路北侧了望塔管护站—鸭子湾、黄羊泉一线及克科巴斯套管护站和塌桥子管护站管护的部分疏林地（表 3-27、图 3-28）。

表 3-27 艾比湖湿地疏林地荒漠化动态变化一览表

荒漠化状况	面积动态变化/km² 1998年	面积动态变化/km² 2002年	增减/km²	变化率/%
中度风蚀	75.64	60.15	−15.49	20.5
重度风蚀	6.04	6.04	0	0
中度盐渍化	134.82	135.88	1.06	0.78
重度盐渍化	26.93	26.93	0	0
轻度水蚀	5.53	5.53	0	0
中度风蚀-中度盐渍化	0	14.43	14.43	—
合计	248.96	248.96	0	0

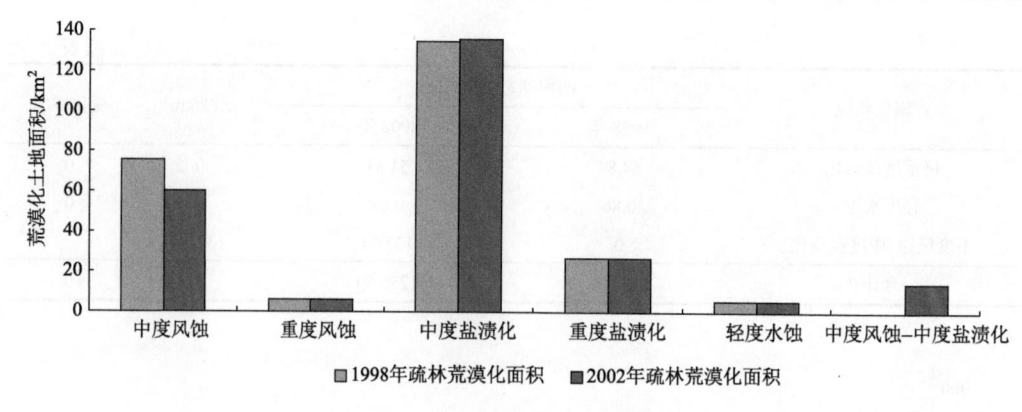

图 3-28 疏林地荒漠化动态变化情况

3）沙生灌丛

沙生灌丛也是艾比湖地区一种重要的生态地类，主要分布于湖东侧的甘家湖梭梭自然保护区与木特塔尔沙漠之间区域，以及乌伊公路北侧新疆林业科学院精河治沙站—沙泉子区域。在艾比湖自然保护区石头房子管护站至克科巴斯套管护站之间也有少量分布。沙生灌丛荒漠化动态变化类似于灌木林地和疏林地，呈现出风蚀减少盐渍化增加的特点，但增减幅度很大（表 3-28、图 3-29。）

表 3-28 艾比湖湿地沙生灌丛荒漠化动态变化一览表

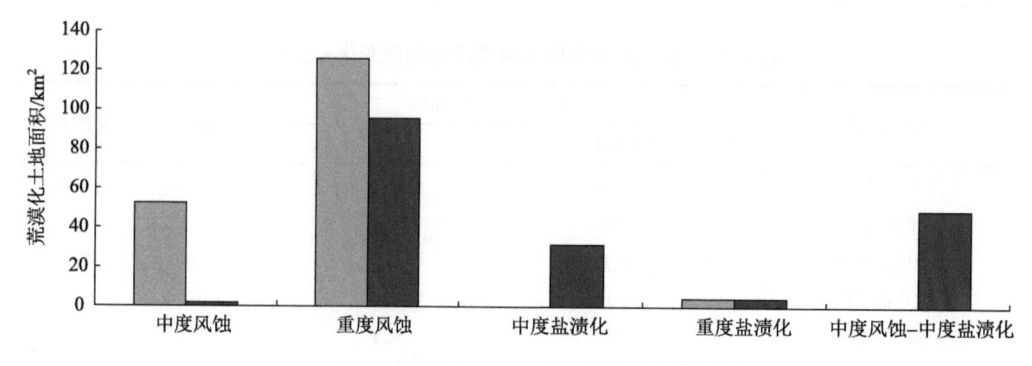

荒漠化状况	面积动态变化/km² 1998 年	2002 年	增减/km²	变化率/%
中度风蚀	52.31	1.84	−50.47	−96.5
重度风蚀	125.84	95.53	−30.31	−24.1
中度盐渍化	0.05	31.62	31.58	99.8
重度盐渍化	4.40	4.40	0	0
中度风蚀–中度盐渍化	0	49.20	49.20	—
合计	182.60	182.59	0	0

图 3-29 沙生灌丛荒漠化动态变化情况

4）阔叶林地

艾比湖地区的阔叶林是以胡杨为主要树种的荒漠林，分布在艾比湖南侧精河管护站至艾比湖管护站，北侧石头房子至克科巴斯套，东北侧奎屯河沿岸，东南侧鸭子湾-托托-塌桥子一线。面积较其他地类小，常与梭梭等灌木林地插花分布。阔叶林地的土地荒漠化变动不大，主要是一部分的中度风蚀阔叶林地转为中度风蚀-中度盐渍化阔叶林地（图3-30、表3-29）。

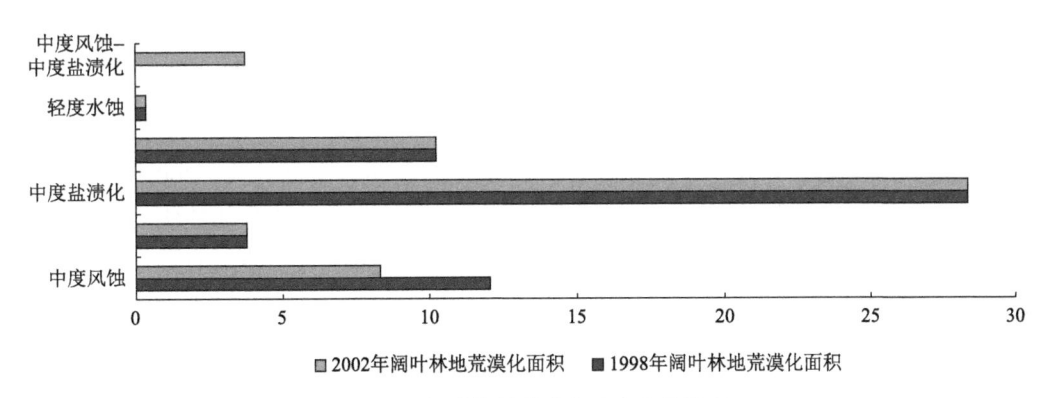

图 3-30　阔叶林地荒漠化动态变化情况

表 3-29　艾比湖湿地阔叶林地荒漠化动态变化一览表

荒漠化状况	面积动态变化/km² 1998年	面积动态变化/km² 2002年	增减/km²	变化率/%
中度风蚀	12.06	8.32	−3.74	31.01
重度风蚀	3.78	3.78	0	0
中度盐渍化	28.33	28.33	0	0
重度盐渍化	10.24	10.24	0	0
轻度水蚀	0.35	0.35	0	0
中度风蚀-中度盐渍化	0	3.74	3.74	—
合计	54.76	54.76		

5）草地

艾比湖湿地的草地面积不大，呈零散分布。荒漠化动态变化基本同阔叶林地（表3-30）。

表 3-30　艾比湖湿地草地荒漠化动态变化一览表

荒漠化状况	面积动态变化/km² 1998年	面积动态变化/km² 2002年	增减/km²	变化率/%
中度风蚀	7.02	2.50	−4.52	−64.4
重度风蚀	0.64	0	−0.64	100
中度盐渍化	27.80	27.80	0	0

续表

荒漠化状况	面积动态变化/km² 1998年	面积动态变化/km² 2002年	增减/km²	变化率/%
重度盐渍化	35.29	35.29	0	0
极重度盐渍化	7.03	7.03	0	0
轻度水蚀	4.04	4.04	0	0
中度风蚀-中度盐渍化	0	5.17	5.16	—
合计	81.82	81.83		

6) 宜林地

由表3-31可知，与其他地类相比，宜林地荒漠化动态变化较大。2002年与1998年相比总体变化率为68.8%。其特征是地类变动较大，重度风蚀全部转化为中度风蚀与中度盐渍化，这说明艾比湖地区风沙的潜在威胁依然很大，宜林地的管护及治理十分重要。

表3-31 艾比湖宜林地荒漠化动态变化一览表

荒漠化状况	面积动态变化/km² 1998年	面积动态变化/km² 2002年	增减/km²	变化率/%
中度风蚀	0	11.32	11.32	—
重度风蚀	7.97	0	−7.97	100
中度盐渍化	25.69	14.37	−11.32	−44
重度盐渍化	60.04	60.04	0	0
中度风蚀-中度盐渍化	0	7.93	7.93	100
合计	93.70	93.66		

7) 难利用地

难利用地荒漠化状况变化较大。其荒漠化总面积减少了78.87%，重度风蚀-重度盐渍化减少了100%，中度风蚀减少了18.1%，中度盐渍化减少了6.6%。艾比湖难利用地荒漠化状况的好转，很大程度上是因为水面面积的增加淹没了大片干涸湖底，使原有的重度风蚀-重度盐渍化地类转为浅水区的缘故（表3-32，图3-31）。

表3-32 艾比湖湿地难利用地荒漠化动态变化一览表

荒漠化状况	面积动态变化/km² 1998年	面积动态变化/km² 2002年	增减/km²	变化率/%
中度风蚀	1.16	0.95	−0.21	−18.1
中度盐渍化	14.35	13.41	−0.94	−6.6
重度盐渍化	12.45	12.45	0	0
极重度盐渍化	48.03	48.03	0	0
中度风蚀-中度盐渍化	0	1.16	1.16	100
重度风蚀-重度盐渍化	283.77	0	−283.77	−100
合计	359.76	76.00	−283.76	−78.87

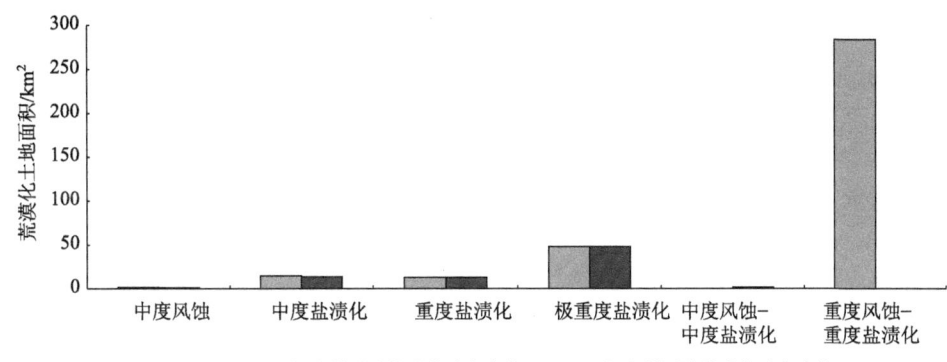

图 3-31 难利用地荒漠化动态变化情况

4. 荒漠化土地动态变化

1）中度风蚀

由表 3-33 可得，较之 1998 年，2002 年艾比湖湿地的中度风蚀荒漠化土地减少了 309.03 km²，变化率达到 62.9%。在各地类变化中，沙生灌丛的变化率最大，减少了 96.5%（图 3-32）。

表 3-33 中度风蚀荒漠化土地动态变化表

地类	面积动态变化/km² 1998 年	面积动态变化/km² 2002 年	增减/km²	变化率/%
灌木林地	343.47	97.55	−245.92	−71.6
疏林地	75.64	60.15	−15.49	−20.5
阔叶林地	12.06	8.32	−3.74	−31
沙生灌丛	52.31	1.84	−50.47	−96.5
草地	7.02	2.50	−4.52	−64.4
宜林地	0	11.32	11.32	—
难利用地	1.16	0.95	−0.21	−18.1
合计	491.66	182.63	−309.03	−62.9

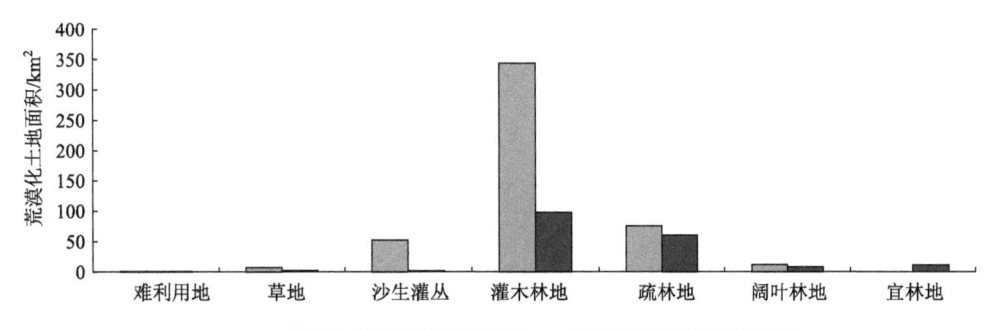

图 3-32 中度风蚀荒漠化土地动态变化

2）重度风蚀

与 1998 年相比，2002 年艾比湖湿地的重度风蚀荒漠化土地减少了 94.03 km²，减少幅度达到 34.5%。在各地类变化中，草地与宜林地减少了 100%，灌木林地减少了 43%，沙生灌丛减少了 24 %，疏林地与阔叶林地无变化（表3-34、图3-33）。在减少的重度风蚀荒漠化地类中，有一部分转为了中度风蚀-中度盐渍化，其余则转为中度风蚀或中度盐渍化。

表 3-34　重度风蚀荒漠化土地动态变化表

地类	面积动态变化/km² 1998 年	2002 年	增减/km²	变化率/%
灌木林地	128.12	72.97	−55.15	−43
疏林地	6.04	6.04	0	0
阔叶林地	3.78	3.78	0	0
沙生灌丛	125.84	95.53	−30.31	−24
草地	0.64	0	−0.64	−100
宜林地	7.93	0	−7.93	−100
合计	272.35	178.32	−94.03	−34.5

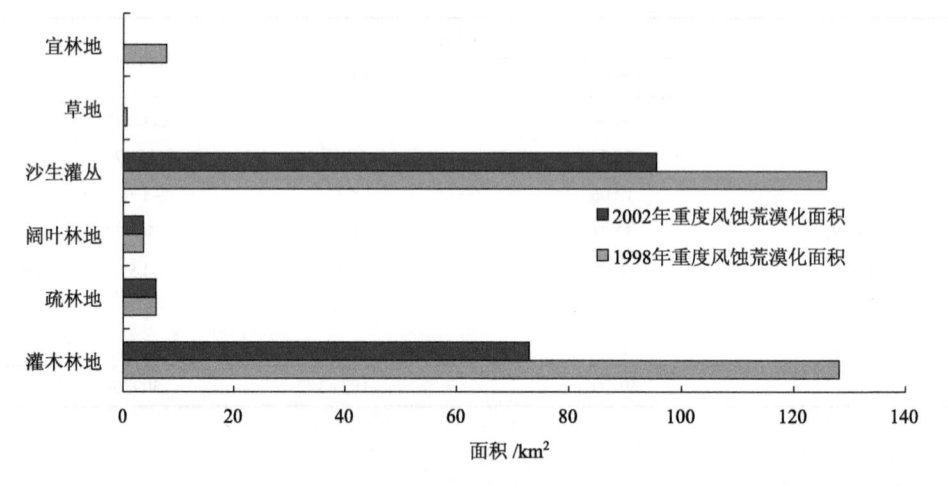

图 3-33　重度风蚀荒漠化土地动态变化

3）中度盐渍化

由表3-35、图3-34可知，中度盐渍化荒漠化土地增加了 183.79 km²，增加幅度为21.68%，增加的主要土地类型是灌木林地与沙生灌丛。在各地类变化中，难利用地与宜林地减少了，阔叶林地与草地无变化。

第3章 艾比湖湿地荒漠化遥感监测

表 3-35 中度盐渍化荒漠化土地动态变化表

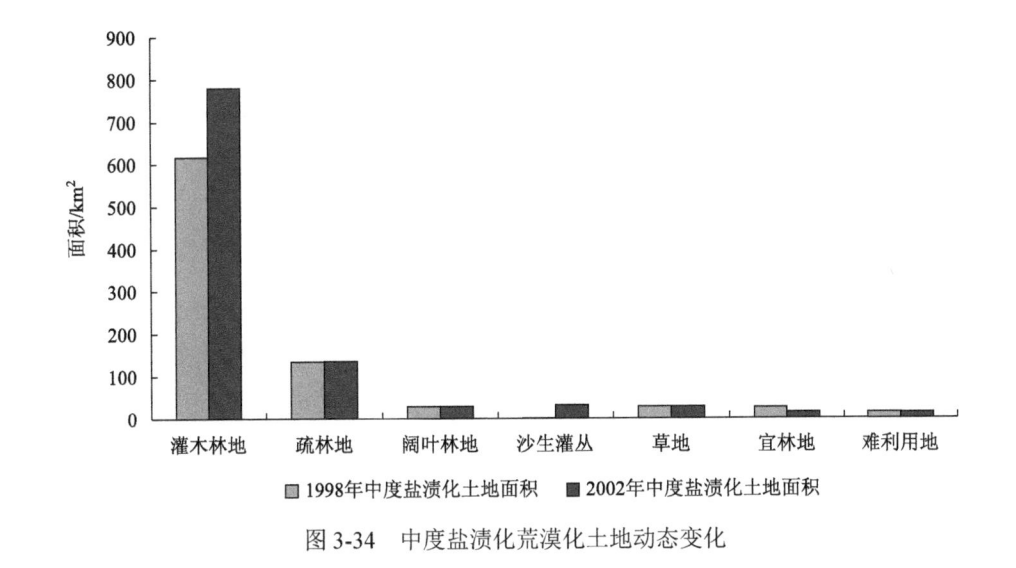

地类	面积动态变化/km² 1998年	面积动态变化/km² 2002年	增减/km²	变化率/%
灌木林地	616.79	780.21	163.42	26.5
疏林地	134.82	135.88	1.06	0.78
阔叶林地	28.33	28.33	0	0
沙生灌丛	0.05	31.62	31.58	63160
草地	27.80	27.80	0	0
宜林地	25.69	14.37	−11.32	−6.62
难利用地	14.36	13.41	−0.95	−6.6
合计	847.84	1031.62	183.79	21.68

图 3-34 中度盐渍化荒漠化土地动态变化

4）重度与极重度盐渍化

重度与极重度盐渍化在近年内基本无变化，其分布区域主要在艾比湖的湖滨地带。

5）复合荒漠化地类

复合荒漠化地类指中度风蚀-中度盐渍化与重度风蚀-重度盐渍化。它们都随艾比湖水面面积的变化而产生变化。

重度风蚀-重度盐渍化是原来的干涸湖底，属难利用地，是新疆北部沙尘的主要发源地。由于近年来艾比湖水面的扩大，这部分土地大部分被淹没，成为浅水区。

中度风蚀-中度盐渍化是近年来由于地下水位的抬升而产生的复合荒漠化地类。其来源主要是原来中度风蚀和重度风蚀的灌木林地与沙生灌丛，集中分布于兰新铁路精河至阿拉山口段的北侧之2、10、11林班。其地类分布见表3-36。

表 3-36　中度风蚀-中度盐渍化荒漠化土地类型分布

	灌木林地	疏林地	阔叶林地	沙生灌丛	草地	宜林地	难利用地
面积/km²	137.64	14.43	3.74	49.20	5.17	7.93	1.16

3.4.4　艾比湖湿地土地荒漠化分析评价

1. 艾比湖水面面积的扩大导致荒漠化呈下降趋势

由于 2000~2002 年艾比湖水面的扩大,原有的 283.79 km² 的干涸湖底被淹没,成为湿地荒漠化面积减少的主体。风蚀荒漠化的程度和面积均呈下降趋势,从而使风沙危害明显减少。据统计,1997 年毗邻艾比湖的精河县风沙天数为 112 天,1999 年风沙天数为 63 天,其中浮尘天数为 60 天,2002 年风沙天数仅为 22 天,其中浮尘天数为 18 天,比 1999 年分别减少了 65.1%和 70%,总体生态环境有了一定程度的改善。但是水面扩大所引起的地下水位上升又造成了盐渍荒漠化面积的增加,同时对新亚欧大陆桥形成威胁。目前托托至阿拉山口的多处路基被淹,蘑菇滩车站至博乐车站沿线的大片地段出现了严重的土壤盐渍化,已经影响了铁路的通车安全。因此今后艾比湖的生态环境监测与研究中,如何保持适宜的湖面面积也是需要予以关注的问题。

2. 艾比湖水面剧增现象分析

根据博州水文局调查分析结果,1998~2002 年艾比湖水面剧增的原因主要有两点:一是河流丰水增大了入湖水量,如 1999 年以来天山一带持续发生各类洪水,断流 20 年的奎屯河开始往艾比湖注水,仅 2001 年 7~11 月即下泄入湖水量 $0.58 \times 10^8 \mathrm{m}^3$,另外精河与博尔塔拉河的合成年径流与入湖水量也有大幅度的增加;二是大气降水增加导致农业引水量减少而使入湖水量增多(表 3-37)。

表 3-37　1998~2002 年艾比湖主要补给河流入湖水量变化　　（单位：亿 m³）

年份	奎屯河流域	精河流域	博河流域	托里小河流域	合计	变化率/%
1998		8.26	10.70		18.96	22
2002	1.45	9.42	11.45	0.44	22.76	20

3. 总体荒漠化减少而局部荒漠化加重

由于湿地面积的增加,整个湿地的环境趋于好转,荒漠化程度有所缓解,特别是风蚀的危害被降低很多。但是湖面面积的增加、水面的扩大所引起的地下水位上升,又造成了局部地区的荒漠化特别是盐渍化的加重。与 2000 年相比,2002 年艾比湖的盐渍化面积增加了 183.79 km²,比重由 54%上升为 70%。

3.5 土地荒漠化综合评价

从荒漠的形成分析，荒漠化发展是一个比较漫长的过程，也是土地发展过程的一种，现在的土地类型即是土地发展过程中特定时期的一个动态时点。因此，由于零水平确定的不同，判定荒漠化发展程度（或发展阶段）的结果也不同。比如从宁夏地区的荒漠及荒漠化的形成与演变过程的 200 万年以来的第四纪地层分析资料看，贺兰山以东的沙漠有好几次沙化过程和逆转过程的交错，与全球气候变化相适应，近几百年以来，17～19 世纪这一区域属荒漠化过程，19 世纪以后则基本上是荒漠草原化过程。

据陶贞等（1994），从早、中更新世到现代，我国沙漠化发生程度不同、时间不等的正、逆过程，在早、中更新世时期沙漠化每个正、逆波动时间平均达 11.65 万年，经过晚更新世和全新世时期，沙漠化正、逆过程的波动周期愈来愈短，交替也越来越频繁，现代的砂质沉积物大致是 20 世纪 40 年以后逐步形成的，即是最近一次沙漠化正过程的产物。世界沙漠化的变化同样如此，非洲撒哈拉沙漠近 2 万年的沙漠化正、逆过程有 6～8 次，但总的来说这种变化周期是非常漫长的。显然确定零水平问题是确定土地荒漠化发展程度的关键问题，而国际上对此还没有形成统一的标准。有关研究的科学家认为，应把没有人类活动的干旱化作为土地退化的零水平，并认为当零水平不知，荒漠化程度可分 5 级，当零水平可知但没有确切的资料时，应分 4 级，当零水平有相当准确的资料加以确定，荒漠化程度可分 3 级。

荒漠地区并非极为荒凉的不毛之地，有丰富的动植物和微生物资源，大都是耐旱的灌木、半灌木和草本植物，稀疏散布，低矮丛生，构成特殊的自然景观。然而，由于中国荒漠化地区传统的农业生产方式和较恶劣的生存环境的影响，大部分荒漠（如固定、半固定沙丘和植被盖度大于 5%的沙丘和戈壁）被作为草地生产利用，特别是受荒漠化危害较严重的地区更是如此，如宁夏贺兰山东麓的戈壁，其质地以砾石、石质和土质土类为主（部分地方是灰漠土）；植被以红砂（*Reaumuria songarica*）、珍珠猪毛菜（*Salsola passerina*）等为主要建群种，形成较稳定的群落，属于典型的荒漠。在草场资源调查技术规程中，荒漠基本上划入草地类型里；而在全国土地利用现状调查技术规程中，大部分荒漠基本属于未利用土地，在这一地区荒漠按草地类型进行荒漠化程度评价，显然，风蚀、水蚀、植被退化等引起土地退化表现不明显，因而往往得出荒漠化程度轻的错误结论，与荒漠是荒漠化发展的最终可能结果相矛盾。

中国土地荒漠化程度评价宜采用 4 级制，即荒漠化程度轻、中、重和极重 4 个等级，它能够较为客观准确地反映各种荒漠化土地类型的荒漠化程度。1994～1996 年的沙漠化普查是中华人民共和国成立以来我国最完整、最全面的一次有关荒漠化的土地详查，利用普查资料通过逆过程评价方法，确定出现阶段各种类型荒漠化发展程度，以此作为中国荒漠化监测的本底和荒漠化进一步发展的初始水平。在未来的监测工作中，应用正过程评价方法，根据两个不同时期的荒漠化程度以确定出荒漠化发展状况和趋势，并以此预测荒漠化未来的发展趋势。这样，荒漠化程度评价采用"先逆后正"的评价方法，即可解决零水平确定困难这一问题。

荒漠是干旱气候的产物，主要形成于地质时期，它并不是土地荒漠化正过程的必然结果，仅是其可能结果。荒漠是景观地貌，它所界定的是一个区域生态系统。荒漠系统包含有纯粹的流动沙丘或在微生境内有植物生长的沙漠、戈壁等。荒漠的形成过程从大尺度范围讲是地质时期引起气候干旱的作用下土地退化的过程（张煜星，1996），当然，也不排除人类的长期活动对它的形成的作用。根据《联合国防治荒漠化公约》（以下简称《公约》），土地即指陆地系统。人类在土地上的活动绝不能用几千年的尺度衡量，人类的产生与发展都离不开土地，离不开在土地上的活动，也必然会对土地产生影响。因此《公约》所定义的荒漠化绝不是几百年、几十年来的气候变化和人类活动因素等的影响下的土地退化，而应从更大的时空尺度来对此进行研究。理论界确存在承认荒漠是荒漠化正过程的最终可能产物，但又不认为荒漠是荒漠化土地的观点。荒漠化土地的界定范围是湿润指数为 0.05～0.65 的干旱、半干旱和亚湿润干旱区。荒漠系统内不同的微生境也许存在着荒漠化的正逆过程，但只是在其稳定的顶极结构内部进行的，不破坏其顶极，正如荒漠化程度评价也必须分成若干个区段一样，而在其区段内荒漠化评价指标尽管数量值不同，但都是在其可接受程度内的变化。虽然荒漠是土地荒漠化正过程的最终可能结果，但明确地确定荒漠与极度荒漠化土地的界线却是异乎寻常的困难。首先是因为土地荒漠化是一个极其漫长的过程，在某一时段上土地荒漠化的速度也许是令人惊异的快，但把它放在巨大的时间尺度上讲，荒漠化的评价就变得非常复杂，荒漠系统在几千万年前则可能是森林或其他，在几百万年前也许是茂盛的草原，而几万年前则又可能是沙地，几千年前也可能是耕地等，即使在有人类文化记载以后的几千年、几百年间，荒漠系统的演变也是十分复杂的。相似地，现在的林地、耕地或草地等在几百、几千、几万年前也许正是荒漠。

荒漠化的内容经过几十年的完善已被统一在一个特定的气候区域里。荒漠化的形成是自然因素（气候变化、风、水等）、人为作用和两者共同作用的结果，而且在一些地方人为作用占主导地位。荒漠化是一个过程，正在发生荒漠化的土地系统是一个脆弱的生态系统，较不稳定，系统内不断地进行着荒漠化的正逆过程，系统的演变趋势存在两个方向。荒漠化的评价虽然在较小的时空尺度上可以进行，但由于自然条件的变化（如降水等）和评价时间（如季节等）的不同，其结论大不相同甚至完全相反。此外，在更大一些的时间尺度上荒漠化程度评价中零水平的确定对荒漠化程度的评价结果也具有明显的影响。确定土地荒漠化程度的评价指标不同对荒漠化程度的评价结果影响极大，甚至可能得出完全相悖的结论。现在我国还没有形成完善的荒漠化评价指标体系，对荒漠化类型的划分也没有统一，显然荒漠化评价指标的运用及评价结果不尽相同。最后，我国自然地形各异，气候条件不同，使荒漠化程度评价更加复杂。比如用相同的评价指标且等同的量化区分方法评价我国东北和西北地区，东北科尔沁沙地的重度荒漠化土地的生产潜力（或环境容量）也许远高于西北干旱地区的轻度或中度荒漠化土地的生产潜力，即相对于东北而言，西北地区几乎大部分土地都是荒漠化程度较重的土地，这样西北地区的荒漠化评价就非常困难。所以分区建立荒漠化程度的评价指标体系将是必然的。

自从我国政府正式加入《联合国防治荒漠化公约》以来，荒漠化的防治、监测、研究等工作已纳入我国社会经济发展的全局，各项工作对象由原来的狭义沙漠化扩展到广义的荒漠化范畴。由于荒漠化所包含的内容较为丰富，对荒漠化监测工作来说，荒漠化类型的划分就显得尤为重要。近期，我国一些学者进行了这方面的论述，但由于其目的和侧重点不同，从而划分的类型也是多种多样，但都不能包括荒漠化定义的全部内容。荒漠化是指包括气候变异和人类活动在内的种种因素造成的干旱、半干旱和干旱亚湿润区的土地退化。根据此定义，并结合我国荒漠化的特点，荒漠化应主要包括5个方面：特定的气候区、造成荒漠化的外营力、退化土地的利用现状、退化土地的地表特征、土地退化的程度。由此可见，荒漠化类型的划分应采用多层次的复合方法，其命名应由气候区、外营力、土地利用现状、退化土地表特征及土地退化程度组成。

目前，国内外在荒漠化评价中，对沙漠化的评价较其他方面多，总的来讲，普遍采用多指标分级、综合描述的方法，其科学性和实用性都较差，主要存在下列问题：评价因子繁多，互有冲突，难以准确评价；可比性差，即属于同一等级的两个地区，难以再比较其荒漠化程度差异；在评价中各指标等同应用，显示不出各指标在评价中的重要性差异。另外，近期国内在荒漠化评价中，相继也出现了一些数量化方法，但这些方法普遍存在方法复杂，可操作性差，难以在实践中广泛应用；指标选取随意，科学性、准确性差，难以准确反映荒漠化程度；评价层次性差，不可进行任意行政单位荒漠化程度的评价。本书旨在从荒漠化监测需要和调查研究地区荒漠化的实际情况出发，采用引入权重的多指标分级数量化方法进行土地荒漠化程度的评价。

3.5.1 荒漠化类型划分

荒漠化过程往往是包括自然因素和人为因素在内的多种外营力共同作用的结果，因此，荒漠化类型的划分，应根据其所评价的侧重点进行外营力因子选取，如果是对某个地块或某个地域进行综合评价，为了避免类型划分中的复杂性，应坚持主导因子原则。依据荒漠化的内容和实地调查结果，制定出表3-38所示的类型划分因子，并给予代码，便于荒漠化监测信息系统的建立。类型的划分采用复式命名法，即：荒漠化程度+荒漠化类型+土地利用类型。

表3-38 荒漠化类型划分因子及其代码

气候区	外营力或成因		土地利用类型	荒漠化等级	荒漠化地表特征
	自然因素	人为因素			
极干旱区 A	风蚀 A	过牧 F	林地 B	非荒漠化 A	沙丘 A
干旱区 B	盐渍 B	过垦 G	阔叶林地 B114	轻度 B	土漠 B
半干旱区 C	水蚀 C	樵采、毁林 H	灌木林地 B110	中度 C	石漠 C
	水渍 D	水资源不合理利用 I	疏林地 B111	重度 D	砾漠 D
	冻融 E	工矿开采 J	沙生灌丛 B112	极重度 E	盐漠 E
			宜林荒地 B113		湖积平原 F
			草地 C		湖滨沙地 G
			未利用地 D		
			水域 E		

根据表 3-38 所列出的荒漠化类型划分因子及代码,在荒漠化监测中,可将荒漠化土地划分成各种不同的类型(如半干旱区水蚀草地中度土漠荒漠化 CCCCB),并标注相应的代码,输入计算机数据库,可根据评价的需要,进行专题图的制作及不同信息和数据的提取。

3.5.2 荒漠化评价

1. 荒漠化现状程度评价

评价指标的选取,应本着具有科学性、代表性、实用性(易操作)、系统性的原则,以期所选取的指标在评价中能准确地反映调查研究区各种类型荒漠化程度。在总结前人工作的基础上,结合实地调查,依据各荒漠化类型及其程度评价指标的类同性,将可用同类指标评价的荒漠化类型归为一类,其各荒漠化类型评价指标见表 3-39。

表 3-39 荒漠化现状评价指标

类别序号	荒漠化类型	荒漠化类别 土地利用类型	地表特征	评价指标	信息来源 资料	地面	航片	卫片
1	风蚀	灌木林地 阔叶林地 疏林地 宜林荒地 草地 难利用地 沙生灌丛	沙丘 土漠 石漠 砾漠 湖积平原 湖滨沙地	①植被覆盖度%②风蚀地貌占地百分率%③荒漠化地表特征(石质、土质、砾质、沙质)④土壤类型与土壤质地	④	①②③④	①②③	①②③
2	水蚀	灌木林地 阔叶林地 疏林地 草地	土漠 石漠 砾漠 湖积平原 湖滨沙地	①植被覆盖度%②土地侵蚀面积占地率%③土壤类型与土壤质地	③	①②③	①②	①②
3	盐渍化	灌木林地 阔叶林地 疏林地 宜林荒地 草地 难利用地 沙生灌丛	沙丘 土漠 石漠 盐漠 砾漠 湖积平原 湖滨沙地	①植被覆盖度%②盐碱斑占地百分率%③荒漠化地表特征(石质、土质、砾质、沙质)④土壤类型与土壤质地	④	①②③④	①②③	①②③
4	复合荒漠化	灌木林地 阔叶林地 疏林地 宜林荒地 草地 难利用地 沙生灌丛	沙丘 土漠 石漠 盐漠 砾漠 湖积平原 湖滨沙地	①植被覆盖度%②风蚀地貌、盐碱斑占地百分率%③荒漠化地表特征(石质、土质、砾质、沙质)④土壤类型与土壤质地	④	①②③④	①②③	①②③

注:①、②、③…代表评价指标。

荒漠化程度的判定，是一个较为复杂的综合分析、评判过程，涉及的因子多、面广，遵循以下几个原则：

（1）数量化原则。荒漠化程度只有用量化的数值表示，才具有可比性和可评价性。

（2）综合性原则。荒漠化过程是一个由多因素影响的动态过程，只有用多指标综合分析判定其程度，才具有完整性、客观性和科学性。

（3）主导性原则。在众多的影响荒漠化程度的因子中，必然有主次之分，所以主导因子在评判中应占有较大的比重，次要因子应占有较小的比重。

（4）任意大小区域或范围可判定原则。即评判标准应适于全国各地区。就其程度而言，只有分别对荒漠化现状程度和发展程度两个方面同时进行评价，才能真正反映出某地域荒漠化的程度。

1）荒漠化现状程度判定数学描述

依据各指标在荒漠化表征中的重要性，给各指标赋权重（0.0~1.0）。将各指标划分等级标准，并给各等级标准赋等级值。求算各指标不同等级标准指数，即指标等级标准指数：

$$P_{ij} = X_i Y_{ij} \tag{3-6}$$

式中，X_i 为第 i 个指标的权重；Y_{ij} 为第 i 个指标的第 j 个等级值；P_{ij} 为第 i 个指标在第 j 个等级值的指标指数。

综合判定指数（P）计算：

$$P = \sum_{i=1}^{n} p_{ij} \tag{3-7}$$

式中，p_{ij} 为第 i 个指标在已定的等级值（j）时的指标指数；n 为指标数。

2）荒漠化程度指数表的编制

根据式（3-6）算出各类荒漠化指数值，根据风蚀、水蚀等荒漠化类型各自不同的荒漠化指数，确定不同荒漠化类型的荒漠化程度（表3-40）。

表 3-40 风蚀荒漠化现状程度判定指数

用于小范围大比例尺评价（1:2.5万~1:5万）						用于大范围小比例尺评价（1:10万~1:25万）				
指标	权重	等级标准	等级值 Y_{ij}	指标指数 P_{ij}		指标	权重	等级标准	等级值 Y_{ij}	指标指数 P_{ij}
植被覆盖度%	0.45	≥60	1	0.45		植被覆盖度%	0.75	≥60	1	0.77
		59~45	2	0.90				59~45	2	1.50
		44~30	3	1.35				44~30	3	2.23
		29~16	4	1.80				29~16	4	2.98
		15~6	5	2.3				15~6	5	3.65
		≤5	6	2.55				≤5	6	4.34
风蚀地貌占地百分率%	0.35	≤5	1	0.35		荒漠化地表特征	0.25	石质	1	0.23
		6~20	2	0.66				土质	2	0.78
		21~35	3	0.87				砾质	3	1.07
		36~50	4	1.22				沙质	4	1.43
		51~65	5	1.38						
		>65	6	1.60						

续表

用于小范围大比例尺评价（1∶2.5万～1∶5万）					用于大范围小比例尺评价（1∶10万～1∶25万）			
指标	权重	等级标准	等级值 Y_{ij}	指标指数 P_{ij}	指标	权重	等级标准	等级值 Y_{ij}	指标指数 P_{ij}
土壤质地	0.20	灰漠土	1	0.18					
		灰棕土	2	0.34					
		风沙土	3	0.60					
		碱化漠钙土	4	0.78					
			5	0.98					
			6	1.18					

注：限于篇幅，其他荒漠化类型略。

依据遥感监测和实地调查的各指标值，可在荒漠化指数表中查得其所在的等级标准，再根据其等级标准对应的等级值，求算出[式（3-6）]或找出指标指数，各指标指数相加[式（3-7）计算]就为该样地综合荒漠化指数。

荒漠化程度的现状评价用"荒漠化现状指数"表示，以调查的样地或图斑为基本评价单位。

根据我国荒漠化普查技术方案，普查调绘以乡为基本行政单位，而艾比湖湿地内99%以上的地域为无人区，故以区划林班为基本单位。其现有荒漠化土地评价指数为

$$S = \left[\sum_{i=1}^{m} p_i A_i\right] \bigg/ \sum_{i=1}^{m} A_i \quad (3\text{-}8)$$

式中，p_i 为第 i 个荒漠化地块的现状指数；A_i 为第 i 个荒漠化地块的面积；m 为该林班荒漠化地块总数。

评价某区域荒漠化程度现状总体水平，则 $\sum A_i$ 就应包括区域的非荒漠化土地面积，亦有

$$S1 = \left[\sum p_i A_i\right] \big/ A_{i总} \quad (3\text{-}9)$$

式中，$A_{i总}$ 为全区域土地总和（荒漠化土地+非荒漠化土地）。

以此类推，可推算出任何一级行政单位的荒漠化现状指数。

本书的研究，将荒漠化现状程度定为：1～2为非荒漠化土地，2～3为轻度荒漠化土地，3～4为中度荒漠化土地，5～6为极强度荒漠化土地。而将单指标评价定为：1和2为非荒漠化土地，3为轻度荒漠化土地，4为中度荒漠化土地，5为强度荒漠化土地，6为极强度荒漠化土地。

2. GIS荒漠化评价与制图

荒漠化是一个空间现象，而GIS就是为处理空间数据而设计的。GIS的分析功能为空间相互关系及模型化过程的建立提供了一种可能，GIS的运用促使数据的全面综合，随之是系统数据库的建立，这些都为荒漠化评价提供即时条件，另外荒漠化背景数据库为将来的监测，例如荒漠化速度的确定及其评价提供重要的本底数据。荒漠化评价可以被看作是一个景观生态学的问题，因为它包括许多过程诸如物理的、生物的、气候的、

人类影响等，它们都能改变景观结构，尽管这些过程非常复杂，但还是能构造一些简单的模型去描述它们，这样和荒漠化相联系的一些现象就能被模拟和评价。简单的模型化过程、数据类型的清晰定义、数据收集的方法及对模型进行反复精练和修正的方法，使GIS在荒漠化评价中的运用具有广阔的前景。

汇总《解译判读样地判读因子登记表》与《固定样地遥感解译调查表》的调查结果，以VFP数据库表的形式，直接在计算机上采用双界面输入，在VFP6.0平台下建立属性数据库，与构建的荒漠化评价指标及模型一起输入荒漠化背景数据库，通过空间数据库与属性数据库和模型数据库的集成，形成带有属性数据和评价信息的地理信息数据，然后转换成规定的文件格式数据，最终利用GIS技术求积。

3.5.3 小结

土地荒漠化评价是目前荒漠化研究领域的一个重要问题，属环境监测的主要任务之一。荒漠化评价的理论是荒漠化评价和监测的基础，是建立荒漠化评价指标的根据，而有关荒漠化评价的理论总体上还比较缺乏或不完善。本书在深入调查研究的基础上，参考国内外目前有关荒漠化及荒漠化评价的研究成果，结合艾比湖地区实际情况，提出了荒漠化评价的技术框架。内容包括荒漠化的主要类型和评价类型、荒漠化发展程度的判定标准、荒漠化评价的尺度和技术方法、指标体系建立的依据和方法等。荒漠化调查和监测具有三个层次（空间图像、航空调查和地面观测），遥感技术与地理信息系统相结合进行荒漠化灾害监测，无论是国内还是国际，都是一个新的技术运用领域。它的特点是将荒漠化灾害遥感信息获取、处理、分类、专题图更新与制图进行一体化研究，建立荒漠化灾害信息数据库，利用不同数据接口与地理信息系统相连接，实现与各种专题要素的复合、匹配和更新，进行荒漠化灾害动态监测与评价。通过本章的研究，得出如下结论：

（1）在总体设计的基础上，进行了较为完善的荒漠化背景数据库功能设计。系统功能齐全，实现了工作区管理、视图控制、调图控制、图层控制、查询分析、数据编辑、统计分析、专题调用、数据库管理、打印输出、系统帮助等功能。系统运行稳定、用户界面友好、操作简便、易于维护升级，具有良好的兼容性和可扩展性。

（2）采用面向对象的组件化GIS开发方式进行荒漠化背景数据库软件的开发，建立了独立的GIS应用工作平台。在GeoMedia GIS软件平台上建立了基础地理信息数据库和各类专题数据库，有效地集成了多尺度、多源海量数据，构成了一个以空间数据库管理系统为核心的软件系统。可对荒漠化数据库进行有效的管理，实现了荒漠化信息的快速检索、更新、分析与处理，综合分析功能较为实用和全面。

（3）从荒漠化监测的实际需要出发，提出了包括气候区、外营力、土地利用类型、地表特征和荒漠化程度在内的多因素复叠式荒漠化分类体系。它既可适用于小区域大比例尺的重点监测，又可适用于大区域小比例尺的宏观监测的各荒漠化类型数量化程度判定指标体系和判定方法；适用于各级行政区的荒漠化水平评价方法。

第4章 森林资源环境遥感监测

4.1 目的及意义

做为艾比湖流域重要分布区，博尔塔拉蒙古自治州的森林资源分为山地天然林、平原人工林与荒漠天然林，在天然林资源中，山地森林位于艾比湖流域发源地——天山山脉，具有重要的水源涵养和水土保持功能。全州山地森林总蓄积量819.5万 m³，其中林地蓄积量 692.8 万 m³，疏林及散生木蓄积量 126.7 万 m³。从 2005 年起，博州精河、三台、哈日图热格、哈夏 4 个山区天然林场的 135 万亩天然林已经全面禁伐。近年来，博州通过保护现有森林资源，加快造林速度，使局部地区的生态环境明显改善，山区天然林得到一定程度恢复，水土流失和土地沙化等问题得到有效遏制。

森林资源监测是林业中一项重要的基础工作，也是林业信息（数字）化建设的主要组成部分，只有摸清森林资源现状及变化动态，才能够确保林业经营管理决策建立在科学的基础上，才能够实现林业的可持续发展。由于传统以地面调查为主的常规森林资源监测方法存在诸多问题，在实际应用中已难以满足当今林业发展的需要。以 3S 技术为基础的监测方法成为当今森林资源监测技术的主要发展方向和研究重点。因此，研究解决 3S 技术在森林资源监测中的应用，对于摸清森林资源现状和变化动态，加快林业信息化建设步伐，提高林业发展和经营决策水平，促进林业可持续发展都具有重要的意义。

4.2 技术方法和任务

4.2.1 森林资源监测的技术方法

参照《森林资源规划设计调查主要技术规定》等有关技术规范，确定监测调查因子、设计调查表格与属性代码、开展技术培训。对样地内的林木生长状况、野生动物生存环境及林下资源丰富度开展调查。

1. 调查因子的确定

林木生长状况评价：树种组成、郁闭度（盖度）、立地类型、土壤情况、林木长势；有林地树高、胸径、冠幅；林木病虫害情况；火烧迹地面积、新近林火过火面积等。

野生动物生存环境：动物足迹与活动痕迹、样地及周边范围动物出现频次、主要通道与饮水区域人为活动情况等。

林下资源丰富度：林下植被种类、群落演替或退化状况等。

2. 遥感监测

1）遥感图像的预处理

卫星遥感图像的预处理主要包括几何校正、相对辐射校正、研究区提取三个步骤。以1∶5万地形图为基准，利用二次多项式和双线性内插法对卫星图像进行几何校正。之后进行配准处理和简易标准化，最后在校正好的遥感影像上提取出调查任务区。

2）土地利用/覆盖动态变化信息的提取

对遥感图像的所有波段进行变化矢量分析，在此基础上，采用双窗口变步长阈值搜寻算法进行变化和非变化像元的划分，提取土地利用/覆盖动态变化信息。

3）森林资源信息提取

参照森林资源遥感调查的分类体系，依据样地调查结果，对比分析实测光谱和解译标志，在图像监督分类、相关辅助资料的基础上，将高分辨率卫星影像数据（2～5 m）与163个固定监测样地进行配准，提取样地周边区域（以样地面积50倍计）的树种、森林类型、立地类型与质量、小班面积、森林覆盖度、郁闭度、森林环境等林分调查因子信息。

4）森林资源监测数据库

建立遥感卫星影像库、矢量数据库，科学管理地图数字化成果、野外实测数据、试验数据、历史数据、统计普查数据、分析成果数据和成果专题图等；建立空间数据库模型；实现森林资源的监测与管护、森林草原火灾监测评价、天然林保护工程与山区国有公益林的监测评价等业务化功能。森林资源信息提取技术路线图如图4-1。

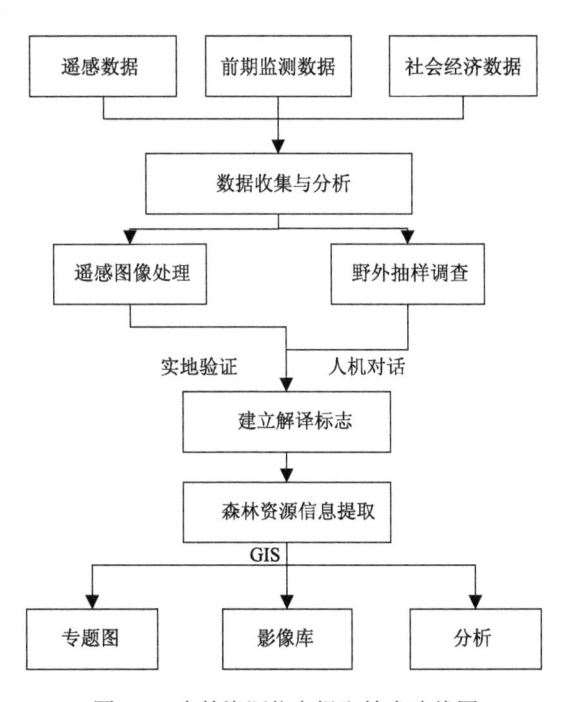

图 4-1 森林资源信息提取技术路线图

3. 样地调查

在技术培训考核的基础上，通过卫星与数字地图规划调查路线，拟定野外调查计划。依据内业成果组织工作团队开展实地调查，利用 GPS 对样地进行定位，现地调查开展林分调查、灌木林调查、更新及草本调查，获取调查因子，填写调查表与属性代码表，并分析调查结果。同时针对卫星载荷现地测定有关调查因子光谱信息，建立遥感解译标志。将样地调查与遥感解译标志做对比验证。

4. 森林生态系统生产力监测

在已有森林资源数据库的基础上，将西天山林区历次卫星遥感区划数据、航空像片区划数据与森林资源矢量数据配准复合，建立空间数据库。对林区不同类型遥感数据进行处理，在多时相和多源影像对应波段差值直方图中，由质量控制方式自动选取不变地物样本点并对选取的样本点进行分级与拉伸，分级确定对应波段的校正系数，将多时相影像校正到统一的辐射参照值下。将森林经理调查的林班、小班数据，森林生物量地面监测数据分别以 30 m×30 m、10 m×10 m 网格化处理并与遥感影像配准，按龄级求取多尺度的云杉林遥感植被指数并与地面监测数据进行相关分析，从中选取相关程度最高的遥感植被指数作为森林生物量模型的结构变量。建立多尺度的森林生物量地面和遥感反演模型。利用建立的森林生物量模型、地面调查资料与遥感数据反演计算多尺度森林生物量，分析森林生物量的动态变化。对研究结果进行地面验证，计算评价反演分析精度并进行修正。

利用 DEM 分析和地统计方法提取地形因子及地形特征，对西天山云杉林生物量的空间格局进行分析及模拟，进行不同时空尺度森林生物量的可视区域分析、地形特征提取、水系特征分析等研究。通过研究，得出区域范围内多尺度云杉林生物量的空间分布特征和分异规律。结合区域社会经济发展状况和土地利用变化，研究分析西天山森林生物量时空格局动态变化的驱动力及其机制。

4.2.2 森林资源监测的任务

按照 GEF 项目要求，在天然林区设 4 个监测点，有林地、疏林地和灌木林地中共设置 163 个固定监测样地进行动态监测。每年 8～9 月进行一次监测数据采集工作，开展林木生长状况评价、野生动物生存环境及林下资源丰富度评估。

4.3 森林资源监测成果

4.3.1 监测样地分布情况

以 2009 年新疆重点公益林保护成效监测样地调查监测体系为基准，根据 GEF 项目和抽样精度要求，抽取监测样地开展地面与遥感动态监测。

根据艾比湖流域自然景观格局和水资源来源特点，在博乐市、温泉县、精河县三个县市，从 2009 年新疆重点公益林 210 个监测样地中选择 163 个样地（表 4-1），样地大小（28.28 m×28.28 m）。按照中高山（2500 m 以上）、中山（1000～2500 m）、低山平原（1000 m 以下）、湖滨湿地（艾比湖流域）四个类型，分别选取监测样地，其中，中高山选取 3 个监测样地，中山选取 41 个监测样地，低山平原选取 30 个监测样地，湖滨湿地 89 个监测样地。

表 4-1　监测样地信息表

样地号	GPS 纵坐标	GPS 横坐标	样地位置
1821	5013001	544001	博州哈日图热格林场重点公益林
1825	5000992	527988	温泉县重点公益林
1826	5000986	531982	温泉县重点公益林
1830	4997986	527985	温泉县重点公益林
1831	4997986	535983	温泉县重点公益林
1834	4991984	503985	温泉县重点公益林
1838	4976988	527986	温泉县重点公益林
1860	5006986	627983	阿拉山口重点公益林
1861	5004001	560001	博州哈日图热格林场重点公益林
1867	5003984	631984	阿拉山口重点公益林
1868	5000985	567985	博乐市重点公益林
1876	4994988	619989	博乐市重点公益林
1878	4991986	623985	阿拉山口重点公益林
1881	4985988	615989	博乐市重点公益林
1883	4982988	615984	博乐市重点公益林
1887	4976988	627985	博乐市重点公益林
1888	4973983	611985	博乐市重点公益林
1890	4974000	632000	艾比湖湿地自然保护区重点公益林
1896	4968000	636000	艾比湖湿地自然保护区重点公益林
1899	4961986	543985	博乐市重点公益林
1900	4961985	551884	博乐市重点公益林
1902	4962000	576000	博乐市重点公益林
1903	4961985	587986	博乐市重点公益林
1908	4952985	543982	博乐市重点公益林
1909	4952988	599987	博乐市重点公益林
1910	4949970	520002	博州哈夏林场
1926	5001000	640000	艾比湖湿地自然保护区重点公益林
1928	4998000	644000	艾比湖湿地自然保护区重点公益林
1929	4995000	644000	艾比湖湿地自然保护区重点公益林
1931	4992000	648000	艾比湖湿地自然保护区重点公益林
1932	4992000	652000	艾比湖湿地自然保护区重点公益林
1933	4992000	656000	艾比湖湿地自然保护区重点公益林
1934	4989000	652000	艾比湖湿地自然保护区重点公益林

续表

样地号	GPS 纵坐标	GPS 横坐标	样地位置
1935	4989000	656000	艾比湖湿地自然保护区重点公益林
1939	4986000	660000	艾比湖湿地自然保护区重点公益林
1940	4986000	664000	艾比湖湿地自然保护区重点公益林
1941	4986000	672000	艾比湖湿地自然保护区重点公益林
1942	4986000	676000	艾比湖湿地自然保护区重点公益林
1943	4986000	680000	艾比湖湿地自然保护区重点公益林
1944	4983000	664000	艾比湖湿地自然保护区重点公益林
1945	4983000	672000	艾比湖湿地自然保护区重点公益林
1946	4983000	680000	艾比湖湿地自然保护区重点公益林
1949	4983000	692000	艾比湖湿地自然保护区重点公益林
1950	4983000	696000	艾比湖湿地自然保护区重点公益林
1951	4980000	672000	艾比湖湿地自然保护区重点公益林
1952	4980000	680000	艾比湖湿地自然保护区重点公益林
1953	4980000	684000	艾比湖湿地自然保护区重点公益林
1954	4980000	688000	艾比湖湿地自然保护区重点公益林
1958	4977000	680000	艾比湖湿地自然保护区重点公益林
1959	4977000	684000	艾比湖湿地自然保护区重点公益林
1965	4974000	680000	艾比湖湿地自然保护区重点公益林
1966	4974000	684000	艾比湖湿地自然保护区重点公益林
1973	4971000	680000	艾比湖湿地自然保护区重点公益林
1974	4971000	684000	艾比湖湿地自然保护区重点公益林
1975	4971000	692000	艾比湖湿地自然保护区重点公益林
1976	4971000	696000	艾比湖湿地自然保护区重点公益林
1982	4968000	684000	艾比湖湿地自然保护区重点公益林
1983	4968000	688000	艾比湖湿地自然保护区重点公益林
1984	4968000	692000	艾比湖湿地自然保护区重点公益林
1990	4965000	680000	艾比湖湿地自然保护区重点公益林
1991	4965000	688000	艾比湖湿地自然保护区重点公益林
1992	4965000	692000	艾比湖湿地自然保护区重点公益林
1999	4962000	680000	艾比湖湿地自然保护区重点公益林
2000	4962000	684000	艾比湖湿地自然保护区重点公益林
2002	4962000	692000	艾比湖湿地自然保护区重点公益林
2008	4959000	680000	艾比湖湿地自然保护区重点公益林
2009	4959000	684000	艾比湖湿地自然保护区重点公益林
2010	4959000	688000	艾比湖湿地自然保护区重点公益林
2012	4959000	696000	艾比湖湿地自然保护区重点公益林
2016	4956000	684000	艾比湖湿地自然保护区重点公益林
2017	4956000	696000	艾比湖湿地自然保护区重点公益林
2021	4953000	656000	艾比湖湿地自然保护区重点公益林

续表

样地号	GPS 纵坐标	GPS 横坐标	样地位置
2022	4953000	660000	艾比湖湿地自然保护区重点公益林
2023	4953000	680000	艾比湖湿地自然保护区重点公益林
2024	4953000	684000	艾比湖湿地自然保护区重点公益林
2026	4953000	692000	艾比湖湿地自然保护区重点公益林
2030	4953000	724000	艾比湖湿地自然保护区重点公益林
2031	4950000	660000	艾比湖湿地自然保护区重点公益林
2032	4950000	676000	艾比湖湿地自然保护区重点公益林
2033	4950000	680000	艾比湖湿地自然保护区重点公益林
2034	4950000	684000	艾比湖湿地自然保护区重点公益林
2036	4950000	692000	艾比湖湿地自然保护区重点公益林
2038	4950000	700000	艾比湖湿地自然保护区重点公益林
2039	4950000	704000	艾比湖湿地自然保护区重点公益林
2040	4950000	708000	艾比湖湿地自然保护区重点公益林
2042	4950000	716000	艾比湖湿地自然保护区重点公益林
2043	4950000	720000	艾比湖湿地自然保护区重点公益林
2044	4950000	724000	艾比湖湿地自然保护区重点公益林
2045	4946987	583986	精河县林业局重点公益林
2046	4947000	660000	艾比湖湿地自然保护区重点公益林
2047	4947000	664000	艾比湖湿地自然保护区重点公益林
2048	4947000	668000	艾比湖湿地自然保护区重点公益林
2049	4947000	672000	艾比湖湿地自然保护区重点公益林
2050	4947000	676000	艾比湖湿地自然保护区重点公益林
2051	4947000	680000	艾比湖湿地自然保护区重点公益林
2052	4947000	684000	艾比湖湿地自然保护区重点公益林
2053	4947000	688000	艾比湖湿地自然保护区重点公益林
2054	4947000	696000	艾比湖湿地自然保护区重点公益林
2055	4947000	704000	艾比湖湿地自然保护区重点公益林
2057	4947000	712000	艾比湖湿地自然保护区重点公益林
2059	4947000	720000	艾比湖湿地自然保护区重点公益林
2060	4947000	724000	艾比湖湿地自然保护区重点公益林
2062	4943985	583985	精河县林业局重点公益林
2063	4943985	659985	精河县林业局重点公益林
2065	4943986	671987	精河县林业局重点公益林
2066	4944000	684000	艾比湖湿地自然保护区重点公益林
2068	4944000	692000	艾比湖湿地自然保护区重点公益林
2069	4944000	696000	艾比湖湿地自然保护区重点公益林
2070	4944000	704000	艾比湖湿地自然保护区重点公益林
2071	4944000	708000	艾比湖湿地自然保护区重点公益林
2072	4944000	712000	艾比湖湿地自然保护区重点公益林

续表

样地号	GPS 纵坐标	GPS 横坐标	样地位置
2073	4944000	720000	艾比湖湿地自然保护区重点公益林
2078	4940989	675982	精河县林业局重点公益林
2079	4940988	679984	精河县林业局重点公益林
2080	4941000	684000	艾比湖湿地自然保护区重点公益林
2081	4941000	688000	艾比湖湿地自然保护区重点公益林
2082	4941000	692000	艾比湖湿地自然保护区重点公益林
2083	4941000	712000	艾比湖湿地自然保护区重点公益林
2084	4937988	655984	精河县林业局重点公益林
2088	4938000	680000	精河县林业局重点公益林
2092	4934986	687984	精河县林业局重点公益林
2093	4934986	695985	精河县林业局重点公益林
2094	4934985	699986	精河县林业局重点公益林
2095	4935000	720000	艾比湖湿地自然保护区重点公益林
2097	4931986	631986	精河县林业局重点公益林
2100	4931984	691998	精河县林业局重点公益林
2103	4928988	611984	精河县林业局重点公益林
2107	4925988	611987	精河县林业局重点公益林
2109	4925989	623987	精河县林业局重点公益林
2112	4922989	627988	精河县林业局重点公益林
2115	4919987	639986	精河县林业局重点公益林
2116	4919987	643987	精河县林业局重点公益林
2118	4920048	692023	精河林场重点公益林
2122	4916933	676001	精河林场重点公益林
32498	5010072	544097	哈日图热格林场
33386	4958959	503986	哈夏林场
33396	4959062	524023	哈夏林场
33428	4955907	531991	哈夏林场
33484	5015890	559897	哈日图热格林场
33516	5009892	559908	哈日图热格林场
34294	4953040	535959	哈夏林场
34599	4934861	495772	三台林场
34601	4934993	499959	三台林场
34625	4934935	547764	三台林场
34732	4925990	540119	三台林场
34759	4923000	552000	三台林场
35828	4926087	684140	精河林场
35893	4922917	679906	精河林场
35974	4917000	568000	三台林场
36094	4913998	667990	精河林场

续表

样地号	GPS 纵坐标	GPS 横坐标	样地位置
36096	4913928	671949	精河林场
36108	4914001	696000	精河林场
36116	4910977	580008	三台林场
36120	4910964	587990	三台林场
36158	4911010	664201	精河林场
36220	4908088	667976	精河林场
36317	4902001	676022	精河林场
36356	4899011	671972	精河林场
36358	4898956	676079	精河林场
36374	4895928	631947	精河林场
36425	4893000	664000	精河林场
36457	4889863	663825	精河林场
36459	4890000	668000	精河林场

4.3.2 监测样地遥感解译标志

采用 2011 年、2013 年、2014 年和 2015 年国产卫星影像数据，对遥感数据进行图像校正、增强及地理要素叠加、自动分类、差值计算等处理，然后进行外业校核、检查工作。野外校核点主要分布于全博州。通过检查修改最终形成可用于本书工作的森林资源遥感调查解译标志，主要解译标志见表 4-2。

4.3.3 森林资源监测结果

1. 各年各地类面积

博尔塔拉蒙古自治州（以下简称博州）土地总面积 2498763.81 hm²，2011 年林业用地面积 665014.51 hm²，占土地总面积的 26.61%；2013 年林业用地面积 665006.84 hm²，占土地总面积的 26.61%；2014 年林业用地面积 666263.05 hm²，占土地总面积的 26.66%；2015 年林业用地面积 666223.33 hm²，占土地总面积的 26.66%。

1）总体情况

2011 年，各林业用地情况为：有林地面积 85486.70 hm²，占林业用地面积 12.85%；疏林地面积 19450.72 hm²，占林业用地面积 2.92%；灌木林地面积 415773.49 hm²，占林业用地面积 62.52%；未成林地面积 12314.63 hm²，占林业用地面积 1.85%；苗圃地面积 60.76 hm²，占林业用地面积比例很小；其他无立木林地面积 76.25 hm²，占林业用地面积比例很小；宜林地面积 131851.96 hm²，占林业用地面积 19.83%。非林业用地情况为：耕地面积 343541.94 hm²，牧草地 1378307.24 hm²，水域 92521.72 hm²，未利用地 1519.59 hm²，建设用地 17858.82 hm²。2011 年各地类面积占土地总面积百分比见图 4-2。

表 4-2 监测样地遥感解译标志

样地号	地类对比 现状	地类对比 原始	优势树种组成 2011年	优势树种组成 2015年	郁闭度/覆盖度/% 2011年	郁闭度/覆盖度/% 2015年	植被覆盖度/% 2011年	植被覆盖度/% 2015年	树高/灌木平均高/m 2011年	树高/灌木平均高/m 2015年
2082	灌林地	灌林地	梭梭	梭梭/红柳	30	30	30	30	1.6	1.6
2054	灌林地	灌林地	野枸杞	野枸杞	35	26	43	43	0.5	0.61
1940	疏林地	疏林地	梭梭	梭梭	25	26	25	26	1.2	1.2
2043	有林地	有林地	柽柳	柽柳	32	32.5	45	45.3	1.6	1.8
1954	灌木林	灌木林	柽柳	柽柳	33	34	36	36	2.7	2.76
1966	宜林地	宜林地			7	7	50	60	1.6	1.6

续表

样地号	地类对比 原始	地类对比 现状	优势树种组成 2011年	优势树种组成 2015年	郁闭度/覆盖度/% 2011年	郁闭度/覆盖度/% 2015年	植被覆盖度/% 2011年	植被覆盖度/% 2015年	树高/灌木平均高/m 2011年	树高/灌木平均高/m 2015年	影像样地面积扩大50倍	2015年实地照片
2078	宜沙荒	宜沙荒	梭梭	梭梭	22	5.8	30	30	0.8	1.33		
2055	疏灌	疏灌	白刺	白刺	15	18	18	18	0.3	0.3		
1830	疏灌	疏灌	锦鸡儿	锦鸡儿	16	16	70	70	0.4	0.4		
1899	疏灌	疏灌	锦鸡儿	锦鸡儿	30	13	64	64	1	0.4		
2063	疏灌	疏灌	梭梭	梭梭	11	11.6	31	20	0.6	0.87		

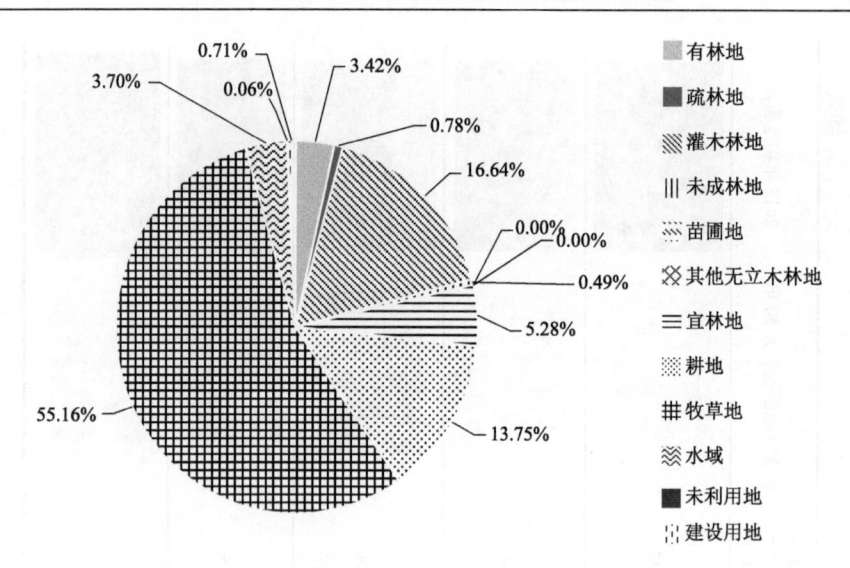

图 4-2 2011 年各地类面积占土地总面积百分比（博州）

有些地类因面积较小，占比非常小，显示不出来，导致数据加和未到100%，余同

2013 年，各林业用地情况为：有林地面积 85486.62 hm²，占林业用地面积 12.85%；疏林地面积 19450.72 hm²，占林业用地面积 2.92%；灌木林地面积 415765.90 hm²，占林业用地面积 62.52%；未成林地面积 12314.63 hm²，占林业用地面积 1.85%；苗圃地面积 60.76 hm²，占林业用地面积比例很小；其他无立木林地面积 76.25 hm²，占林业用地面积比例很小；宜林地面积 131851.96 hm²，占林业用地面积 19.83%。非林业用地情况为：耕地面积 346632.97 hm²，牧草地 1375041.94 hm²，水域 92233.83 hm²，未利用地 1519.59 hm²，建设用地 18328.64 hm²。2013 年各地类面积占土地总面积百分比见图 4-3。

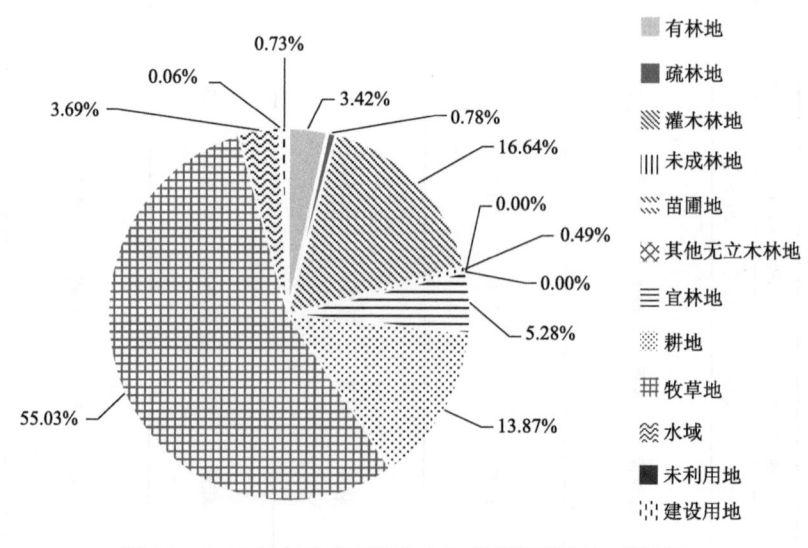

图 4-3 2013 年各地类面积占土地总面积百分比（博州）

2014年，各林业用地情况为：有林地面积86542.70 hm²，占林业用地面积13.01%；疏林地面积19542.48 hm²，占林业用地面积2.94%；灌木林地面积417687.76 hm²，占林业用地面积62.81%；未成林地面积12324.73 hm²，占林业用地面积1.85%；苗圃地面积60.81 hm²，占林业用地面积比例很小；其他无立木林地面积49.59 hm²，占林业用地面积比例很小；宜林地面积130054.98 hm²，占林业用地面积19.56%。非林业用地情况为：耕地面积353017.03 hm²，牧草地1359531.79 hm²，水域92501.82 hm²，未利用地1508.24 hm²，建设用地25941.89 hm²。2014年各地类面积占土地总面积百分比见图4-4。

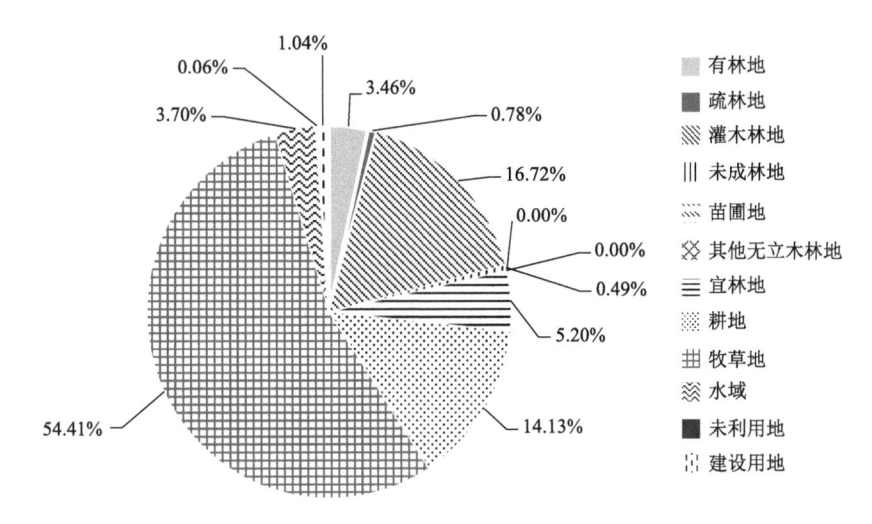

图4-4　2014年各地类面积占土地总面积百分比（博州）

2015年，各林业用地情况为：有林地面积86528.99 hm²，占林业用地面积12.99%；疏林地面积19542.48 hm²，占林业用地面积2.93%；灌木林地面积417680.33 hm²，占林业用地面积62.69%；未成林地面积12324.73 hm²，占林业用地面积1.85%；苗圃地面积60.81 hm²，占林业用地面积比例很小；其他无立木林地面积49.59 hm²，占林业用地面积比例很小；宜林地面积130036.40 hm²，占林业用地面积19.52%。非林业用地情况为：耕地面积354098.74 hm²，牧草地1357589.88 hm²，水域92577.37 hm²，未利用地1508.24 hm²，建设用地26766.24 hm²。2015年各地类面积占土地总面积百分比见图4-5。

由于近几年博州耕地开垦和新型工业化建设，2013年与2011年相比，耕地面积增加3091.03 hm²，建设用地增加469.82 hm²，水域面积减少287.89 hm²，灌木林地减少7.59 hm²，牧草地减少3265.30 hm²，有林地变化不大，减少0.08 hm²。为弥补新型工业化的发展带来的植被破坏，政府大力提倡植树造林，恢复植被，林地总体有所增加，2014年与2011年相比，耕地面积增加9475.09 hm²，建设用地增加8083.07 hm²，灌木林地增加1914.27 hm²，苗圃地增加0.05 hm²，未成林地增加10.10 hm²，疏林地增加91.76 hm²，有林地增加1056 hm²，水域面积减少19.90 hm²，其他未立木林地减少26.66 hm²，宜林地减少1796.98 hm²，未利用地减少11.35 hm²，牧草地减少18775.45 hm²。2015年与2011年相比，耕地面积增加10556.80 hm²，建设用地增加8907.42 hm²，水域面积增加55.65 hm²，有林地增加了1042.29 hm²，疏林地增加了91.76 hm²，灌木林地增加1906.84 hm²，未成林地增加10.10 hm²，

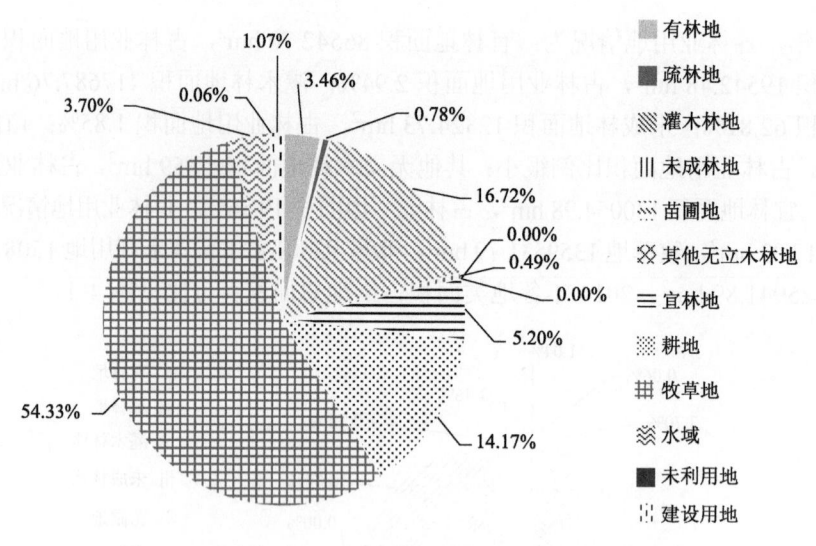

图 4-5　2015 年各地类面积占土地总面积百分比（博州）

牧草地减少 20717.36 hm², 宜林地减少 1815.56 hm², 其他无立木林地减少 26.66 hm², 未利用地减少 11.35 hm²（表 4-3～表 4-6）。

表 4-3　博州 2011～2015 年土地利用情况表　　　　　　　　　（单位：hm²）

地类	有林地	疏林地	灌木林地	未成林地	苗圃地	其他无立木林地
2011 年	85486.70	19450.72	415773.49	12314.63	60.76	76.25
2013 年	85486.62	19450.72	415765.90	12314.63	60.76	76.25
2014 年	86542.70	19542.48	417687.76	12324.73	60.81	49.59
2015 年	86528.99	19542.48	417680.33	12324.73	60.81	49.59
地类	宜林地	耕地	牧草地	水域	未利用地	建设用地
2011 年	131851.96	343541.94	1378307.24	92521.72	1519.59	17858.82
2013 年	131851.96	346632.97	1375041.94	92233.83	1519.59	18328.64
2014 年	130054.98	353017.03	1359531.79	92501.82	1508.24	25941.89
2015 年	130036.40	354098.74	1357589.88	92577.37	1508.24	26766.24

表 4-4　博州 2011 年与 2013 年地类变化影像对比表

2011 年地类	2013 年地类	面积/hm²	2011 年影像	2013 年影像
灌木林地	建设用地	3.63		

续表

2011年地类	2013年地类	面积/hm²	2011年影像	2013年影像
牧草地	耕地	1700.72		
牧草地	建设用地	461.87		
水域	牧草地	652.02		

表 4-5 博州 2011 年与 2014 年地类变化影像对比表

2011年地类	2015年地类	面积/hm²	2011年影像	2014年影像
灌木林地	建设用地	7.59		

续表

2011年地类	2015年地类	面积/hm²	2011年影像	2014年影像
牧草地	耕地	2875.46		
牧草地	建设用地	1004.23		
水域	牧草地	652.02		
牧草地	水域	16.06		

表 4-6 博州 2011 年与 2015 年地类变化影像对比表

2011 年地类	2015 年地类	面积/hm²	2011 年影像	2015 年影像
耕地	建设用地	13.51		
牧草地	水域	18.00		
牧草地	建设用地	233.74		
水域	牧草地	107.70		

续表

2011年地类	2015年地类	面积/hm²	2011年影像	2015年影像
建设用地	水域	14.87		

各年间的转移矩阵见表 4-7～表 4-9。

2）森林资源垂直地带性分布情况

根据高山的垂直地带性，将博州划分为四个区：中高山（2500 m 以上）、中山（1000～2500 m）、低山平原（1000 m 以下）、湖滨湿地（艾比湖流域）。

（1）中高山（2500 m 以上）各地类面积。

博州中高山土地总面积 420815.22 hm²，2011 年林业用地面积 49349.88 hm²，占土地总面积的 11.73%；2013 年林业用地面积 49349.88 hm²，占土地总面积的 11.73%；2014 年林业用地面积 49363.17 hm²，占土地总面积的 11.73%；2015 年林业用地面积 49363.17 hm²，占土地总面积的 11.73%，变化范围不大（表 4-10）。

2013 年，各林业用地情况为：有林地面积 8853.04 hm²，占林业用地面积 17.94%；疏林地面积 846.41 hm²，占林业用地面积 1.72%；灌木林地面积 29437.40 hm²，占林业用地面积 59.65%；宜林地面积 10213.03 hm²，占林业用地面积 20.70%。非林业用地情况为：牧草地 371049.28 hm²，未利用地 416.06 hm²。2013 年与 2011 年相比，各类林地面积和非林业用地面积均没有变化（表 4-10）。

2014 年，各林业用地情况为：有林地面积 8963.05 hm²，占林业用地面积 18.16%；疏林地面积 862.23 hm²，占林业用地面积 1.75%；灌木林地面积 29330.28 hm²，占林业用地面积 59.42%；宜林地面积 10207.61 hm²，占林业用地面积 20.68%。非林业用地情况为：牧草地 371038.09 hm²，未利用地 413.96 hm²。2014 年与 2011 年相比，有林地和疏林地有所增加，灌木林地、宜林地、牧草地和未利用地相应的减少（表 4-10）。

2015 年，各林业用地情况为：有林地面积 8963.05 hm²，占林业用地面积 18.16%；疏林地面积 862.23 hm²，占林业用地面积 1.75%；灌木林地面积 29330.28 hm²，占林业用地面积 59.42%；宜林地面积 10207.61 hm²，占林业用地面积 20.68%。非林业用地情况为：牧草地 371038.09 hm²，未利用地 413.96 hm²（表 4-10）。

2011～2015 年博州中高山各地类面积占土地总面积百分比见图 4-6～图 4-9。

表 4-7 博州 2011 年与 2013 年土地利用转移矩阵

(单位：hm²)

	有林地	疏林地	灌木林地	未成林地	苗圃地	其他无立木林地	宜林地	耕地	牧草地	水域	未利用地	建设用地	2011年总计
有林地	85486.61							0.10					85486.71
疏林地		1950.72											19450.72
灌木林地			415765.90									7.59	415773.49
未成林地				12314.63									12314.63
苗圃地					60.76								60.76
其他无立木林地						76.25							76.25
宜林地							131851.96						131851.96
耕地	0.02							343541.51				0.41	343541.94
牧草地								3091.31	1374754.06			461.87	1378307.24
水域									287.88	92233.83			92521.72
未利用地											1519.59		1519.59
建设用地								0.05809179				17858.76	17858.82
2013年总计	85486.63	1950.72	415765.90	12314.63	60.76	76.25	131851.96	346632.98	1375041.94	92233.83	1519.59	18328.63	

表 4-8 博州 2011 年与 2014 年土地利用转移矩阵

(单位：hm²)

	有林地	疏林地	灌木林地	未成林地	苗圃地	其他无立木林地	宜林地	耕地	牧草地	水域	未利用地	建设用地	2011 年总计
有林地	85426.05	12.92						0.10	0.00			47.63	85486.70
疏林地	87.95	19362.77							0.00				19450.72
灌木林地	355.31	46.01	414974.67				0.00	371.26	4.02	6.20		16.00	415773.47
未成林地				12310.06				0.13				4.44	12314.63
苗圃地					59.23							1.53	60.76
其他无立木林地						49.59						26.65	76.25
宜林地	51.54	104.46	1640.21				130054.98	0.65	0.06			0.04	131851.94
耕地	499.87		4.51					338025.30	1.37			4994.64	343541.94
牧草地	121.74	16.31	1056.97	14.67	1.58		0.00	14379.85	1359238.38	239.69	0.09	3254.22	1378307.25
水域									287.88	92233.83			92521.71
未利用地			11.39						0.04		1508.15		1519.58
建设用地	0.23							239.72	0.03	22.09		17596.74	17858.81
2014 年总计	86542.69	19542.47	417687.75	12324.73	60.81	49.59	130054.98	353017.02	1359531.78	92501.81	1508.24	25941.89	

表 4-9 博州 2011 年与 2015 年土地利用转移矩阵 (单位: hm²)

	有林地	疏林地	灌木林地	未成林地	苗圃地	其他无立木林地	宜林地	耕地	牧草地	水域	未利用地	建设用地	2011 年总计
有林地	85421.47	12.92						0.10	0.00			52.21	85486.70
疏林地	87.95	19362.77							0.00				19450.72
灌木林地	355.31	46.01	414967.24				0.00	371.26	4.02	6.20		23.43	415773.47
未成林地				12310.06								4.47	12314.63
苗圃地					59.23			0.10				1.53	60.76
其他无立木林地						49.59						26.66	76.25
宜林地	51.54	104.46	1640.21		1.58		130036.40	0.65	0.06			18.62	131851.94
耕地	490.74	4.51		14.67				337542.49	0.53			5487.42	343541.94
牧草地	121.74	16.31	1056.97				0.00	16091.06	1357297.31	315.24	0.09	3408.53	1378307.25
水域									287.88	92233.83			92521.71
未利用地			11.39					0.04			1508.15		1519.58
建设用地	0.23							93.08	0.03	22.09		17743.38	17858.81
2015 年总计	86528.98	19542.47	417680.32	12324.73	60.81	49.59	130036.40	354098.74	1357589.87	92577.36	1508.24	26766.25	

表 4-10　博州中高山 2011~2015 年土地利用情况表　　（单位：hm²）

	有林地	疏林地	灌木林地	宜林地	牧草地	未利用地	总计
2011 年	8853.04	846.41	29437.40	10213.03	371049.28	416.06	420815.22
2013 年	8853.04	846.41	29437.40	10213.03	371049.28	416.06	420815.22
2014 年	8963.05	862.23	29330.28	10207.61	371038.09	413.96	420815.22
2015 年	8963.05	862.23	29330.28	10207.61	371038.09	413.96	420815.22

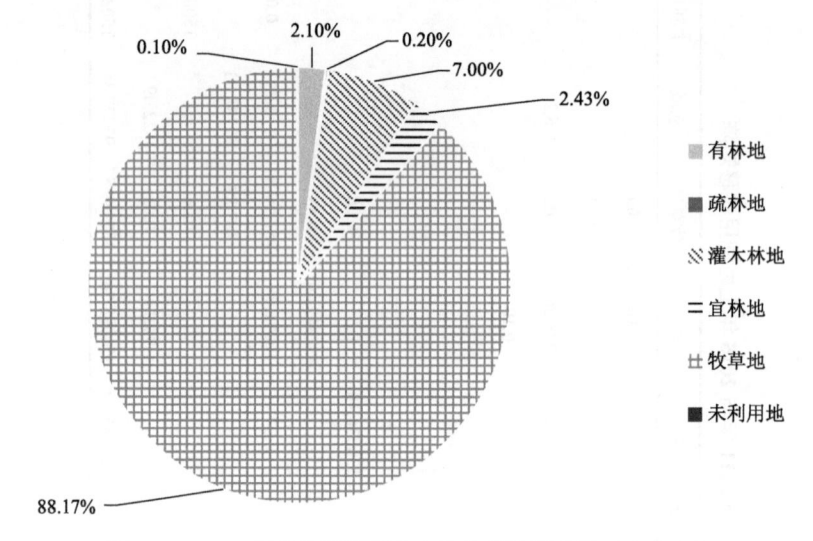

图 4-6　2011 年各地类面积占土地总面积百分比（中高山）

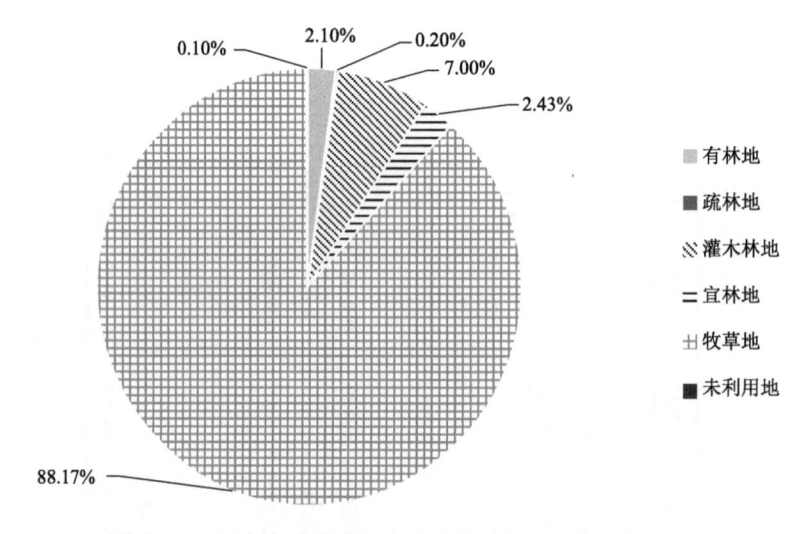

图 4-7　2013 年各地类面积占土地总面积百分比（中高山）

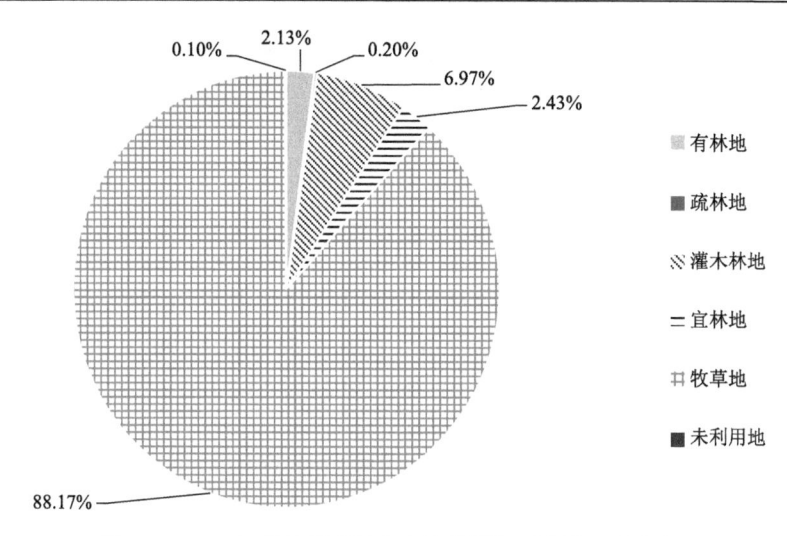

图 4-8 2014 年各地类面积占土地总面积百分比（中高山）

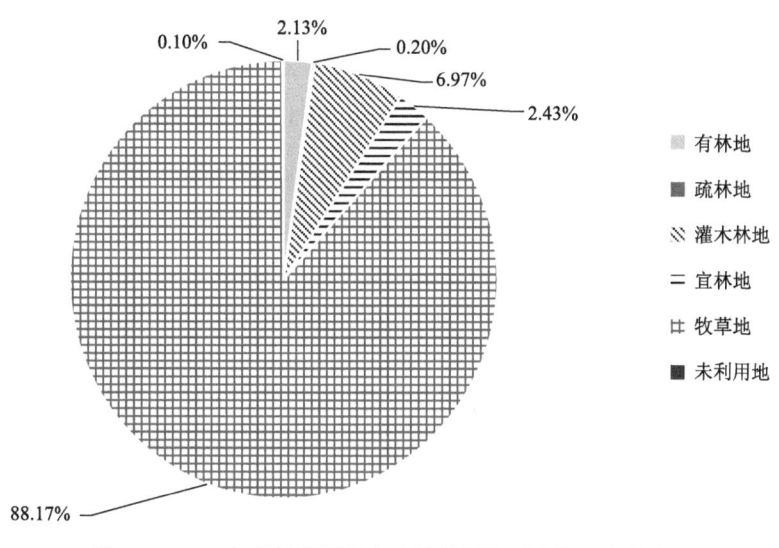

图 4-9 2015 年各地类面积占土地总面积百分比（中高山）

（2）中山（1000～2500 m）各地类面积。

博州中山土地总面积 932256.6 hm², 2011 年林业用地面积 279513.93 hm², 占土地总面积的 29.98%; 2013 年林业用地面积 279506.35 hm², 占土地总面积的 29.98%; 2014 年林业用地面积 279639.49 hm², 占土地总面积的 30.00%; 2015 年林业用地面积 279613.48 hm², 占土地总面积的 29.99%（表 4-11）。

2013 年，各林业用地情况为：有林地面积 61827.72 hm², 占林业用地面积 22.12%; 疏林地面积 5031.16 hm², 占林业用地面积 1.80%; 灌木林地面积 161534.42 hm², 占林业用地面积 57.79%; 未成林地面积 1611.56 hm², 占林业用地面积 0.58%; 苗圃地面积 36.84 hm², 占林业用地面积 0.01%; 宜林地面积 49464.65 hm², 占林业用地面积 17.70%。

非林业用地情况为：耕地面积 35336.13 hm², 牧草地 568212.64 hm², 水域 46456.41 hm², 未利用地 1085.24 hm², 建设用地 1659.83 hm²。2013 年与 2011 年相比, 耕地和建设用地有所增加, 灌木林地和牧草地有相应的减少（表 4-11）。

2014 年, 各林业用地情况为：有林地面积 62308.94 hm², 占林业用地面积 22.28%; 疏林地面积 5014.85 hm², 占林业用地面积 1.79%; 灌木林地面积 161304.42 hm², 占林业用地面积 57.68%; 未成林地面积 1611.48 hm², 占林业用地面积 0.58%; 苗圃地面积 36.84 hm², 占林业用地面积 0.01%; 宜林地面积 49362.96 hm², 占林业用地面积 17.65%。非林业用地情况为：耕地面积 40506.54 hm², 牧草地 562183.16 hm², 水域 46456.41 hm², 未利用地 1075.99 hm², 建设用地 2395.01 hm²。2014 年与 2011 年相比, 有林地、耕地和建设用地有所增加, 灌木林地、宜林地和牧草地有相应的减少（表 4-11）。

2015 年, 各林业用地情况为：有林地面积 62308.94 hm², 占林业用地面积 22.28%; 疏林地面积 5014.85 hm², 占林业用地面积 1.79%; 灌木林地面积 161296.98 hm², 占林业用地面积 57.69%; 未成林地面积 1611.49 hm², 占林业用地面积 0.58%; 苗圃地面积 36.84 hm², 占林业用地面积 0.01%; 宜林地面积 49344.38 hm², 占林业用地面积 17.65%。非林业用地情况为：耕地面积 40517.39 hm², 牧草地 562026.68 hm², 水域 46456.41 hm², 未利用地 1075.99 hm², 建设用地 2566.21 hm²。2015 年与 2011 年相比, 耕地和建设用地有所增加, 灌木林地和牧草地有相应的减少（表 4-11）。

表 4-11　博州中山 2011～2015 年土地利用情况表　　　　（单位：hm²）

	有林地	疏林地	灌木林地	未成林地	苗圃地	宜林地
2011 年	61827.71	5031.16	161542.01	1611.56	36.84	49464.65
2013 年	61827.72	5031.16	161534.42	1611.56	36.84	49464.65
2014 年	62308.94	5014.85	161304.42	1611.48	36.84	49362.96
2015 年	62308.94	5014.85	161296.98	1611.49	36.84	49344.38
	耕地	牧草地	水域	未利用地	建设用地	
2011 年	34841.19	568707.59	46456.41	1085.24	1652.24	
2013 年	35336.13	568212.64	46456.41	1085.24	1659.83	
2014 年	40506.54	562183.16	46456.41	1075.99	2395.01	
2015 年	40517.39	562026.68	46456.41	1075.99	2566.21	

2011～2015 年博州中山各地类占土地总面积百分比见图 4-10～图 4-13。

(3) 低山平原（1000 m 以下）各地类面积。

博州低山平原土地总面积 715158.37 hm², 2011 年林业用地面积 122589.20 hm², 占土地总面积的 17.14%。2013 年林业用地面积 122589.11 hm², 占土地总面积的 17.14%。2014 年林业用地面积 121793.41 hm², 占土地总面积的 17.30%。2015 年林业用地面积 123674.53 hm², 占土地总面积的 17.29%（表 4-12）。

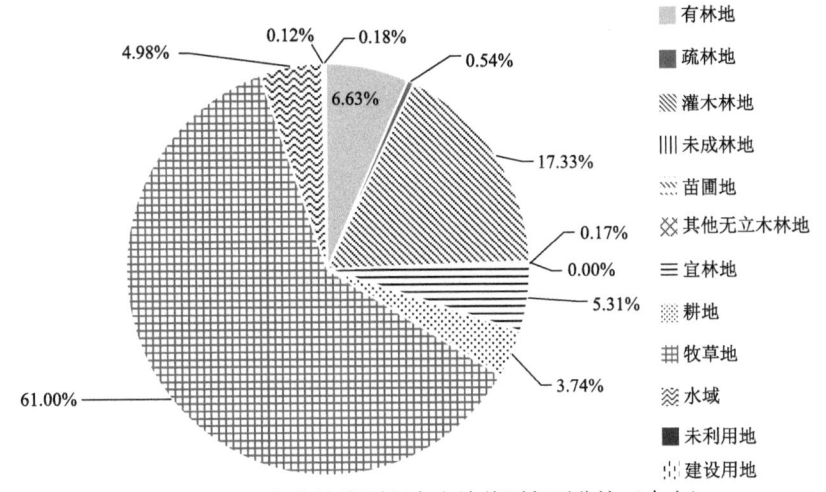

图 4-10　2011 年各地类面积占土地总面积百分比（中山）

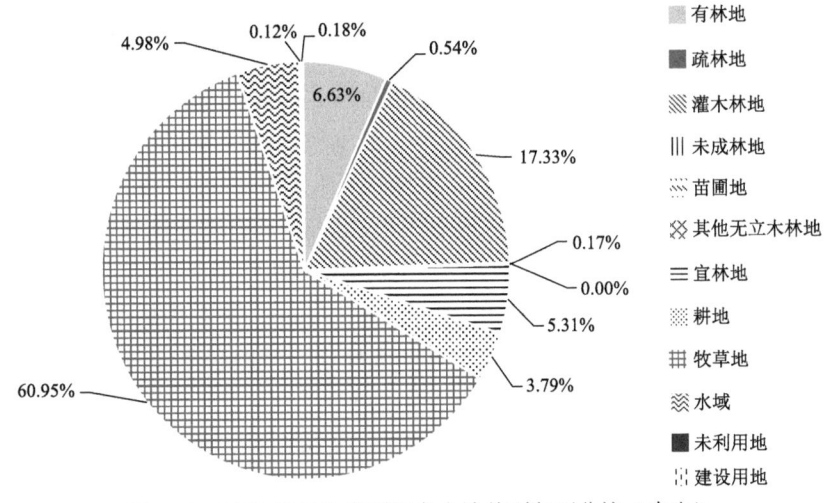

图 4-11　2013 年各地类面积占土地总面积百分比（中山）

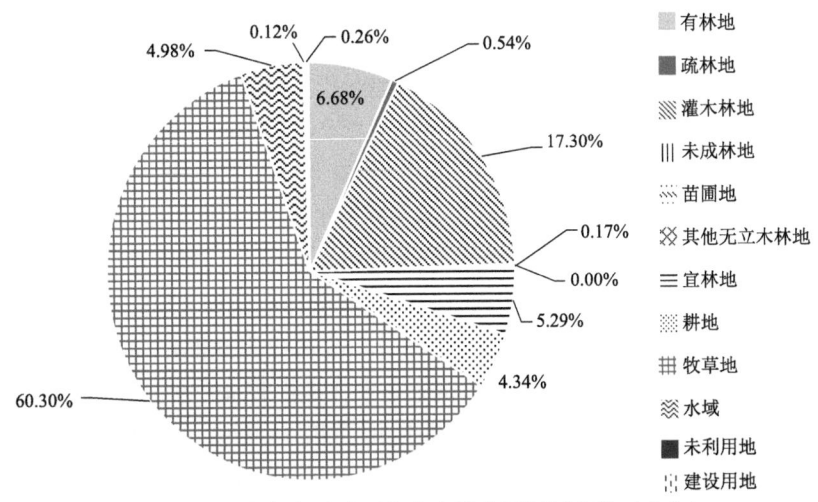

图 4-12　2014 年各地类面积占土地总面积百分比（中山）

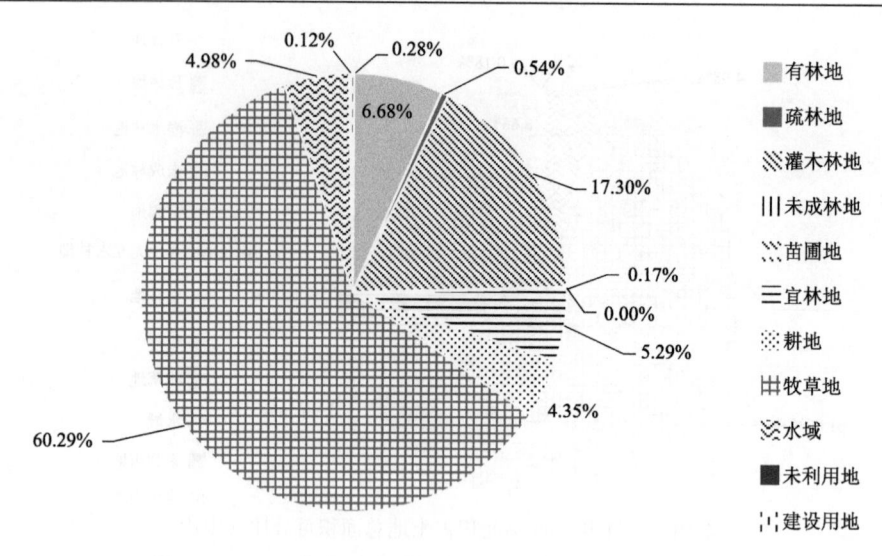

图 4-13　2015 年各地类面积占土地总面积百分比（中山）

2013 年，各林业用地情况为：有林地面积 7423.39 hm²，占林业用地面积 6.06%；疏林地面积 261.21 hm²，占林业用地面积 0.21%；灌木林地面积 86036.52 hm²，占林业用地面积 70.18%，未成林地面积 10698.68 hm²，占林业用地面积 8.73%；苗圃地面积 23.92 hm²，占林业用地面积 0.02%；其他无立木林地面积 76.25 hm²，占林业用地面积 0.06%；宜林地面积 18069.14 hm²，占林业用地面积 14.74%。非林业用地情况为：耕地面积 277179.37 hm²，牧草地 299942.18 hm²，水域 759.52 hm²，未利用地 18.29 hm²，建设用地 14669.90 hm²。2013 年与 2011 年相比，灌木林地、耕地和建设用地都有不同程度的增加，有林地和牧草地都有相应的减少（表 4-12）。

2014 年，各林业用地情况为：有林地面积 7423.39 hm²，占林业用地面积 6.37%；疏林地面积 261.21 hm²，占林业用地面积 0.21%；灌木林地面积 86030.32 hm²，占林业用地面积 70.73%；未成林地面积 10698.68 hm²，占林业用地面积 8.66%；苗圃地面积 23.92 hm²，占林业用地面积 0.02%；其他无立木林地面积 76.25 hm²，占林业用地面积 0.04%；宜林地面积 17279.64 hm²，占林业用地面积 13.97%。非林业用地情况为：耕地面积 278559.54 hm²，牧草地 291046.37 hm²，水域 940.32 hm²，未利用地 18.29 hm²，建设用地 21118.28 hm²。2014 年与 2011 年相比，有林地、灌木林地、耕地、水域和建设用地都有不同程度的增加，宜林地和牧草地都有相应的减少（表 4-12）。

2015 年，各林业用地情况为：有林地面积 7864.88 hm²，占林业用地面积 6.36%；疏林地面积 261.21 hm²，占林业用地面积 0.21%；灌木林地面积 87486.43 hm²，占林业用地面积 70.74%；未成林地面积 10708.86 hm²，占林业用地面积 8.66%；苗圃地面积 23.92 hm²，占林业用地面积 0.02%；其他无立木林地面积 49.59 hm²，占林业用地面积 0.04%；宜林地面积 17279.64 hm²，占林业用地面积 13.97%。非林业用地情况为：耕地面积 278559.54 hm²，牧草地 289260.94 hm²，水域 1015.87 hm²，未利用地 18.29 hm²，建设用地 21753.69 hm²。2015 年与 2011 年相比，有林地、灌木林地、耕地、水域和建设用地都有不同程度的增加，其他无立木林地、宜林地和牧草地都有相应的减少（表 4-12）。

表 4-12 博州低山平原 2011～2015 年土地利用情况表　　　（单位：hm²）

	有林地	疏林地	灌木林地	未成林地	苗圃地	其他无立木林地
2011 年	7423.49	261.21	86036.52	10698.68	23.92	76.25
2013 年	7423.39	261.21	86036.52	10698.68	23.92	76.25
2014 年	7423.39	261.21	86030.32	10698.68	23.92	76.25
2015 年	7864.88	261.21	87486.43	10708.86	23.92	49.59
	宜林地	耕地	牧草地	水域	未利用地	建设用地
2011 年	18069.13	277179.37	299942.18	759.52	18.29	14669.90
2013 年	18069.14	277179.37	299942.18	759.52	18.29	14669.90
2014 年	17279.64	278559.54	291046.37	940.32	18.29	21118.28
2015 年	17279.64	278559.54	289260.94	1015.87	18.29	21753.69

2011～2015 年博州低山平原各地类面积占土地总面积百分比见图 4-14～图 4-17。

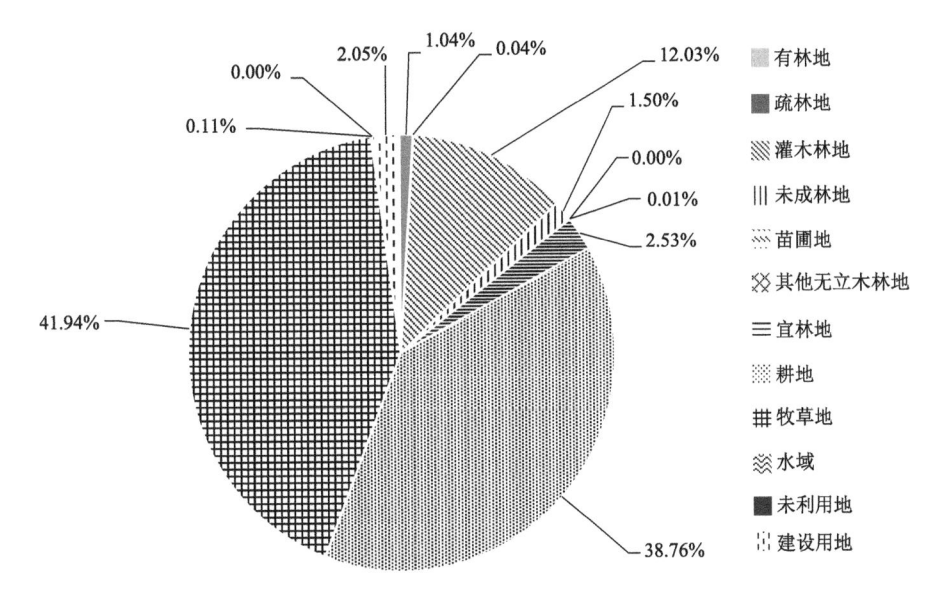

图 4-14　2011 年各地类面积占土地总面积百分比（低山平原）

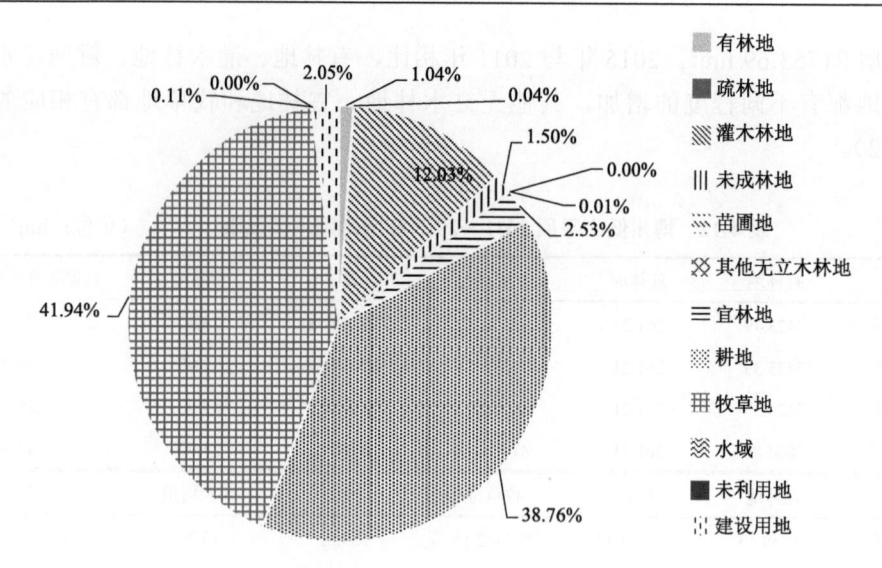

图 4-15 2013 年各地类面积占土地总面积百分比（低山平原）

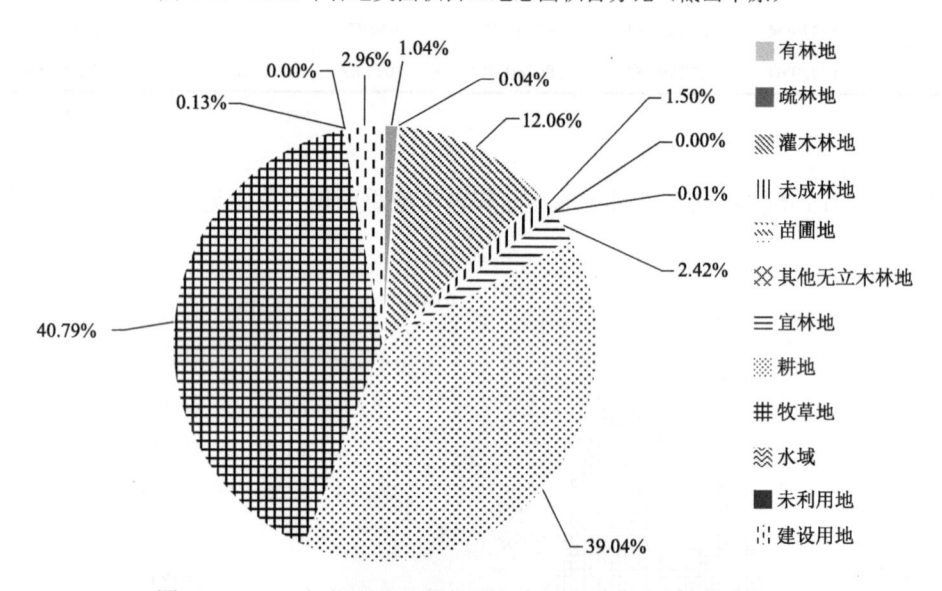

图 4-16 2014 年各地类面积占土地总面积百分比（低山平原）

(4) 湖滨湿地（艾比湖流域）各地类面积。

博州湖滨湿地土地总面积 369483.77 hm², 2011 年林业用地面积 213561.47 hm², 占土地总面积的 57.80%。2013 年林业用地面积 213561.47 hm², 占土地总面积的 57.80%。2014 年林业用地面积 213562.39 hm², 占土地总面积的 57.80%。2015 年林业用地面积 213562.39 hm², 占土地总面积的 57.80%（表 4-13）。

2013 年，各林业用地情况为：有林地面积 7382.46 hm², 占林业用地面积 3.46%；疏林地面积 13311.93 hm², 占林业用地面积 6.23%；灌木林地面积 138757.55 hm², 占林业用地面积 64.97%；未成林地面积 4.39 hm², 占林业用地面积比例很小；宜林地面积

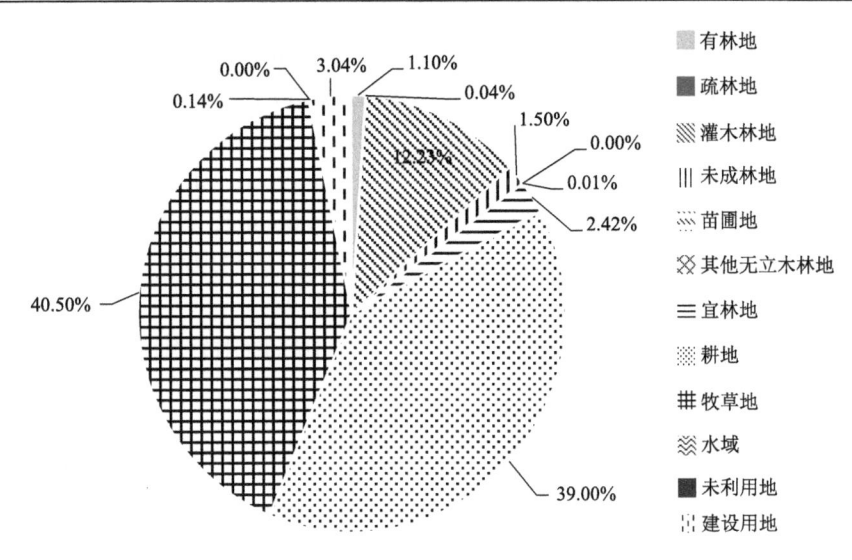

图 4-17　2015 年各地类面积占土地总面积百分比（低山平原）

54105.14 hm², 占林业用地面积 25.33%。非林业用地情况为：耕地面积 53.06 hm², 牧草地 110282.07 hm², 水域 45017.90 hm², 建设用地 569.28 hm²。2013 年与 2011 年相比，牧草地有所增加，水域有所减少，其他林业用地类型和非林业用地类型均未发生变化，牧草地增加的面积主要是来自水域的变更（表 4-13）。

2014 年，各林业用地情况为：有林地面积 7382.46 hm², 占林业用地面积 3.46%；疏林地面积 13404.17 hm², 占林业用地面积 6.28%；灌木林地面积 139566.62 hm², 占林业用地面积 65.35%；未成林地面积 4.39 hm², 占林业用地面积比例很小；宜林地面积 53204.75 hm², 占林业用地面积 24.91%。非林业用地情况为：耕地面积 296.85 hm², 牧草地 109812.57 hm², 水域 45035.30 hm², 建设用地 776.66 hm²。2014 年与 2011 年相比，疏林地、灌木林地、建设用地和耕地有所增加，宜林地、牧草地和水域有所减少（表 4-13）。

表 4-13　博州湖滨湿地（艾比湖）2011 年与 2015 年土地利用情况表　　（单位：hm²）

	有林地	疏林地	灌木林地	未成林地	宜林地
2011 年	7382.46	13311.93	138757.55	4.39	54105.14
2013 年	7382.46	13311.93	138757.55	4.39	54105.14
2014 年	7382.46	13404.17	139566.62	4.39	53204.75
2015 年	7382.46	13404.17	139566.62	4.39	53204.75
	耕地	牧草地	水域	建设用地	
2011 年	53.06	109994.18	45305.78	569.28	
2013 年	53.06	110282.07	45017.90	569.28	
2014 年	296.85	109812.57	45035.30	776.66	
2015 年	296.85	109812.57	45035.29	776.66	

2015 年，各林业用地情况为：有林地面积 7382.46 hm², 占林业用地面积 3.46%；疏林地面积 13404.17 hm², 占林业用地面积 6.28%；灌木林地面积 139566.62 hm², 占林业用地面积 65.35%；未成林地面积 4.39 hm², 占林业用地面积比例很小；宜林地面积 53204.75 hm², 占林业用地面积 24.91%。非林业用地情况为：耕地面积 296.85 hm², 牧草地 109812.57 hm², 水域 45035.29 hm², 建设用地 776.66 hm²。2015 年与 2011 年相比，疏林地、灌木林地、耕地和建设用地有所增加，宜林地、牧草地和水域有所减少，其他林业用地类型和非林业用地类型均未发生变化（表 4-13）。

2011～2015 年湖滨湿地（艾比湖）各地类面积占土地总面积百分比见图 4-18～图 4-21。

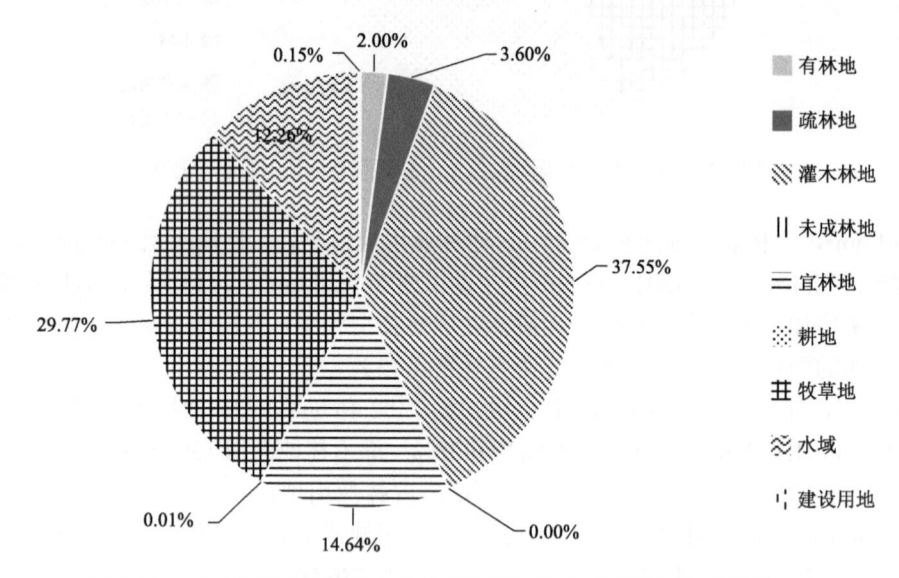

图 4-18 2011 年各地类面积占土地总面积百分比（湖滨湿地（艾比湖））

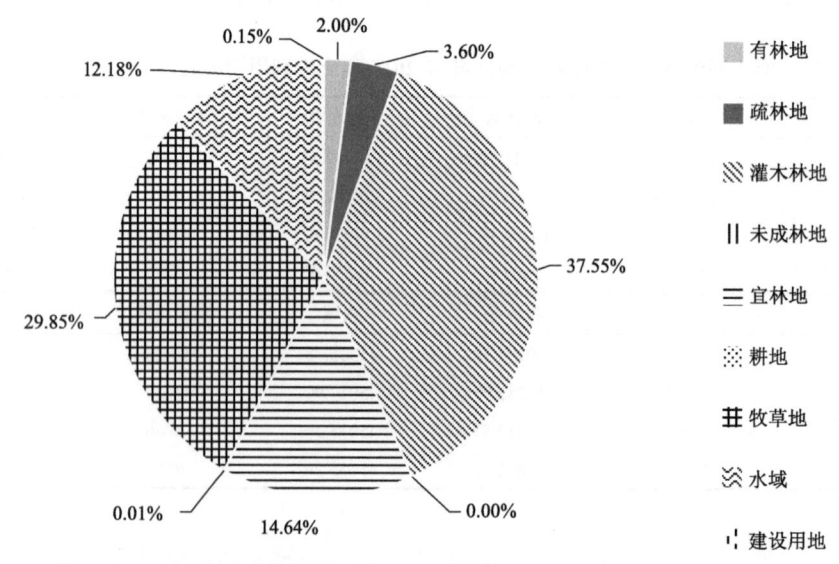

图 4-19 2013 年各地类面积占土地总面积百分比（湖滨湿地（艾比湖））

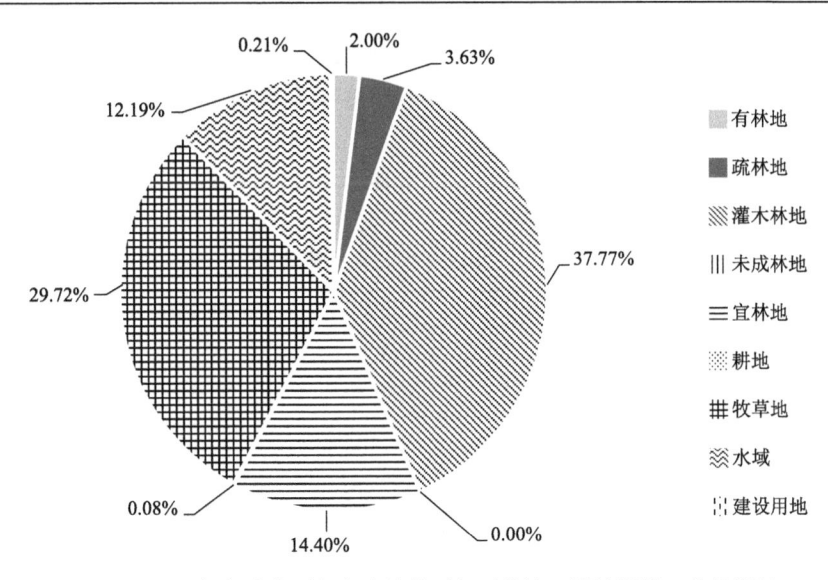

图 4-20 2014 年各地类面积占土地总面积百分比（湖滨湿地（艾比湖））

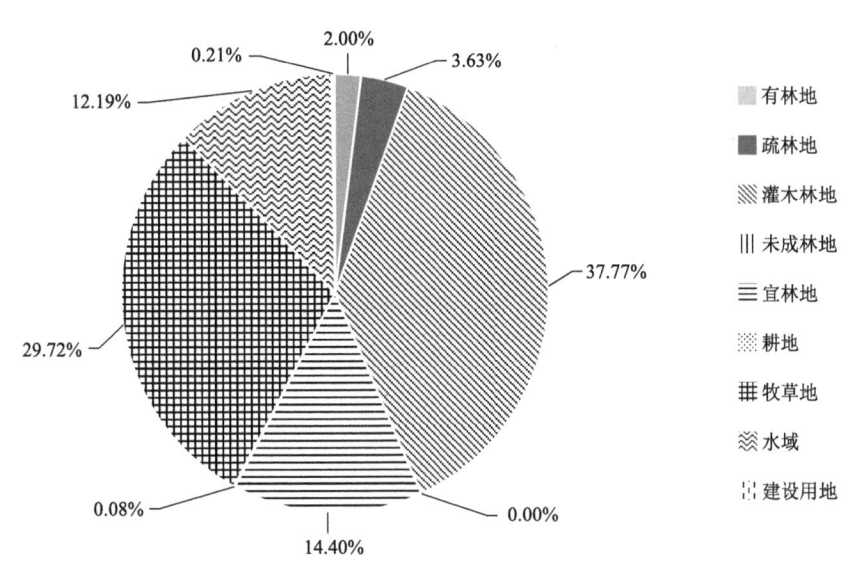

图 4-21 2015 年各地类面积占土地总面积百分比（湖滨湿地（艾比湖））

2. 森林植被覆盖度

2011~2015 年，全区森林覆盖度在 2013~2014 年呈上升趋势，2014~2015 年期间呈下降趋势。2011 年的森林覆盖率为 0.56，2013 年为 0.54，2014 年为 0.57，2015 年为 0.54（表 4-14~表 4-17）。

2011~2013 年，全区森林覆盖度呈下降趋势。2011 年全区森林覆盖度为 0.56，其中有林地覆盖度 0.64，疏林地覆盖度 0.57，灌木林地覆盖度 0.53（表 4-14）。2013 年全区森林覆盖度为 0.54，其中有林地覆盖度 0.60，疏林地覆盖度 0.54，灌木林地覆盖度 0.50（表 4-15）。

2013~2014 年，全区森林覆盖度呈上升趋势。2014 年全区森林覆盖度为 0.57，其中有林地覆盖度 0.71，疏林地覆盖度 0.61，灌木林地覆盖度 0.54（表 4-16）。

2014~2015 年，全区森林覆盖度呈下降趋势。2015 年全区森林覆盖度为 0.54，其中有林地覆盖度 0.67，疏林地覆盖度 0.57，灌木林地覆盖度 0.51（表 4-17）。

表 4-14　2011 年博州森林覆盖率

2011 年分类	总体覆盖度	有林地覆盖度	疏林地覆盖度	灌木林地覆盖度
全区	0.56	0.64	0.57	0.53
中高山（2500 m 以上）	0.53	0.64	0.64	0.62
中山（1000~2500 m）	0.58	0.65	0.65	0.59
低山平原（1000 m 以下）	0.58	0.65	0.57	0.49
湖滨湿地（艾比湖流域）	0.45	0.53	0.63	0.46

表 4-15　2013 年博州森林覆盖率

2013 年分类	总体覆盖度	有林地覆盖度	疏林地覆盖度	灌木林地覆盖度
全区	0.54	0.60	0.54	0.50
中高山（2500 m 以上）	0.52	0.61	0.62	0.61
中山（1000~2500 m）	0.55	0.61	0.62	0.55
低山平原（1000 m 以下）	0.57	0.65	0.58	0.46
湖滨湿地（艾比湖流域）	0.43	0.50	0.50	0.44

表 4-16　2014 年博州森林覆盖率

2014 年分类	总体覆盖度	有林地覆盖度	疏林地覆盖度	灌木林地覆盖度
全区	0.57	0.71	0.61	0.54
中高山（2500 m 以上）	0.59	0.73	0.73	0.65
中山（1000~2500 m）	0.59	0.73	0.76	0.59
低山平原（1000 m 以下）	0.61	0.70	0.62	0.48
湖滨湿地（艾比湖流域）	0.44	0.56	0.55	0.48

表 4-17　2015 年博州森林覆盖率

2015 年分类	总体覆盖度	有林地覆盖度	疏林地覆盖度	灌木林地覆盖度
全区	0.54	0.67	0.57	0.51
中高山（2500 m 以上）	0.54	0.69	0.66	0.66
中山（1000~2500 m）	0.55	0.69	0.71	0.55
低山平原（1000 m 以下）	0.59	0.69	0.60	0.47
湖滨湿地（艾比湖流域）	0.41	0.52	0.51	0.46

3. 森林资源变化

全区山地森林共设置 28 个监测样地，通过样地分析，25 个位于中山区域（1000～2500 m），3 个位于中高山区域（2500 m 以上）。2015 年植被覆盖度 79%，草本平均高 25 cm，灌木平均高 91 cm，云杉平均胸径 20.3 cm，平均树高 13.7 m，根据 2013 年、2014 年与 2015 年监测对比，云杉年蓄积增长量为 4.2 m³/hm²（表 4-18）。

表 4-18 监测样地基本情况表

样地号	地类	优势树种	平均年龄	平均胸径/mm	平均树高/cm	蓄积/（m³/hm²）
33484	有林地	云杉	178	361.7	196	209.4
33516	有林地	云杉	118	272.2	202	342.8
34294	有林地	云杉	100	256.9	152	182.6
34599	有林地	云杉	148	282.9	235	362.6
34625	有林地	云杉	88	124.5	69	60.9
34732	有林地	云杉	115	177.4	163	275.1
34759	有林地	云杉	43	154.3	76	43.4
35828	有林地	云杉	108	144.7	96	182.5
35893	有林地	云杉	135	265.2	215	215.1
35974	有林地	云杉	128	238.1	124	221.4
36094	有林地	云杉	125	189.9	132	236.6
36096	有林地	云杉	115	202.9	92	176.3
36108	有林地	云杉	168	149.5	82	58.3
36116	有林地	云杉	111	162.9	110	244.1
36120	有林地	云杉	131	143.4	98	106.6
36158	有林地	云杉	140	159.9	122	105.0
36220	有林地	云杉	166	225.9	160	259.4
36317	有林地	云杉	145	173.2	97	185.8
36356	有林地	云杉	140	187.7	111	95.4
36358	有林地	云杉	146	186.1	108	95.3
36374	有林地	云杉	168	216.9	120	193.5
36425	有林地	云杉	98	133.7	100	69.5
36457	有林地	云杉	125	242.6	200	159.4
36459	有林地	云杉	160	230.1	155	192.3
32498	有林地	云杉	158	299.4	246	348.8
33386	有林地	云杉	116	171.4	91	77.2
33396	有林地	云杉	65	140.6	129	158.7
33428	有林地	云杉	147	198.4	142	308.7

4.3.4 森林资源环境

1. 各坡度坡向森林资源分布情况

根据博州地区 DEM 得到整个博州区域的坡度、坡向分布，根据不同坡度、不同坡向，将博州区域坡度、坡向分级图与森林资源数据叠加，得到博州区域植被分布情况。

按森林的垂直地带性特点将全区分为两种森林类型：山地森林（海拔>1000 m）和平原荒漠林（海拔≤1000 m）。

1) 各坡度森林资源分布情况

在山地森林类型中，有林地在斜坡、陡坡和急坡中所占的面积比例较大，分别为 18.74%、24.32%和 21.41%；疏林地在斜坡、陡坡和急坡中所占的面积比例较大，分别为 18.83%、28.20%和 22.80%；灌木林地在各坡度中所占比例大小沿角度的增大而逐渐递减（平坡除外），即缓坡>平坡>斜坡>陡坡>急坡>险坡，比例大小分别为 27.84%、25.91%、17.00%、15.13%、10.39%和 3.73%；未成林地在平坡所占面积比例最大，为 96.28%，其次是缓坡为 1.81%，在斜坡、陡坡、急坡和险坡中分布面积均很小；苗圃地分布情况与未成林地类似，在平坡所占面积比例最大，为 82.06%，其次是缓坡为 11.48%，在斜坡分布比例为 5.74%，陡坡中分布面积很小，在急坡和险坡中不分布苗圃地；其他无立木林地全部分布在平坡，其他坡度不分布；宜林地在各坡度中所占比例大小沿角度的增大而逐渐递减，即平坡>缓坡>斜坡>陡坡>急坡>险坡，比例大小分别为 36.30%、27.55%、14.15%、11.96%、7.81%和 2.23%（表 4-19）。

表 4-19 2015 年博州山地森林不同坡度林业用地分布情况表　　（单位：%）

坡度	有林地	疏林地	灌木林地	未成林地	苗圃地	其他无立木林地	宜林地
平坡（<5°）	11.93	9.81	25.91	96.28	82.06	100.00	36.30
缓坡（5~14°）	13.88	12.94	27.84	1.81	11.48		27.55
斜坡（15~24°）	18.74	18.83	17.00	0.92	5.74		14.15
陡坡（25~34°）	24.32	28.20	15.13	0.51	0.72		11.96
急坡（35~44°）	21.41	22.80	10.39	0.23			7.81
险坡（≥45°）	9.72	7.42	3.73	0.25			2.23

在平原荒漠林森林类型中，有林地主要集中在平坡，所占面积比例为 99.26%，在缓坡、斜坡、陡坡和急坡中均分布很少，在险坡中不分布；疏林地也主要集中在平坡，所占面积比例为 99.24%，在缓坡、斜坡、陡坡中均分布很少，在急坡和险坡中不分布；灌木林地也主要集中在平坡，所占面积比例为 87.87%，其次是缓坡为 10.30%，在斜坡、陡坡、急坡和险坡均有少量分布；未成林地主要分布在平坡和缓坡，分布为 85.82%和 13.96%，在斜坡中有少量分布，在陡坡、急坡和险坡中不分布；苗圃地和其他无立木林地主要集中分布在平坡，其他坡度均不分布；宜林地主要分布在平坡和缓坡，分布为 87.06%和 12.20%，斜坡、陡坡和急坡中有少量分布，在险坡中不分布（表 4-20）。

表 4-20　2015 年博州平原荒漠林不同坡度林业用地分布情况表　　（单位：%）

坡度	有林地	疏林地	灌木林地	未成林地	苗圃地	其他无立木林地	宜林地
平坡（<5°）	99.26	99.24	87.86	85.82	100.00	100.00	87.06
缓坡（5~14°）	0.68	0.72	10.30	13.96			12.20
斜坡（15~24°）	0.03	0.03	1.52	0.22			0.65
陡坡（25~34°）	0.02	0.01	0.26				0.08
急坡（35~44°）	0.01		0.05				0.01
险坡（≥45°）			0.01				

2）各坡向森林资源分布情况

在山地森林类型中，有林地在各坡向分布比例大小依次为北坡>东坡>西坡>东北坡>无坡向>西北坡>南坡>东南坡>西南坡，分别为 20.47%、19.67%、18.79%、11.37%、11.04%、10.37%、3.36%、2.62%和 2.31%；疏林地在各坡向分布比例大小依次为东坡>西坡>北坡>东北坡>无坡向>南坡>西北坡>东南坡>西南坡，分别为 23.86%、19.31%、10.02%、9.48%、8.93%、8.32%、8.23%、6.12%和 5.73%；灌木林地在各坡向分布比例大小依次为东坡>南坡>西坡>东南坡>无坡向>北坡>东北坡>西南坡>西北坡，分别为 23.41%、16.49%、15.23%、9.87%、9.24%、8.34%、7.00%、6.26%和 4.16%；未成林地在各坡向分布比例大小依次为东坡>无坡向>南坡>东北坡>北坡>东南坡>西坡>西北坡>西南坡，分别为 22.29%、19.89%、16.98%、10.89%、9.32%、9.00%、6.32%、3.76%和 1.55%；苗圃地在各坡向分布比例大小依次为东坡>无坡向>东北坡>北坡>西坡>东南坡>西北坡>南坡>西南坡，分别为 28.94%、21.29%、12.92%、9.57%、7.18%、6.94%、6.70%、5.26%和 1.20%；其他无立木林地在各坡向分布比例大小依次为无坡向>东坡>南坡>东南坡>东北坡>西坡>西南坡>北坡>西北坡，分别为 25.09%、23.66%、13.91%、12.49%、8.20%、6.31%、5.11%、2.85%和 2.38%；宜林地在各坡向分布比例大小依次为东坡>南坡>西坡>东南坡>无坡向>东北坡>北坡>西南坡>西北坡，分别为 24.18%、21.33%、12.04%、10.50%、9.84%、7.23%、6.59%、5.63%和 2.66%（表 4-21）。

表 4-21　2015 年博州山地森林不同坡向林业用地分布情况表　　（单位：%）

坡向	有林地	疏林地	灌木林地	未成林地	苗圃地	其他无立木林地	宜林地
无坡向	11.04	8.93	9.24	19.89	21.29	25.09	9.84
北坡	20.47	10.02	8.34	9.32	9.57	2.85	6.59
东北坡	11.37	9.48	7.00	10.89	12.92	8.20	7.23
东坡	19.67	23.86	23.41	22.29	28.94	23.66	24.18
东南坡	2.62	6.12	9.87	9.00	6.94	12.49	10.50
南坡	3.36	8.32	16.49	16.98	5.26	13.91	21.33
西南坡	2.31	5.73	6.26	1.55	1.20	5.11	5.63
西坡	18.79	19.31	15.23	6.32	7.18	6.31	12.04
西北坡	10.37	8.23	4.16	3.76	6.70	2.38	2.66

在平原荒漠林森林类型中，有林地在各坡向分布比例大小依次为无坡向>东坡>西坡>南坡>东北坡>东南坡>北坡>西北坡>西南坡，分别为 24.42%、18.41%、13.27%、10.08%、8.93%、6.91%、6.74%、5.98%和 5.26%；疏林地在各坡向分布比例大小依次为无坡向>西坡>东坡>南坡>西北坡>西南坡>北坡>东北坡>东南坡，分别为 25.69%、17.34%、13.85%、10.38%、7.24%、7.13%、6.75%、6.47%和 5.15%；灌木林地在各坡向分布比例大小依次为无坡向>东坡>西坡>北坡>南坡>东北坡>西北坡>西南坡>东南坡，分别为 21.55%、15.62%、15.51%、13.18%、9.29%、8.22%、6.30%、6.21%和 4.12%；未成林地在各坡向分布比例大小依次为无坡向>东坡>西坡>东北坡>东南坡>西北坡>北坡>南坡>西南坡，分别为 20.30%、16.78%、16.62%、10.65%、9.32%、9.24%、7.11%、6.18%和 3.80%；苗圃地在各坡向分布比例大小依次为无坡向>南坡>东坡>西坡>西南坡>东南坡>东北坡>西北坡>北坡，分别为 25.83%、19.19%、18.45%、12.55%、9.96%、7.75%、2.58%、2.21%和 1.48%；其他无立木林地在各坡向分布比例大小依次为无坡向>东坡>南坡>东南坡>东北坡>西坡>西南坡>西北坡>北坡，分别为 25.09%、23.66%、13.91%、12.49%、8.20%、6.30%、5.95%、2.38%和 2.02%；宜林地在各坡向分布比例大小依次为东坡>无坡向>西坡>南坡>东北坡>西南坡>北坡>东南坡>西北坡，分别为 18.10%、17.60%、17.46%、11.31%、8.62%、8.43%、7.12%、5.70%和 5.66%（表 4-22）。

表 4-22　2015 年博州平原荒漠林不同坡向林业用地分布情况表　　（单位：%）

坡向	有林地	疏林地	灌木林地	未成林地	苗圃地	其他无立木林地	宜林地
无坡向	24.42	25.69	21.55	20.30	25.83	25.09	17.60
北坡	6.74	6.75	13.18	7.11	1.48	2.02	7.12
东北坡	8.93	6.47	8.22	10.65	2.58	8.20	8.62
东坡	18.41	13.85	15.62	16.78	18.45	23.66	18.10
东南坡	6.91	5.15	4.12	9.32	7.75	12.49	5.70
南坡	10.08	10.38	9.29	6.18	19.19	13.91	11.31
西南坡	5.26	7.13	6.21	3.80	9.96	5.95	8.43
西坡	13.27	17.34	15.51	16.62	12.55	6.30	17.46
西北坡	5.98	7.24	6.30	9.24	2.21	2.38	5.66

2. 土壤情况

全区土壤主要为半淋溶土纲、钙层土纲、石膏盐层土纲、水成土纲、半水成土纲、盐碱土纲、岩成土纲、高山土纲共 8 个土纲。土类主要为褐土、黑钙土、栗钙土、棕钙土、灰钙土、灰漠土、灰棕漠土、沼泽土、潮土、灌淤土、草甸土、盐土、碱土、胡杨林土、荒漠灌木林土、风沙土、高山草甸土和亚高山草甸土共 18 个。

在中高山（2500 m 以上）区，主要为高山土纲和半淋溶土纲 2 种，土壤亚类主要为高山草甸土、亚高山草甸土、山地灰褐森林土。

中山（1000~2500 m）区，主要为钙层土纲和半淋溶土纲 2 种，土壤亚类主要为栗钙土、山地栗钙土、棕钙土、灰钙土、灰褐土。

低山平原（1000 m 以下）区，主要为钙层土纲、岩成土纲、盐碱土纲、石膏盐层土纲、半水成土纲共 5 种。土壤亚类在低山平原区主要为栗钙土、棕钙土、灰钙土、风沙土、盐土、灰棕色荒漠土和荒漠灰钙土；土壤亚类在中部绿洲多为黑潮土、灰潮土、脱潮灌淤土、盐潮土、灰漠土、灌淤灰漠土等；土壤亚类在冲积扇下部多为冲积砾石土、草甸沼泽土和盐化草甸土。

湖滨湿地（艾比湖流域）区，主要为盐碱土纲、钙层土纲、岩成土纲、半水成土纲、水成土纲 4 种，土壤亚类主要为盐碱土、灰钙土、胡杨林土、荒漠灌木林土、风沙土、带盐盖风沙土、灰漠土、盐化草甸土、盐化沼泽土、碱土及盐土。

3. 林木病虫害情况

1）主要害虫有

　　黄古毒蛾　*Orgyia dubia*（Tauscher）
　　梭梭麦蛾　*Scrobipalpa* sp.
　　比安尼夜蛾　*Anydrophila imitatyix* Christoph
　　弧目大蚕蛾　*Neoris haraldi*（Schawerda）
　　梭梭漠尺蛾　*Desertobia heloxylonia*（Xue）
　　梭梭瘿蚊　*Haloxylonomyia* sp.
　　梭梭百灵瘿蚊　*Asiodipiplosis* sp.
　　梭梭大木虱　*Caillardia* sp.
　　梭梭蚜虫　*Xerophylaphis* sp.
　　梭梭绿叶甲　*Isopyronora connicicolis* Web.
　　梭梭绿吉丁虫　*Sphenoptera potanini* Jacobi
　　梭梭绵蚧　*Pulvinaria* sp.
　　梭梭木蠹蛾　*Holcoceru* sp.
　　土栖吉丁虫　*Julodis variolaris* Pall
　　橙带鹿蛾　*Amata caspia* Staudinger
　　柽柳条叶甲　*Dirnabda elongatadeserticola* Chen
　　柽柳白盾蚧　*Adisscodiaspis tamaricila* Mal
　　柽柳谷蛾　*Amblypalpis tamaricella* Dan
　　柽柳白筒象　*Lio-cleonus clathratus*（Olivier）
　　胡杨枝瘤木虱　*Trioza* sp.
　　胡杨叶瘤木虱　*Egeioro troza*

2）主要病害有

　　梭梭白粉病　*Leveillula haxaouli*（Sorok.）Golov.
　　梭梭黑枯病　*Camarosporium paletzkii* Sereb.
　　梭梭枝枯病　*Stagnosporopsis haloxyli* Syd.
　　胡杨锈病　*Mclampsora　pruinosae* Tram

3）荒漠植物病害名录（按树种编号）
（1）胡杨 Populus euphratica
　　锈病 Mclampsora pruinosae Tram
　　斑枯病 Septoria populi Desm
　　烂皮病 Cytospra chrysoperma（pers）Fr
　　立木腐巧病 Inonotus hispidus（Bull.exFr.）Tram
（2）沙枣 Elaeagnus oxycarpa Schlecht
　　褐斑病 Septoria arggraa Sacc
　　枝枯病 Cytospora elaeagni Allesch
（3）梭梭柴 Hqloxylon ammodendron（C.A.May）Bange
　　白棱棱 Hqloxylon perisicum Bunge ex Boiss etBubse
　　白粉病 Lqveillula saxaouli（Sorok）Golou
　　枝黑枯病 Stagonospropsis hqloxyi Sya
　　锈病 Uromyces sp.
　　根腐病 Fasarium sp.
　　粗灰钉 Battrrea Stevenii（Libosch）Fr
　　草丛蓉 Boschiakia rossica（cham.et Scnleckrd）B.Fedtsch
　　锁阳 Cynomoricum rupr
　　单柱菟丝子 Cuscuta monogvna Vahl
（4）柽柳属 Tamarix L.
　　叶枯病 Ascochyta tamaricis Golov
　　枝枯病 Cytospora tamaricella Syd
　　锁阳 Cynomorium songaricum Pcupr
　　单柱菟丝子 Cuscuta monogvna Vanl
（5）骆驼刺属 Alnagi sp.
　　白粉病 Trichocladia qlnagi Szembel
　　叶枯病 Septoriq alnagi Golov
　　田间菟丝子 Cuscuta campestris Junker
（6）白刺属 Nitraria L.
　　锈病 Aecidium nitraria Pot
　　白粉病 Leveillula taurica Am
　　锁阳 Cynomorium songaricum Pcupr
（7）铃铛刺 Halimodendron halodendron（Pqll）Voss
　　枝枯病 Cytospora halimodendri Kravt
　　叶肿病 Pnysalosporin hailimodendri Murash
　　锁阳 Cynomorium songaricum Pcupr
　　单柱菟丝子 Cuscuta monogvna Vanl
（8）风毛菊 Sauaaurea sp.

锈病　*Puccinia saussuyeae*　Thuem
(9) 芦苇　*Phragmites communis*　Tyin
　　条斑锈病　*Puccinia isiaeae*（ihuem）Wint
　　狭基柄锈病　*Puccinia moriokaensis*　Lto
(10) 椒蒿　*Artemisia* sp.
　　白粉病　*Erysiphe artimisiae*（wallr）Grer
　　锈病　*Puccinia draunculina*　Fahrend
(11) 顶羽菊　*Acroptilon* sp.
　　锈病　*Puccinia acroptili*　Syd
(12) 玄参
　　白粉病　*Leveillula scrophuloyiaceayum*　Golov
(13) 补血草　*Plumbago* sp.
　　锈病　*Uromyces limonii*（DC.）Lev
(14) 小獐草　*Aeluropus pungens*（M.Bieb.）Koh
　　锈病　*Puccinia aeluropodis*　Ricker
(15) 骆驼蹄板　*Zygophyllum* sp.
　　白粉病　*Leveillula taurica*（Ler）Arn
(16) 甘草　*Suainsona salsula*　Taubert
　　锈病　*Uromyces sphaerophysae*　Pospelov
(17) 木蓼　*Atiaphaxis* L.
　　枝锈病　*Llromyces* sp.
(18) 驼绒藜　*Krascheninnikovia ceratoides*
　　白粉病　*Leveillula chenpodiacearum*　Golov
　　藜枝瘤锈病　*Llromyces* sp.
(19) 猪毛菜　*Salsola* L.
　　锈病　*Llromyces salsolas*　Reich
(20) 木碱蓬　*Suaeda dendroides*（C.A.Mey.）Moq
　　锈病　*Uromyces chenopodii*（Duby）Schroet
(21) 天门冬　*Asparagus cochinchinensis*
　　锈病　*Puccinia asparagi*　DC

4) 主要林业有害生物（优势种）

通过本次调查基本上摸清了艾比湖有害生物的种类、虫态、危害程度等。不同生境昆虫种类和优势种也不同，胡杨纯林和胡杨梭梭混交林中的优势种是弧目大蚕蛾、杨裳叶蛾、胡杨木虱。梭梭纯林中天化吉丁是优势种。柽柳纯林中的优势种是小花斑芫青和杨兰叶甲。

4.3.5 野生动物生存环境

动物足迹与活动痕迹、样地及周边范围动物出现频次、主要通道与饮水区域人为活动情况等。

博州野生动物资源较丰富，有野生动物上百种。初步查明珍稀野生动物有 3 纲、10 目、17 科、39 种。其中属国家一级保护动物 9 种（紫貂、雪豹、北山羊、金雕、白肩雕、玉带雕、胡兀鹫、河狸、大鸨），二级保护动物 27 种（主要有棕熊、石貂、雪兔、高山雪鸡、马鹿、大天鹅、小天鹅、新疆北鲵等）；属自治区一级保护动物 2 种（赤狐和白鼬），二级保护动物 1 种。

博州虽然野生动物资源较丰富，但由于人类的猎杀和人为的破坏，动物对现存的生活环境不适应，动物在数量上有所下降。近几年来，博州政府加大了保护力度来预防人们对珍贵药材的开采和野生动物的猎杀，但偷盗现象依然存在。

第5章 生态服务价值评估

联合国于2005年4月3日发布的《千年生态系统评估报告》中表明,全球生态服务价值的2/3以上皆处于不断减少的状态,且这种状态预计在未来50年内也不能有效改变(Durai,2005;Carpenter,2005)。自中国改革开放以来,西北部地区响应西部大开发的号召,其工业发展不断加速,大量工厂林立,城市化现象不断凸显,农业人口转向城镇人口,建设用地和耕地扩张,使得其他地类面积被强行占用,乱牧乱伐现象的出现及人口数量与社会经济的快速发展使得人地矛盾日益突出。人类的发展改变土地利用方式并占用大量土地资源(Camacho and Pérez-Barahona,2015),对生态系统的结构和功能产生影响。经济化进程不仅需要大量的资源来支撑,而且还需向生态环境中排放废弃物,从而引发了一系列的生态环境问题,导致自然界遭受的破坏程度加大,许多地区生态系统服务能力出现明显的下降(Chen,2015;Tsai et al.,2015)。生态系统服务是指其结构、功能或生态过程能直接或间接为人类生存所需提供必要的产品和服务,更重要的是维持地球生物圈运行。生态系统服务是无可替代的,它是生命支持的源泉,社会发展的奠基石,并受限于科技发展水平(欧阳志云等,1999;吴海珍等,2011)。生态服务功能与人类的福祉息息相关,其只有很小一部分流入到商业市场,大部分由于夹带着浓厚的公益性,并不能通过货币化的形式展现出来(谢高地等,2008)。这些未能通过市场货币化展示的生态服务功能往往不能得到人们的重视而被忽略掉,从而导致自然资源在被人类开发利用过程中受到肆无忌惮的开采与破坏,相应的生态系统服务也遭受到严重的破坏(赵军,2005)。生态服务功能的延续是可持续发展的根本,而可持续发展的核心则是维持与保护自然环境(宗跃光等,2002;Wang et al.,2016),就是利用生态服务功能来调节与维持地球生命支持系统的可持续性(欧阳志云和王如松,1999)。自国家层面提出绿色GDP概念以来,人类对生态保护的认识度越来越高,有关生态服务价值估算的研究在国内外相继展开,从经济角度评估生态服务功能更容易加深人们对其重要性的认可(Kronenberg,2014),也有利于政府机构制订相关的生态环境保护及自然资源利用政策,防止生态环境承受重大的破坏压力(李露然,2015;王敏,2015)。因而,将生态服务功能进行正确的评估,将有利于更加合理化探索自然生态系统与社会经济系统间的联系,为社会经济可持续发展的决策提供科学的理论依据(谭君,2013)。

由于生态服务功能与人类的福祉息息相关,全球生态服务价值变化的严峻形势已经引起人们对生态服务功能的高度重视。1991年国际科学联合会环境问题科学委员会(SCOPE)对生物多样性间接经济价值进行估算,会议召开后国际上对生物多样性和生态服务功能的价值估算研究逐渐增多(Pearce,1993;Green et al.,1998)。1998年Costanza等13位学者对全球生态服务价值的估算方法与结果在 *Nature* 期刊刊登后,自然资源和生态服务价值的概念及其定量评估方法的研究在国际上得到了广泛重视(Costanza et al.,1998)。2004年,美国生态学会将生态服务价值的研究视为第一个急需解决的生态学重点研究（Palmer et al.，2004）。2009 年，在联合国环境规划署（UNEP）的策划下搭建了关于生物多样性和生态系统服务在国际政府间的科学决策平台（IPBES）（傅伯杰和张立伟，2014）。2013 年召开的第 11 届生态学大会（INTECOL congress）指出，生态服务价值的估算对环境安全和社会可持续发展起到调节作用。所以，当前生态学与生态经济学研究的热点之一就是对区域生态服务价值进行评估。虽在指标体系构建和参数选择上有所差异，但参照的方法基本上都是 Costanza 等的研究方法。主要表现为借用 Costanza 评估模型，采用各种各样的方法估算不同土地利用/覆被类型生态服务价值，从而求得各中小尺度区域的总生态服务价值（欧阳志云等，2013；吴腾飞等，2015）。大部分的研究方法皆基于经济学和生态学的理论基础上，并没有结合 RS 与 GIS 技术对研究区生态服务价值在地理空间上进行展示，以更加直观展现生态服务价值的时空分布特征。

博尔塔拉蒙古自治州（以下简称博州）地处欧亚大陆干旱半干旱气候带，位于脆弱的荒漠区。州内艾比湖湿地是国家级重点自然保护区，集荒漠化物种分布、野生动物和鸟类的迁徙栖息地于一体，成为北疆第一大生态退化区和风沙的重要策源地（李磊和李艳红，2013；杨云良等，1996）。博州作为独特的典型生态敏感地理单元，在基于 RS 与 GIS 技术基础上，研究其土地利用/覆被变化、气候因素及社会经济因素对生态服务价值的影响对于我国整个西北地区的生态环境有着重要的指示作用。

5.1 研究内容与研究方法

5.1.1 研究内容

本书以 1992~2013 年为研究时段，利用 GIS 和 RS 技术手段对 1992 年、2000 年和 2013 年三期遥感影像进行解译分析，并提取土地利用/覆被信息。对博州近 22 年来的土地利用/覆被变化、景观格局演变特征及生态服务价值的时空分布特征进行分析，并探讨了土地利用/覆被、气候因素和社会经济因素对生态服务价值的影响。

1. 基于多源遥感影像的土地利用/覆被信息提取

采用人机交互式的遥感影像信息解译方法对研究区 1992 年的 TM 影像、2000 年的 ETM 影像和 2013 年的 WFV 影像进行遥感解译，通过 ENVI5.1 软件采用最大似然法（maximum likelihood，ML），提取土地利用/覆被信息。

2. 景观格局动态变化分析

将土地利用/覆被类型划分为林地、耕地、牧草地、水域、未利用地和建设用地 6 个地类的基础上，利用 Arcgis10.2 和 Fragstats4.2 软件对研究区土地利用/覆被结构特征、不同土地利用/覆被类型间的转移变化及其景观格局演变特征进行分析。

3. 生态服务价值动态变化分析

以生态经济学为理论依据，基于 1992~2013 年的土地利用/覆被数据，结合中国陆地生态系统价值当量换算法，利用 Arcgis10.2 的空间分析模块，对研究区生态服务价值进行时间尺度和空间尺度上的动态分析。

4. 生态服务价值变化的驱动力分析

选择气温和降水等气候因素，人口、经济发展和社会政策等社会经济因素，从定性和定量角度，对研究区近 22 年来生态服务价值变化的驱动因素进行分析。

5.1.2 技术路线

研究的技术路线图如图 5-1 所示，以遥感影像数据、社会经济数据、气象数据和野外采集数据为数据源，通过遥感影像的几何精校正、图像裁剪与拼接、数据融合和图像增强等预处理过程，结合影像解译获取各期的土地利用/覆被数据。分析研究区土地利用/覆被结构特征、土地利用/覆被转移变化及其景观格局演变特征；应用生态服务价值评估模型估算研究区生态服务价值，并分析生态服务价值的时间和空间分布特征；结合气候和社会经济数据，应用定性和定量相结合的方法，通过偏相关性分析、主成分因子分析和回归分析探讨气候因素和社会经济因素对研究区生态服务价值的驱动作用。

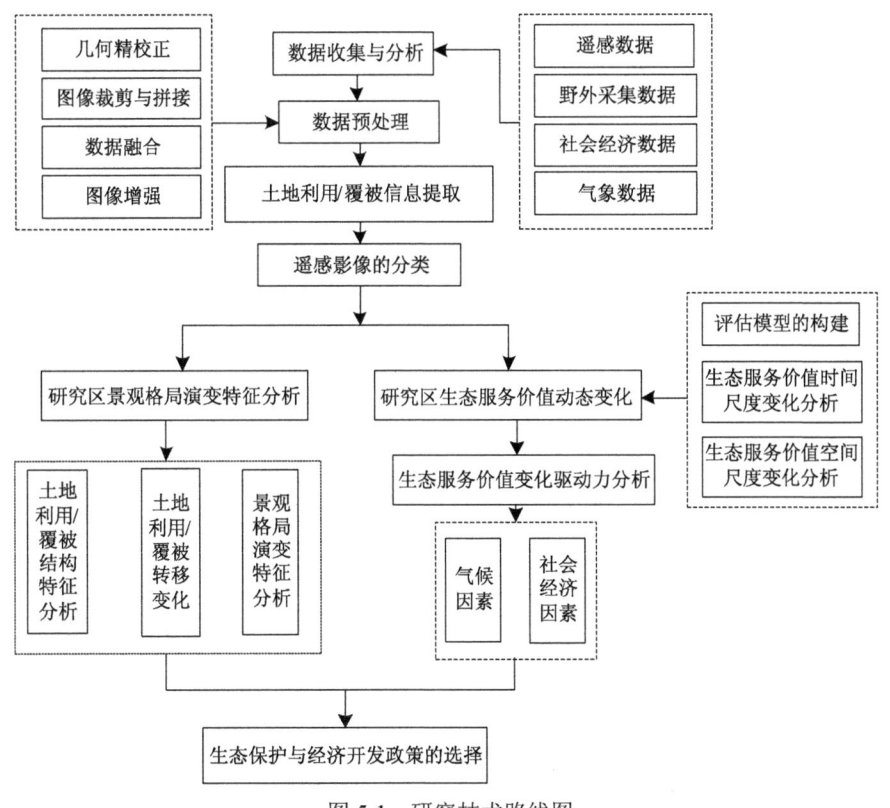

图 5-1 研究技术路线图

5.1.3 研究方法

1. 土地利用动态变化指标

1) 单一土地利用动态度

土地利用动态度可以对研究区土地利用/覆被变化的速率进行定量描述，对土地利用/覆被变化的区域差异对比分析和未来研究区土地利用/覆被变化的预测具有一定的作用（任秀金等，2014；王秀兰和包玉海，1999；Gao and Skillcorn，1998）。单一土地利用动态度可以用来表示单位时间内研究区某一土地利用/覆被类型面积的变化程度，其表达式为

$$R_{ss} = \frac{\Delta U_{in} + \Delta U_{out}}{U_a} \times \frac{1}{T} \times 100\% \tag{5-1}$$

式中，ΔU_{in} 表示研究时间段 T 内研究区某一土地利用/覆被类型由其他土地利用/覆被类型转换而来的面积之和（hm²）；ΔU_{out} 为研究时间段 T 内研究区某一土地利用/覆被类型转变为其他土地利用/覆被类型的面积之和（hm²）；U_a 为研究初期研究区某一土地利用/覆被类型的面积（hm²）。

2) 转移矩阵

转移矩阵可以具体刻画出各土地利用/覆被类型的转移数量、去向和来源，对于任意（$n, n+1$）两期土地利用/覆被数据，按地图代数方法，利用 Arcgis10.2 的空间分析功能，可以得出研究区任意两期土地利用/覆被类型的转移矩阵分布数据（井云清等，2017）。转移矩阵表达式为

$$C_{ij} = A_{ij}^n \times 10 + A_{ij}^{n+1} \tag{5-2}$$

式中，C_{ij} 为由年份 n 到年份 $n+1$ 的土地利用/覆被变化量（hm²）；A_{ij}^n 为年份 n 内第 i 种土地利用/覆被类型转变为第 j 种土地利用/覆被类型的面积（hm²）；A_{ij}^{n+1} 为年份 $n+1$ 内第 i 种土地利用/覆被类型转变为第 j 种土地利用/覆被类型的面积。

2. 生态服务价值动态变化指标

1) 生态服务价值贡献率

生态服务价值贡献率表示某种土地利用/覆被生态服务价值量占总生态系统服务价值量的百分比，用以表示某种土地利用/覆被类型在整个生态系统中的重要性。其表达式为

$$I_j = ESV_j / ESV_总 \tag{5-3}$$

式中，I_j 为某种土地利用/覆被生态服务价值贡献率（%）；ESV_j 为某种土地利用/覆被类型生态服务价值量（万元）；$ESV_总$ 为总生态服务价值量（万元）。

2) 生态服务价值密度

据 1992～2013 年研究区土地利用/覆被分类图，分别计算不同年份每个斑块的各类土地利用/覆被类型服务功能的价值量，通过利用 ArcGIS10.2 的数据处理 Fishnet 功能构

建的网格单元（5 km×5 km），将生态服务价值进行网格化，并将网格化单元的生态服务价值与单元面积相除，即为生态服务价值密度（张艳军等，2017；马骏等，2014）。计算公式为

$$D_{ESV} = \sum ESV_{总} / S \tag{5-4}$$

式中，D_{ESV} 为研究区网格化评价单元的生态服务价值密度（元/hm²）；$ESV_{总}$ 为研究区生态服务功能的总价值量（万元）；S 为评价区域总面积（hm²）。

3. ESV 变化与气候因子相关性

通过 Arcgis10.2 的空间分析模块，构建 ESV 变化与气温和降水的偏相关系数（穆少杰等，2013；李晓荣等，2017），来说明气候变化对生态服务价值变化在空间上的影响差异性。

1）简单相关系数

简单相关系数表示两个变量间的相关关系，通过式（5-5）计算 ESV 与温度或降水量的简单相关系数。

$$R_{xy} = \frac{\sum_{i=1}^{n}\left[(x_i - \bar{x})(y_i - \bar{y})\right]}{\sum_{i=1}^{n}(x_i - \bar{x})\sum_{i=1}^{n}(y_i - \bar{y})^2} \tag{5-5}$$

式中，R_{xy} 为 x、y 两个变量的简单相关系数；x_i 为研究区第 i 年的 ESV；y_i 为研究区第 i 年的温度或降水量；$\bar{x}$ 为研究区多年 ESV 的平均值；$\bar{y}$ 为研究区多年温度或降水量的平均值；n 为样本数。

2）偏相关系数

通过简单相关系数的计算可得到偏相关系数。偏相关系数表示两个变量与第三个变量同时相关时，除去第三个变量的影响后剩余两个变量的相关关系，更能够反映某一气候因子对 ESV 变化的影响。基于降水量的研究区 ESV 与温度的偏相关系数，以及基于温度的研究区 ESV 与降水量的偏相关系数计算公式如下：

$$r_{123} = \frac{r_{12} - r_{13}r_{23}}{\sqrt{(1-r_{213})+(1-r_{223})}} \tag{5-6}$$

式中，r_{123} 为将变量3固定后变量1与变量2之间的偏相关系数；r_{12}、r_{13}、r_{23} 分别为变量1与变量2、变量1与变量3、变量2与变量3的简单相关系数。

5.2 数据来源与处理

5.2.1 基础数据收集

研究所需的数据主要包括遥感影像数据、气象数据、社会经济数据等，辅助资料有1∶5万地形图和地形数据。

1. 遥感数据

研究采用的 Landsat 遥感影像是美国地质调查局 USGS（http://earthexplorer.usgs.gov/）网站下载的 1992 年 3 景 Landsat-5 TM 影像数据和 2000 年 3 景 Landsat-7 ETM 影像数据，空间分辨率为 30 m×30 m，以及由新疆卫星应用中心提供的 2013 年 2 景国产 GF-1 遥感影像数据，空间分辨率为 16 m×16 m。所选影像均为几何粗校正影像，覆盖研究区的影像尽量选用成像质量高的数据。所选遥感数据的主要参数见表 5-1。

表 5-1 三期遥感影像基础信息表

卫星载荷	数据编号	成像时间
Landsat-5 TM	LT51450291992117ISP00	1992 年 4 月 26 日
	LT51460291992156ISP00	1992 年 6 月 4 日
	LT51470291992195ISP00	1992 年 7 月 3 日
Landsat-7 ETM	LE71450292000179EDC00	2000 年 6 月 27 日
	LE71460292000170SGS00	2000 年 6 月 18 日
	LE71470292000209SGS01	2000 年 7 月 27 日
GF-1 WFV	GF1_WFV1_E83.2_N44.7_20130815_L1A0000070614	2013 年 8 月 15 日
	GF1_WFV1_E80.6_N44.7_20130624_L1A0000037823	2013 年 6 月 24 日

2. 气象数据

研究选取 1992～2013 年历年日气温和日降水量数据，对研究区历年气候变化进行分析，气象数据源于乌鲁木齐市气象局，用于气象插值的数据分布于 17 个气象站点。

3. 地形数据

研究采用的地形数据主要为 ASTER DEM 高程数据，分辨率为 30 m。

4. 社会经济数据

粮食生产、经济统计数据等来源于 1992～2013 年《新疆统计年鉴》。

5.2.2 野外数据采集与处理

研究收集的野外数据除包括森林资源调查的数据外，还对耕地、建设用地及水域等地类进行调查，外业采集时间为 2013 年 8～9 月。

森林资源调查的地类主要有宜林地、灌木林地、疏灌、疏林地、宜林沙荒地、有林地和荒漠林地共 7 种类型，研究将其归为林地采集信息。从 2009 年新疆重点公益林 210 个监测样地中选择 163 个样地，按照中高山（2500 m 以上）、中山（1000～2500 m）、低山平原（1000 m 以下）、湖滨湿地（艾比湖流域）四个类型，分别选取监测样地，其中中高山选取 1 个监测样地，中山选取 23 个监测样地，低山平原选取 30 个监测样地，湖滨湿地选取 109 个监测样地，固定样地大小为 28.28 m×28.28 m，设计依据《2009 年新疆重点公益林保护成效监测样地调查监测体系》。现地照片和监测样地分布见表 5-2。

表 5-2 部分监测样地照片

样地编号	地类	优势树种组成	2013 年实地照片	样地编号	地类	优势树种组成	2013 年实地照片
1830	灌木林地	锦鸡儿 Caragana sinica（Buc'hoz）Rehder		2078	宜林沙荒地	梭梭 Haloxylon ammodendron（C. A. Mey.）Bunge	
1888	疏灌	梭梭 Haloxylon ammodendron（C. A. Mey.）Bunge		2080	荒漠林地	梭梭 Haloxylon ammodendron（C. A. Mey.）Bunge	
1887	疏灌	柽柳 Tamarix chinensis Lour.		1830	疏灌	锦鸡儿 Caragana sinica（Buc'hoz）Rehder	
1908	灌木林地	锦鸡儿 Caragana sinica（Buc'hoz）Rehder		1899	疏灌	锦鸡儿 Caragana sinica（Buc'hoz）Rehder	
2097	灌木林地	梭梭 Haloxylon ammodendron（C. A. Mey.）Bunge		2063	疏灌	梭梭 Haloxylon ammodendron（C. A. Mey.）Bunge	
1966	宜林地	胡杨 Populus euphratica 柽柳 Tamarix chinensis Lour.		33386	有林地	云杉 Picea asperata Mast	

其他地类外业采集信息见表 5-3。

表 5-3 其他地类外业采集信息

样地标号	地类	GPS 纵坐标	GPS 横坐标	海拔/m
采样点 16	牧草地	4926419	671537	1598
采样点 1	建设用地	4979400	502040	1354
采样点 3	水域	4973930	525875	1242
采样点 10	耕地	4980097	503352	1355
采样点 80	牧草地	4975320	532507	1138
采样点 24	牧草地	4937220	497730	2100
采样点 35	耕地	4942974	585832	400
采样点 11	建设用地	4942390	584527	433
采样点 32	水域	4970298	582063	520
采样点 33	牧草地	4945897	522646	2185
采样点 41	耕地	4974293	579324	554
采样点 23	未利用地	4971456	579137	543
采样点 51	水域	4945079	603647	292
采样点 26	未利用地	4945672	601072	296
采样点 78	牧草地	4976315	612185	419
采样点 67	建设用地	4972502	602688	395
采样点 56	建设用地	4944324	660631	235
采样点 47	牧草地	4939479	558384	1159
采样点 60	牧草地	4952598	509449	2093
采样点 6	未利用地	4941430	647576	297

5.2.3 遥感数据处理

经过几何精校正、图像裁剪与拼接、数据融合、图像增强等遥感影像信息处理步骤（参见第 1 章），最后生成 1992 年、2000 年和 2013 年的博州土地利用/覆被分类基础影像图。

5.2.4 土地利用/覆盖变化信息提取

为保证土地利用/覆盖类型能够满足生态系统服务价值研究的需要，本书在参照《土地利用现状调查技术规程（1984）》的基础上，结合博州土地实际特点，并考虑已有遥感数据精度水平，将博州土地利用/覆盖类型划分为林地、耕地、牧草地、水域、未利用地和建设用地 6 个地类。

1. 建立解译标志

解译标志表示可以综合反映和较好判读目标地类的图像信息特征。它是解译者在对目标地类进行各种解译要素综合分析的基础上，结合成像时间、季节、图像的种类、比例尺等多种因素整理出来的目标地类在图像上的综合特征（张安定，2016）。不同地类具有不同的信息分布特征,这些图像信息分布特征皆是进行判别各种地类的参照,我们将之称为解译标志。主要包括直接和间接两种解译类型。直接解译标志有识别地类的形状、大小、颜色和色调、阴影、位置、结构(图案)和纹理等。间接解译标志通常表示能间接反映识别地类的图像分布特征,通过间接解译标志的识别可以间接地推断出与识别地类属性相关联的现象。

本书在结合已有资料、野外考察和反复解译实践的基础上建立了各地类的解译标志,见表 5-4。

表 5-4　土地利用/覆被变化遥感解译标志

土地利用/覆被类型	特征描述	遥感影像
林地	色调均匀,影像结构不一,颜色表现鲜红或暗红,主要在山坡上出现,其山坡线明显,有立体感	
耕地	地块边缘比较清晰,并且呈块状有规则分布,影像色调多样,呈浅灰色、白灰色或浅红色,有明显的耕种纹理或条状纹理	
牧草地	纹理平滑,影纹均一,一般分布于山地丘陵或低山平原处,呈灰红色	
水域	有自然边界,呈斑块状分布,自然弯曲,水波不明显,影像结构均一,呈深蓝或蓝色	

续表

土地利用/覆被类型	特征描述	遥感影像
未利用地	一般位于河流、湖泊、水库的边缘或枝杈上，影像呈灰白色，影像纹理较均一	
建设用地	几何轮廓清晰，呈紫色、黄色或混色，影像结构粗糙，街区道路轮廓有时可见	

2. 影像分类

遥感影像分类主要分为监督分类和非监督分类两种类型（赵春霞和钱乐祥，2004；邓书斌，2010）。监督分类，又称"训练样本法"，即选择研究区中具有典型特征的地物为分类样本，凭借像元亮度均值、方差等样本特征参数构建判别函数，并在此基础上，对其他未知类型像元进行识别的过程。非监督分类，又称"聚类分类法"，指操作者在事先无法判别地类的先验知识条件的基础上，将所选样本自动划分为多个类别的方法。

在 ENVI5.1 软件支持下，利用先验知识建立训练样本，采用最大似然法（maximum likelihood，ML）对预处理后的遥感图像数据进行监督分类，得到初始分类结果，随后结合野外调查数据，修正监督分类结果，得到研究区三期土地利用/覆被分类数据。利用混淆矩阵和 Kappa 指数验证分类结果精度，结果表明，1992 年、2000 年和 2013 年影像分类的总体精度分别为 84.9%、85.1%、86.7%，Kappa 系数超过 0.8，基本符合本书的精度要求。

5.3　博州空间景观格局变化分析

5.3.1　景观格局指数选取

景观格局指数是将景观空间格局信息进行高度浓缩的指标，也是表示景观的结构构成和空间配置等特性的简单定量化指标（魏冲等，2014；阳文锐，2015）。鉴于描述景观格局指数的多样化和相关联性较高，必须尽量选择不相关的景观指数来最大化所需数据的数量（方仁建和沈永明，2015；张瑜等，2016）。

利用 Arcgis10.2 软件将土地利用/覆被分类结果转换为 img 格式（最小栅格单元为 16 m×16 m），并将其导入到 Fragstats4.2 软件中计算出景观格局指数。参考前人对景观格局的研究成果（赵锐锋等，2013；李铖等，2015），选取景观类型和景观水平两个层面的指标分析博州景观空间格局变化，选取了表述景观破碎化、景观形状及景观多样性特征的三种指标类型（夏栋，2012）。景观破碎化指标指数包括斑块个数（NP）、斑块密度（PD）、最大斑块指数（LPI）和景观分离指数（DIVISION）等，代表景观个体单元特征；景观形状指标指数包括边缘密度（ED）、景观形状指数（LSI）、蔓延度指数（CONTAG）和面积加权平均分维数（PAFRAC），代表景观组分空间构型；景观多样性指标指数包括香浓多样性指数（SHDI）、香浓均匀度指数（SHEI）和优势度指数（D），表征景观整体多样性特征。

5.3.2 土地利用/覆被结构变化分析

1. 土地利用/覆被结构特征变化

在遥感影像解译分类的基础上，利用 Arcgis10.2 软件的空间分析功能，在属性数据表中分类统计各类土地利用/覆被类型面积，结果如表 5-5 所示。从研究区土地利用/覆被类型总体情况可以看出，整个研究区牧草地所占面积最大，是研究区主要的优势地类，其次是林地，两者在 1992 年、2000 年和 2013 年所占比例均在 81%以上。未利用地所占比例最小。1992~2013 年期间研究区耕地的面积增加最大（154815.64 hm²），牧草地的面积减少最大（118090.50 hm²），未利用地的变化最小，仅减少了 134.22 hm²。耕地和建设用地呈逐渐增加的趋势，林地、牧草地、水域均呈逐渐减少趋势，而未利用地是先增加后减少。从单一土地利用动态度的结果来看，在 1992~2013 年各土地利用变化速率均有所升高。1992~2000 年耕地的变化速率较 2000~2013 年的变化快，而 2000~2013 年建设用地的变化速率快于 1992~2000 年的变化。1992~2000 年研究区耕地的动态度最高，水域次之，林地最小；2000~2013 年耕地动态度最高，建设用地次之，林地最小。

表 5-5　1992~2013 年博州土地利用/覆被变化

年份	项目	林地	耕地	牧草地	水域	未利用地	建设用地
1992	面积/hm²	690810.57	191817.38	1493132.26	106068.51	1653.80	15281.26
2000		668607.11	274146.26	1438648.21	99521.94	1731.71	16108.54
2013		665006.87	346633.02	1375041.76	92233.90	1519.58	18328.64
1992	百分比/%	27.65	7.68	59.75	4.24	0.07	0.61
2000		26.76	10.97	57.57	3.98	0.07	0.65
2013		26.61	13.87	55.03	3.69	0.06	0.74
1992~2000	面积变化/hm²	−22203.46	82328.88	−54484.05	−6546.57	77.91	827.28
2000~2013		−3600.24	72486.76	−63606.45	−7288.04	−212.13	2220.10
1992~2013		−25803.70	154815.64	−118090.50	−13834.61	−134.22	3047.38
1992~2000	单一动态度/%	−0.40	5.37	−0.46	−0.77	0.59	0.68
2000~2013		−0.04	2.03	−0.34	−0.56	−0.94	1.06
1992~2013		−0.18	2.13	−0.41	−0.71	−0.42	0.79

2. 不同土地利用/覆被类型间的转移变化

转移矩阵更加全面地刻画了各土地利用/覆被类型转移的数量、去向和来源，可用于土地利用/覆被变化驱动力的研究（马骏等，2014）。利用 Arcgis10.2 空间叠加分析功能对 3 期土地利用/覆被数据进行统计和叠加分析，得出不同时期的土地利用/覆被类型转移矩阵。

1）1992~2000 年土地利用/覆被转移变化

从转移矩阵分析各类土地利用/覆被类型的变化情况看（表 5-6），1992~2000 年牧草地减少最多，其中变为耕地的为 67314.86 hm²，变为林地的为 4068.76 hm²，变为建设用地的为 730.79 hm²；其次为林地减少最多，其中变为耕地的为 16166.20 hm²，变为牧草地的为 11468.83 hm²，变为建设用地的为 146.90 hm²；水域减少最少，水域中有 1426.56 hm² 变为耕地，有 27.65 hm² 变为建设用地；耕地增加最多，主要由林地和牧草地转换而来，也有 1426.56 hm² 由水域转换而来；建设用地的增加主要由耕地、林地、牧草地和水域转换而来，面积分别为 1508.10 hm²、146.90 hm²、730.79 hm² 和 27.65 hm²；未利用地也有所增加，但增加的量少。总体上，1992~2000 年研究区土地利用/覆被类型转换方向为林地、牧草地和水域的减少，并转向于耕地和建设用地。

表 5-6　1992~2000 年土地利用/覆被转移矩阵　　　（单位：hm²）

	林地	耕地	牧草地	水域	未利用地	建设用地	1992 年总计
林地	662827.21	16166.20	11468.83	94.47	76.25	146.90	690779.86
耕地	1416.53	187661.07	1161.02	34.24	31.26	1508.10	191812.22
牧草地	4068.76	67314.86	1420784.21	31.44	201.98	730.79	1493132.04
水域	175.02	1426.56	5094.43	99344.75	0	27.65	106068.41
未利用地	0	156.97	79.74	0	1417.10	0	1653.81
建设用地	110.22	1409.22	61.32	16.98	5.13	13678.39	15281.26
2000 年总计	668597.74	274134.88	1438649.55	99521.88	1731.72	16091.83	

2）2000~2013 年土地利用/覆被转移变化

从转移矩阵分析各类土地利用/覆被类型的变化情况看（表 5-7），2000~2013 年牧草地减少最多，其中变为耕地的有 68560.29 hm²，变为林地的有 4608.05 hm²，变为建设用地的有 969.97 hm²；其次为水域减少最多，变为牧草地的有 7458.90 hm²，变为林地的有 53.97 hm²，变为耕地的有 34.19 hm²；未利用地减少最少，主要变为耕地和建设用地，面积分别为 204.27 hm² 和 9.60 hm²；耕地增加最多，主要由牧草地转换而来；建设用地增加次之，主要由耕地和牧草地转换而来，面积分别为 1306.72 hm² 和 969.97 hm²。总体上，2000~2013 年耕地和建设用地的增加是由牧草地、林地、水域和未利用地转换而来。

表 5-7　2000～2013 年土地利用/覆被转移矩阵　　　（单位：hm²）

	林地	耕地	牧草地	水域	未利用地	建设用地	2000 年总计
林地	658588.31	7102.50	2786.64	11.41	2.78	115.45	668607.09
耕地	1727.50	270578.09	394.72	139.35	0	1306.72	274146.38
牧草地	4608.05	68560.29	1364401.57	108.26	0.04	969.97	1438648.18
水域	53.97	34.19	7458.90	91974.81	0	0	99521.87
未利用地	0.99	204.27	0.09	0	1516.76	9.60	1731.71
建设用地	28.02	153.63	0	0	0	15926.90	16108.55
2013 年总计	665006.84	346632.97	1375041.92	92233.83	1519.58	18328.64	

5.3.3　景观格局演变特征分析

5.3.3.1　景观类型水平格局特征分析

1. 景观类型破碎化指数特征分析

博州的景观类型主要有林地、耕地、牧草地、水域、未利用地和建设用地，表 5-8 为研究区的景观类型破碎化指数计算结果。

表 5-8　研究区景观类型破碎化指数变化

景观类型	年份	斑块个数（NP）/个	斑块密度（PD）/（块/hm²）	最大斑块指数（LPI）/%	景观分离指数（DIVISION）/%
林地	1992	7983	0.3195	8.354	99.18
	2000	7992	0.3198	8.3539	99.19
	2013	8290	0.3318	8.3539	99.19
耕地	1992	353	0.0141	2.9723	99.83
	2000	247	0.0099	6.8008	99.41
	2013	346	0.0138	13.1934	98.26
牧草地	1992	1990	0.0796	58.3137	65.99
	2000	1873	0.075	56.4847	68.09
	2013	1841	0.0737	53.9155	70.93
水域	1992	225	0.009	2.2591	99.91
	2000	40	0.0016	2.0939	99.92
	2013	46	0.0018	1.8492	99.93
未利用地	1992	14	0.0006	0.0319	100
	2000	14	0.0006	0.0328	100
	2013	12	0.0005	0.0328	100
建设用地	1992	702	0.0281	0.0742	100
	2000	512	0.0205	0.109	100
	2013	562	0.0225	0.1294	100

1）斑块个数和斑块密度

从斑块个数指数计算结果可以看出[图 5-2（a）]，林地斑块个数最多，其次为牧草地、建设用地、耕地，未利用地斑块个数最少。1992～2013 年，林地斑块个数逐渐增加，耕地和建设用地斑块个数先减后增，牧草地、未利用地斑块个数减少，水域减少幅度大，从 1992 年的 225 个减到 2000 年的 40 个，再增加到 2013 年的 46 个。从斑块密度指数计算结果可以看出[图 5-2（b）]，林地斑块密度>牧草地斑块密度>建设用地斑块密度>耕地斑块密度>水域斑块密度>未利用地斑块密度。1992～2013 年，林地斑块密度呈增加趋势，牧草地和未利用地斑块密度呈减少趋势，建设用地、耕地、水域斑块密度呈先减后增趋势。结果表明，各类景观破碎化程度从大到小排序依次为：林地>牧草地>建设用地>耕地>水域>未利用地。1992～2013 年，林地的破碎化程度呈小幅度上升，牧草地和未利用地的破碎化呈下降趋势，耕地和建设用地的破碎化呈先减后增趋势，水域的破碎化程度下降幅度大，这主要与气候变暖、人们对河流的节流灌溉等因素息息相关。

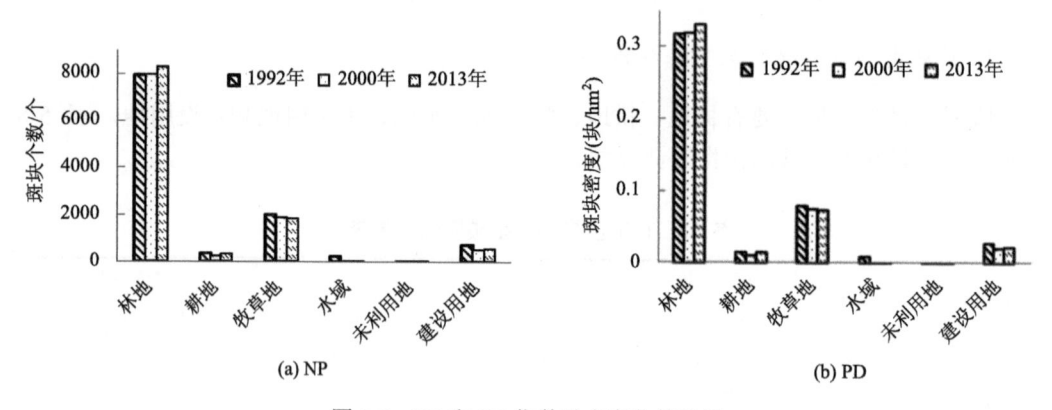

图 5-2 NP 和 PD 指数动态变化趋势图

2）最大斑块指数

从最大斑块指数计算结果可以看出（图 5-3），牧草地最大斑块指数最大，其次为林地和耕地，水域次之，未利用地和建设用地最大斑块指数最小，说明牧草地是景观中的优势景观类型，林地和耕地景观次之。1992～2013 年，林地最大斑块指数基本不变；耕地最大斑块指数呈增长趋势，增加幅度大，2013 年是 1992 年的 4.4 倍；牧草地和水域最大斑块指数呈减少趋势，减少幅度均不大；未利用地和建设用地最大斑块指数呈增加趋势。说明耕地、未利用地和建设用地景观类型的优势地位有所上升，其中耕地景观类型占优势地位，牧草地和水域景观类型的优势地位有所下降，而林地景观类型的优势地位趋于稳定状态。

3）景观分离指数

从景观分离指数计算结果可以看出（图 5-4），1992～2013 年未利用地和建设用地的景观分离指数均为 100%，分离指数最大，说明未利用地和建设用地易受人类活动等因素干扰而破碎化，其原因主要是研究区占优势类型的牧草地连通性较好，导致其余景观类型分离度偏大；此外，城市化进程加快也是造成建设用地呈分散布局的原因之一。林地和水域的景观分离指数也在99%以上，耕地的景观分离指数呈略微下降趋势，在98.9%以上。3种景观类型的分离度变化均不大，说明这3种景观类型的地域分布较为稳定。牧草地的景观分离指数呈增加趋势，为65%~71%，主要是因为农牧民放牧加重了牧草地景观类型的分散和破碎化。

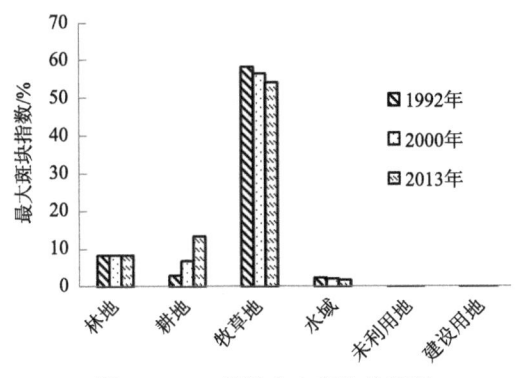

图 5-3 LPI 指数动态变化趋势图

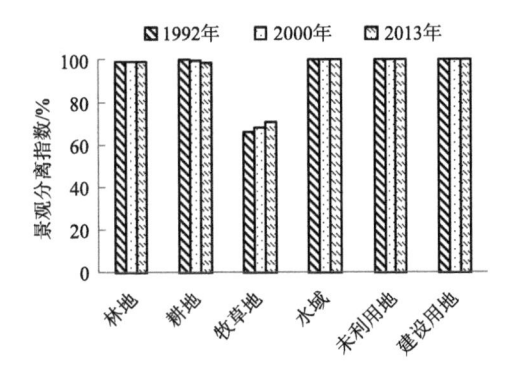

图 5-4 DIVISION 指数动态变化趋势图

2. 景观类型形状指数特征分析

表 5-9 为研究区的景观类型形状指数计算结果。

表 5-9 研究区景观类型形状指数变化

景观类型	年份	边缘密度（ED）/（m/hm²）	景观形状指数（LSI）	面积加权平均分维数（PAFRAC）
林地	1992	14.854	112.73	1.3174
	2000	14.747	113.77	1.3166
	2013	14.922	115.41	1.314
耕地	1992	1.817	26.03	1.1935
	2000	1.856	22.15	1.2132
	2013	2.118	22.47	1.251

续表

景观类型	年份	边缘密度（ED）/（m/hm²）	景观形状指数（LSI）	面积加权平均分维数（PAFRAC）
牧草地	1992	15.012	78.45	1.3075
	2000	14.592	77.72	1.3168
	2013	14.392	78.43	1.3308
水域	1992	0.397	7.64	1.3125
	2000	0.196	3.9	1.2435
	2013	0.194	4	1.2233
未利用地	1992	0.038	6.87	1.2573
	2000	0.039	6.73	1.2661
	2013	0.034	6.47	1.2361
建设用地	1992	0.673	34.09	1.172
	2000	0.607	29.86	1.2026
	2013	0.675	31.11	1.1979

1）边缘密度

从边缘密度指数计算结果可以看出（图5-5），林地和牧草地边缘密度指数最大，皆在 14 m/hm² 以上，说明这两种景观的边缘效应最显著，开放性强。耕地边缘密度指数在 1.8～2.2 m/hm² 之间，水域、未利用地和建设用地的边缘密度皆在 1 m/hm² 以下，其中建设用地在 0.6～0.7 m/hm² 之间，水域在 0.1～0.4 m/hm² 之间，未利用地在 0.03～0.04 m/hm² 之间，说明耕地的边缘效应较明显，而水域、未利用地和建设用地的边缘效应不显著，未利用地的边缘效应最不显著。1992～2013 年，林地边缘密度呈先减后增趋势，变化幅度不大；牧草地边缘密度呈减少趋势，1992～2000 年减少了 0.42 m/hm²，2000～2013 年减少了 0.20 m/hm²；耕地边缘密度呈增加趋势，1992～2000 年增加了 0.039 m/hm²，2000～2013 年增加了 0.262 m/hm²；建设用地边缘密度呈先减后增趋势，1992～2000 年减少了 0.066 m/hm²，2000～2013 年增加了 0.068 m/hm²；水域边缘密度呈减少趋势，1992～2013 年减少了 0.203 m/hm²；未利用地几乎无变化。

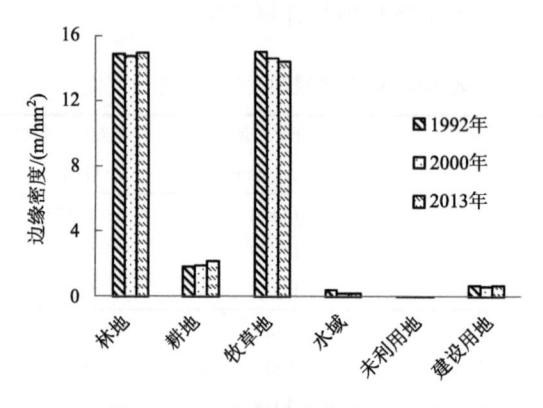

图 5-5 ED 指数动态变化趋势图

2）景观形状指数和面积加权平均分维数

从景观形状指数和面积加权平均分维数计算结果可以看出（图 5-6），林地景观形状指数最大，其值在 112～116 之间，其面积加权平均分维数取值在 1.31～1.32 之间，1992～2013 年，林地景观形状指数呈增长趋势，增加幅度不大，林地面积加权平均分维数呈减少趋势，减少了 0.0034，变化幅度也不大，说明林地在所有景观中具有最复杂的形状和边界，且人类活动对其复杂度的影响不强。其次为牧草地，其景观形状指数值在 77～79 之间，面积加权平均分维数值在 1.30～1.34 之间，1992～2013 年，牧草地景观形状指数呈先减后增趋势，变化幅度不大，面积加权平均分维数呈增加趋势，共增加了 0.0233，说明牧草地在受农牧民放牧的干扰下，形状有趋于复杂化，但在退牧还草政策的实施下，这种变化不显著。建设用地和耕地景观形状指数在 29～35 和 22～27 之间，面积加权平均分维数取值在 1.17～1.21 和 1.19～1.26 之间；1992～2013 年建设用地和耕地景观形状指数呈先减后增趋势，1992～2000 年建设用地减少的值是 2000～2013 年增加的 3.4 倍，耕地减少的值是增加的 12.1 倍，两者总体上呈减少趋势；1992～2013 年建设用地和耕地面积加权平均分维数总体上呈增加趋势，建设用地增加了 0.0259，耕地增加了 0.0575，说明建设用地和耕地景观斑块在人类活动的干预下形状趋于简单化，边界变得更加规则。水域和未利用地景观形状指数在 3～8 和 6～7 之间，面积加权平均分维数取值在 1.22～1.32 和 1.23～1.27 之间；1992～2013 年水域景观形状指数呈先减后增趋势，1992～2000 年减少的值是 2000～2013 年期间增加的 37.4 倍，总体呈减少趋势，未利用地景观形状指数呈减少趋势，变化幅度不大；1992～2013 年水域和未利用地面积加权平均分维数总体上呈减少趋势，水域减少了 0.0892，未利用地共减少了 0.0212，说明水域和未利用地景观斑块形状简单，边界规则，且在人类活动的影响下，斑块形状更加简单和规则。

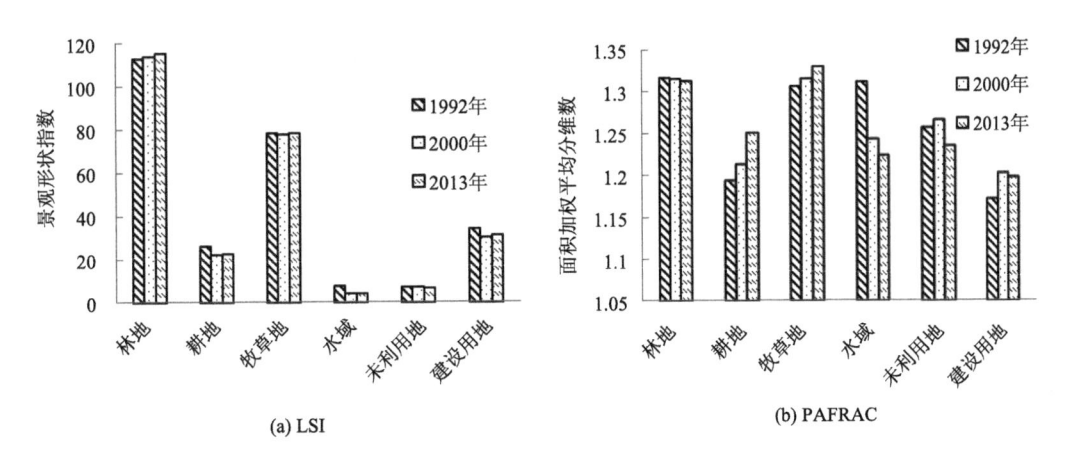

图 5-6 LSI 和 PAFRAC 指数动态变化趋势图

5.3.3.2 景观水平格局特征分析

1. 景观破碎化指数特征分析

从表 5-10 和图 5-7 可以看出,1992~2013 年研究区景观斑块个数和斑块密度指数呈先减少后增加趋势,1992~2000 年景观斑块个数减少了 589 个,斑块密度减少了 0.02 块/hm²;2000~2013 年斑块个数增加了 419 个,斑块密度增加了 0.01 块/hm²,说明研究区的景观结构发生了明显的变化。1992~2000 年研究区景观破碎化程度有所降低,2000~2013 年景观破碎化程度有所升高,总体破碎化程度呈降低趋势。1992~2013 年研究区景观最大斑块指数呈减少趋势,景观分离指数呈增加趋势,说明景观优势度有所降低,景观趋于分散。

表 5-10 研究区景观破碎化指数变化

年份	斑块个数(NP)	斑块密度(PD)/(块/hm²)	最大斑块指数(LPI)/%	景观分离指数(DIVISION)/%
1992 年	11267	0.45	58.31	64.92
2000 年	10678	0.43	56.48	66.62
2013 年	11097	0.44	53.92	68.31

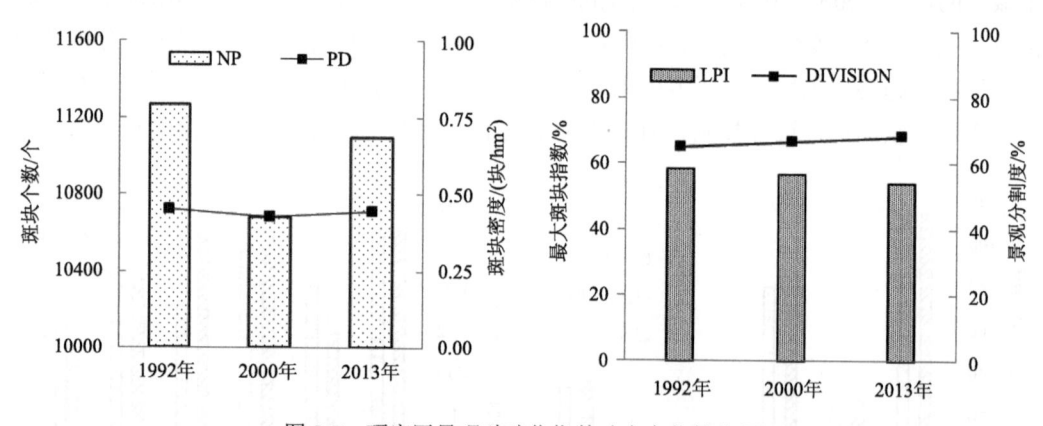

图 5-7 研究区景观破碎化指数动态变化趋势图

2. 景观形状指数分析

从表 5-11 和图 5-8 可以看出,1992~2013 年研究区景观边缘密度和景观形状指数呈先减后增趋势,1992~2000 年边缘密度减少 0.38 m/hm²,景观形状指数减少 1.54;2000~2013 年边缘密度增加 0.15 m/hm²,景观形状指数增加 0.58。面积加权平均分维数和蔓延度指数呈减少趋势,1992~2000 年面积加权平均分维数减少 0.001,蔓延度指数减少 1.3 个百分点,2000~2013 年面积加权平均分维数减少 0.001,蔓延度指数减少 1.09 个百分点。说明 1992~2000 年研究区景观边缘效应有所降低,形状趋于规整和分散,蔓延度也有所降低；2000～2013年景观边缘效应有所增强，形状趋于复杂和分散，蔓延度也有所降低。总体上，研究区景观边缘效应呈降低趋势发展，形状趋于规整和分散，蔓延度也有所降低。

表 5-11 研究区景观形状指数变化

年份	边缘密度（ED）/(m/hm²)	景观形状指数（LSI）	面积加权平均分维数（PAFRAC）	蔓延度指数（CONTAG）/%
1992 年	16.40	66.76	1.299	69.21
2000 年	16.02	65.22	1.298	67.91
2013 年	16.17	65.80	1.297	66.82

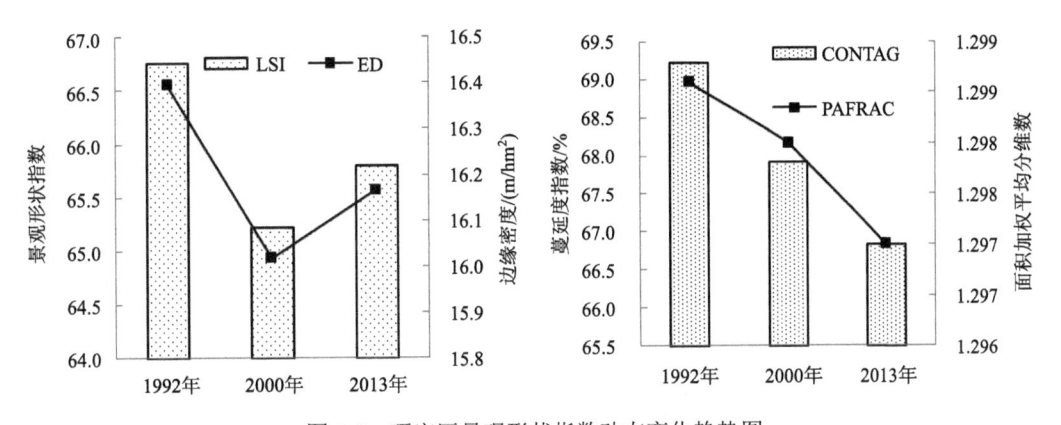

图 5-8 研究区景观形状指数动态变化趋势图

3. 景观多样性分析

从表 5-12 和图 5-9 可以看出，1992～2013 年研究区景观多样性指数值在 1.03～1.12 之间，呈逐渐增加趋势，表明各景观类型所占份额差异小，景观异质性增加；景观优势度指数值在 0.67～0.76 之间，呈逐渐减少趋势；景观均匀度指数值在 0.58～0.62 之间，呈逐渐增加趋势；景观优势度降低，均匀度增加，说明优势景观类型所占比例有减小趋势，单个景观对整体景观的控制有所弱化。这主要是因为原本以牧草地为主的优势景观类型，随着近年来牧民放牧、农作物种植开垦、工程建设等城市化进程，将牧草地逐渐转换为其他景观类型。

表 5-12 研究区景观多样性指数特征

年份	香农多样性指数（SHDI）	香农均匀度指数（SHEI）	优势度指数（D）
1992 年	1.03	0.58	0.76
2000 年	1.08	0.60	0.71
2013 年	1.12	0.62	0.67

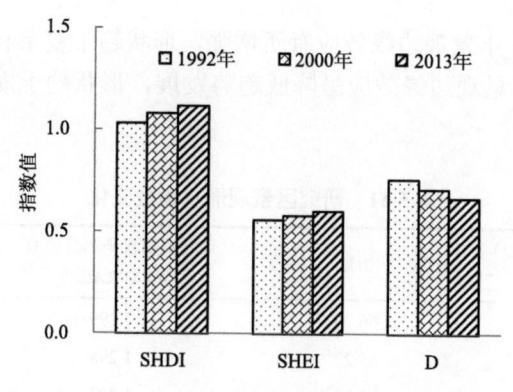

图 5-9　1992～2013 年研究区景观多样性指数变化

5.4　生态服务价值动态变化分析

5.4.1　生态服务价值评估模型构建

1. 价值系数的调整

1）生态服务价值当量因子

人类生存所需的物质资源和场所皆来源于生态系统，生态系统为人类提供的不仅仅是实物型的物质产品，还包括那些少为人知的非实物型的生态服务功能，这些功能潜在着为人类提供巨大利益，有极大的经济价值（白晓飞和陈焕伟，2003）。但这些功能的经济价值绝大多数不能通过市场反映出来，未引起人们的注意，且相应的价值评估理论有所欠缺。

Costanza 等（1998）的研究是世界上最先展开全球生态服务价值评估的研究，提出利用支付意愿方法来评估每个生物群落在单位面积上所提供的服务价值，再与群落的总面积相乘，进而得出每个生物群落的总生态服务价值。该项研究成果虽存在一些不足之处，却是生态服务价值研究发展进程上的里程碑，对后续生态服务价值研究的开展具有重大影响。由于 Costanza 等的研究结果存在一定缺陷，例如对耕地的评估过低，对湿地又偏高等，2002 年我国谢高地等学者在参考 Costanza 可取成果前提下，对中国 200 位生态学者进行问卷调查，制定出了中国陆地生态系统服务价值当量因子表（表 5-13）。

表 5-13　中国陆地生态系统服务价值当量因子表（2002 年）

服务功能	森林	草地	农田	湿地	水体	荒漠
气体调节	3.5	0.8	0.5	1.8	0	0
气候调节	2.7	0.9	0.89	17.1	0.46	0
水源涵养	3.2	0.8	0.6	15.5	20.38	0.03
土壤形成与保护	3.9	1.95	1.46	1.71	0.01	0.02
废物处理	1.31	1.31	1.64	18.18	18.18	0.01
生物多样性保护	3.26	1.09	0.71	2.5	2.49	0.34
食物生产	0.1	0.3	1	0.3	0.1	0.01

续表

服务功能	森林	草地	农田	湿地	水体	荒漠
原材料生产	2.6	0.05	0.1	0.07	0.01	0
娱乐文化	1.28	0.04	0.01	5.55	4.34	0.01
合计	21.85	7.24	6.91	62.71	45.97	0.42

2006 年谢高地等学者针对 2002 年问卷调查中存在的不足，提出基于专家知识的问卷调查，对中国 700 位具有生态学背景的专业人士进行问卷调查，得出了新的中国陆地生态系统服务价值当量因子表（谢高地等，2008）（表 5-14）。

表 5-14　中国陆地生态系统服务价值当量因子表（2007 年）

服务功能	森林	草地	农田	湿地	河流/湖泊	荒漠
气体调节	4.32	1.5	0.72	2.41	0.51	0.06
气候调节	4.07	1.56	0.97	13.55	2.06	0.13
水文调节	4.09	1.52	0.77	13.44	18.77	0.07
土壤形成与保护	4.02	2.24	1.47	1.99	0.41	0.17
废物处理	1.72	1.32	1.39	14.40	14.85	0.26
生物多样性保护	4.51	1.87	1.02	3.69	3.43	0.4
食物生产	0.33	0.43	1	0.36	0.53	0.02
原材料生产	2.98	0.36	0.39	0.24	0.35	0.04
提供美学景观	2.08	0.87	0.17	4.69	4.44	0.24
合计	28.12	11.67	7.9	54.77	45.35	1.39

本书湿地/水体服务价值当量取湿地、河流/湖泊服务价值当量两者的平均值，得到博州生态系统单位面积生态服务价值当量因子表（表 5-15）。

表 5-15　博州生态系统单位面积生态服务价值当量因子表

服务功能	森林	草地	农田	湿地/水体	荒漠
气体调节	4.32	1.5	0.72	1.46	0.06
气候调节	4.07	1.56	0.97	7.805	0.13
水文调节	4.09	1.52	0.77	16.105	0.07
土壤形成与保护	4.02	2.24	1.47	1.2	0.17
废物处理	1.72	1.32	1.39	14.625	0.26
生物多样性保护	4.51	1.87	1.02	3.56	0.4
食物生产	0.33	0.43	1	0.445	0.02
原材料生产	2.98	0.36	0.39	0.295	0.04
提供美学景观	2.08	0.87	0.17	4.565	0.24
合计	28.12	11.67	7.9	50.06	1.39

2)单位面积农田食物生产服务价值

本书在确定的生态服务价值系数(表 5-15)基础上,考虑到生态服务价值的变化具有时间和空间效应,结合谢高地对中国陆地生态系统提出的价值当量换算方法,即假设没有人力投入的自然生态系统提供的经济价值是现有单位面积农田提供的食物生产服务经济价值的 1/7(满苏尔·沙比提等,2016),并考虑到研究区耕地主要位于艾比湖流域地区(孙丽和高亚琪,2010),本书采用艾比湖流域地区平均自然粮食产量的经济价值代表博州的平均自然粮食产量的经济价值,通过收集 1992~2013 年博州、乌苏市、托里县、奎屯市和克拉玛依市的粮食产量和种植面积,求得 1992~2013 年艾比湖流域地区的年均粮食产量为 6703.86 kg/hm²,约为同期全新疆平均粮食产量(6454.39 kg/hm²)的 1.04 倍;同时结合 2013 年博州平均粮食价格(3.60 元/kg,来源于博尔塔拉蒙古自治州粮食局网),依据公式(5-7)(汤洁等,2015),得出博州农田自然粮食产量的经济价值约为 3447.70 元/hm²。

$$E_a = 1/7 \sum_{i=1}^{n} \frac{m_i p_i q_i}{M} \qquad i=(1,2,\cdots,n) \qquad (5-7)$$

式中,E_a 为单位农田生态系统提供食物生产功能的经济价值(元/hm²);i 为作物种类,p_i 为 i 种粮食作物的评价价值(元/kg);q_i 为 i 种粮食作物单产(kg/hm²);m_i 为 i 种粮食作物面积(hm²);M 为粮食作物总面积。

3)研究区生态价值系数的确定

参照谢高地等制定的中国不同省份农田生态系统生物量因子(谢高地等,2005)(新疆修正系数为 0.58),将博州农田生态服务价值系数进一步修正约为全国平均水平的 0.6(即 0.58×1.04)倍。结合博州的实际情况,制定博州不同生态系统单位面积的生态服务价值系数表(表 5-16)。将研究区的林地对应为森林,牧草地对应为草地,耕地对应为农田,水域包括湿地和水体,所以将两者取平均作为水域的单位面积生态服务价值系数,未利用地对应为荒漠,本书将建设用地的生态价值不予考虑,并将其值设为零(王晓艳等,2016)。

表 5-16 博州各土地利用/覆被类型所对应的生态系统类型及其生态价值系数　　[单位:元/(hm²·a)]

生态系统服务功能	林地	耕地	牧草地	水域	未利用地	建设用地	合计
食物生产	682.64	889.51	2068.62	920.54	41.37	0.00	4602.68
原材料生产	6164.49	744.70	806.76	610.24	82.74	0.00	8408.93
气体调节	8936.44	3102.93	1489.41	3020.19	124.12	0.00	16673.09
气候调节	8419.28	3227.05	2006.56	16145.58	268.92	0.00	30067.39
水源涵养	8460.66	3144.30	1592.84	33315.13	144.80	0.00	46657.73
废物处理	3558.03	2730.58	2875.38	30253.57	537.84	0.00	39955.40
土壤形成与保护	8315.85	4633.71	3040.87	2482.34	351.67	0.00	18824.44
生物多样性保护	9329.48	3868.32	2109.99	7364.29	827.45	0.00	23499.53
娱乐文化	4302.73	1799.70	351.67	9443.25	496.47	0.00	16393.82
合计	58169.60	24140.80	16342.10	103555.13	2875.38	0.00	

同时，考虑到居民对生态服务的支付意愿和支付能力，结合经济性调整指数对价值系数进行调整（叶延琼等，2016），其计算公式为

$$B_t = \text{WTP}_t \times \text{ATP}_t \tag{5-8}$$

$$\text{WTP}_t = 1/\left(1+ae^{-bm}\right) = 1/\left[1+ae^{-b\left(\frac{1}{\text{En}_t}-2.5\right)}\right] \tag{5-9}$$

$$\text{ATP}_t = \text{GDP}_{\text{tmean}}/\text{GDP}_{\text{gmean}} \tag{5-10}$$

式中，B_t 为第 t 年的经济性调整指数；WTP_t 为居民的支付意愿指数；ATP_t 为居民的支付能力指数；m 为时间变量，表示社会发展阶段，当 m 值很小时，即发展水平很低，WTP_t 值趋近于 0，当 m 值很大时，发展水平很高，WTP_t 值趋近于最大值 1；En_t 表示研究区第 t 年的恩格尔系数；为简化计算，a、b 取常数值 1，e 为自然对数；$\text{GDP}_{\text{tmean}}$ 表示第 t 年研究区人均国内生产总值；$\text{GDP}_{\text{gmean}}$ 表示第 t 年全国人均国内生产总值。

综上，根据公式计算出 1992 年、2000 年和 2013 年博州生态服务经济性调整指数分别为 0.07、0.057 和 0.095。

2. 评估模型构建

基于 Costanza 评估模型和相关学者的研究成果，构建了博州生态服务价值动态评估模型，即：

$$\text{ESV}_t = \sum_k A_k \times \text{VC}_k \times B_t \tag{5-11}$$

式中，ESV_t 为第 t 年的生态服务价值（元）；A_k 为第 k 类土地利用类型的面积（hm²）；VC_k 为区域调整后的生态服务价值系数[元/（hm²·a）]；B_t 为第 t 年的生态服务的经济性调整指数。

5.4.2 生态服务价值时空变异特征分析

1. 生态服务价值时间变异特征分析

依据研究区生态服务价值动态模型的估算，得到了 1992～2013 年研究区生态服务价值的估计值（表 5-17）。1992 年、2000 年和 2013 年博州生态服务总价值分别为 56.1430 亿元、45.2193 亿元和 75.1240 亿元，总价值呈先减少后增长趋势，2000～2013 年生态服务价值年变化率达到了 5.09%。从各土地利用/覆被类型生态服务价值变化来看，林地生态服务价值在 1992～2013 年呈先减少后增加趋势，1992～2000 年期间年变化率为 -2.65%，2000～2013 年期间年变化率为 5.06%，总体来看，林地生态服务价值在 1992～2013 年期间年变化率为 1.46%，价值有所增加；耕地生态服务价值在 1992～2013 年期间年变化率为 6.92%，总体呈增加趋势；牧草地生态服务价值在 1992～2013 年呈先减少后增加，总体上，牧草地生态服务价值在 1992～2013 年期间年变化率为 1.19%，价值有所增加；水域生态服务价值在 1992～2013 年呈先减少后增加趋势，总体上，水域生态服务价值在 1992～2013 年期间年变化率为 0.86%，价值有所增加；未利用地生态服务价值在 1992～

2013年呈先减少后增加趋势,总体上,未利用地生态服务价值在1992～2013年期间年变化率为1.18%,价值有所增加。

表 5-17   1992～2013 年博州生态服务价值变化及变化率

土地利用/覆被类型	ESV/亿元 1992年	ESV/亿元 2000年	ESV/亿元 2013年	1992～2000年 变化量/亿元	1992～2000年 年变化率/%	2000～2013年 变化量/亿元	2000～2013年 年变化率/%	1992～2013年 变化量/亿元	1992～2013年 年变化率/%
林地	28.1289	22.1688	36.7490	−5.96	−2.65	14.58	5.06	8.62	1.46
耕地	3.2414	3.7723	7.9496	0.53	2.05	4.18	8.52	4.71	6.92
牧草地	17.0806	13.4010	21.3475	−3.68	−2.69	7.95	4.56	4.27	1.19
水域	7.6888	5.8744	9.0737	−1.81	−2.95	3.20	4.19	1.38	0.86
未利用地	0.0033	0.0028	0.0042	0.00	−1.84	0.00	3.56	0.00	1.18
建设用地	0	0	0	0	0	0	0	0	0
总计	56.1430	45.2193	75.1240	−10.92	−2.43	29.90	5.09	18.98	1.61

注:由于未利用地生态服务价值量小,对生态服务价值量保留四位小数。

分析博州不同土地利用/覆被类型生态服务价值对总生态服务价值的贡献,从图 5-10 可以看出,1992～2013 年林地、牧草地和水域生态服务价值对总生态服务价值的贡献逐渐下降。林地生态服务价值从 1992 年的 50.1%下降到 2013 年的 48.9%,牧草地生态服务价值从 1992 年的 30.4%下降到 2013 年的 28.4%,水域生态服务价值从 1992 年的 13.7%下降到 2013 年的 12.1%;而耕地生态服务价值对总生态服务价值的贡献逐渐上升,从 1992 年的 5.8%增加到 2013 年的 10.6%。该结果与 1992～2013 年土地利用/覆被变化结构相一致,说明土地利用/覆被变化直接影响着各土地利用/覆被生态服务价值对总生态服务价值的贡献。1992～2013 年未利用地生态服务价值对总服务价值的贡献则趋于平缓。

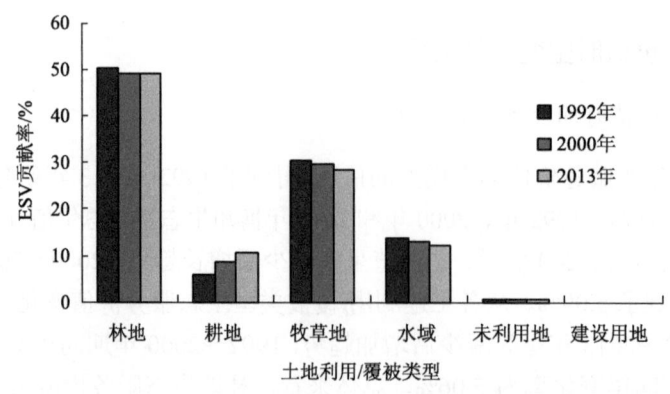

图 5-10   1992～2013 年博州不同土地利用/覆被类型生态服务价值结构

根据不同生态功能服务价值的大小,分别对 1992 年、2000 年、2013 年各生态功能服务价值对总生态服务价值的贡献进行排序,基于 3 期的平均值,得出每一种生态功能的总体等级(表 5-18)。对每种生态功能的价值按重要性排序:水源涵养>土壤形成与保护>生物多样性保护>气候调节>废物处理>气体调节>原材料生产>娱乐文化>食物生产。

从 1992~2013 年区域生态功能服务价值变化来看，各类生态功能服务价值皆呈先减少后增加趋势。其中，决定博州生态服务价值变化幅度的生态服务产品主要为水源涵养、土壤形成与保护、生物多样性保护、气候调节、废物处理和气体调节，它们对生态服务价值的贡献率均在 11%以上，而食物生产、原材料生产和娱乐文化对生态服务价值的贡献率均低于 8%。

表 5-18 1992~2013 年博州各项生态功能的服务价值

生态功能	1992 年 ESV/亿元	贡献率/%	等级	2000 年 ESV/亿元	贡献率/%	等级	2013 年 ESV/亿元	贡献率/%	等级	总体等级	趋势
食物生产	2.68	4.78	9	2.15	4.75	9	3.51	4.67	9	9	先减后增
原材料生产	3.97	7.07	7	3.16	6.99	7	5.25	6.98	7	7	先减后增
气体调节	6.52	11.61	6	5.28	11.68	6	8.88	11.82	6	6	先减后增
气候调节	7.80	13.89	3	6.27	13.88	4	10.42	13.87	4	4	先减后增
水源涵养	8.65	15.41	1	6.91	15.29	1	11.38	15.15	1	1	先减后增
废物处理	7.34	13.07	5	5.86	12.95	5	9.55	12.72	5	5	先减后增
土壤形成与保护	8.01	14.26	2	6.53	14.44	2	10.97	14.60	2	2	先减后增
生物多样性保护	7.78	13.86	4	6.31	13.95	3	10.57	14.07	3	3	先减后增
娱乐文化	3.39	6.05	8	2.75	6.07	8	4.60	6.12	8	8	先减后增
合计	56.14	100.00		45.22	100.00		75.13	100.00			

2. 生态服务价值空间变异特征分析

1）总体分布特征

为了方便博州生态服务价值的空间差异对比，采用生态服务价值密度来表征不同网格区域间的价值差异。依据博州 1992 年、2000 年和 2013 年的土地利用/覆被分类现状图，结合研究区生态服务价值评估模型，计算每个斑块不同时期不同土地利用/覆被类型的生态服务价值量。通过 Arcgis10.2 的数据处理 Fishnet 功能构建（5 km×5 km）的评价单元网格，将网格化图层与不同土地利用/覆被类型的生态服务价值量图层进行 union 叠加分析，并根据属性表间的共同字段计算各评价网格单元的总生态服务价值量，除以评价网格单元面积，即得到价值密度。根据网格单元的数值序列特征，将价值密度划分为 5 个等级，可以清晰地反映生态服务价值的空间变异特征。1992~2013 年博州生态服务价值密度具有明显的空间变异特征，生态服务价值的地域分布主要为东北部价值高，西部价值低，极低值主要位于市区中心地带。低值区主要集中于博乐市、达勒特镇、大河沿子镇等地以及博尔塔拉河沿岸部分地区，高值区主要分布于艾比湖湿地、甘家湖梭梭林和夏尔希里等自然保护区，中值区主要位于精河、哈夏和三台等各大林场，极高值区主要位于艾比湖和赛里木湖区域。1992 年博州价值密度最高值为 9838 元/hm²，价值密度大于 5000 元/hm² 的评价单元网格数占总数的 15%，小于 1600 元/hm² 的网格数为 54，占总数的 5%。2000 年价值密度最高值为 5903 元/hm²，价值密度大于 5000 元/hm² 的评价单元网格数为30，占总数的3%，小于1600元/hm²的网格数占总数的47%；2013年价值密度最高值为10395元/hm²，价值密度大于5000元/hm²的评价单元网格占总评价单元网格数的18%，小于1600元/hm²的网格数为10，不到总评价单元网格数的1%。

2）垂直地带分布特征

将研究区生态服务价值密度按垂直地带性划分为4个区：中高山（2500 m以上）、中山（1000～2500 m）、低山平原（1000 m以下）和湖滨湿地（艾比湖流域）。

1992年中高山生态服务价值密度取值范围在1757～6957元/hm²，价值密度大于5000元/hm²的评价单元网格数为10，占该区的3%；中山生态服务价值密度取值范围在1487～9838元/hm²，价值密度大于5000元/hm²的评价单元网格数为45，占该区的8%；低山平原生态服务价值密度取值范围在1189～5542元/hm²，价值密度大于5000元/hm²的评价单元网格数为22，占该区的5%；湖滨湿地生态服务价值密度取值范围在1554～9838元/hm²，价值密度大于5000元/hm²的评价单元网格数为111，占该区的58%。

2000年中高山生态服务价值密度取值范围在1054～4174元/hm²，价值密度大于5000元/hm²的评价单元网格数为0；中山生态服务价值密度取值范围在858～5903元/hm²，价值密度大于5000元/hm²的评价单元网格数为13，占该区的2%；低山平原生态服务价值密度取值范围在736～3326元/hm²，价值密度大于5000元/hm²的评价单元网格数为0；湖滨湿地生态服务价值密度取值范围在932～5903元/hm²，价值密度大于5000元/hm²的评价单元网格数为17，占该区的9%。

2013年中高山生态服务价值密度取值范围在1588～7350元/hm²，价值密度大于5000元/hm²的评价单元网格数为13，占该区的4%；中山生态服务价值密度取值范围在1504～10395元/hm²，价值密度大于5000元/hm²的评价单元网格数为56，占该区的10%；低山平原生态服务价值密度取值范围在1422～7190元/hm²，价值密度大于5000元/hm²的评价单元网格数为31，占该区的8%；湖滨湿地生态服务价值密度取值范围在1904～10395元/hm²，价值密度大于5000元/hm²的评价单元网格数为125，占该区的66%。

5.5 博州生态服务价值变化的驱动力分析

在人类活动和全球气候变暖趋势所引起的生态环境变化过程中，土地利用/覆被的变化是人类活动参与自然过程的进程中最为直接的表现形式，土地利用/覆被的变化直接对自然景观格局产生影响，并通过对生态系统结构和功能的改变，致使生态服务价值发生变化（哈丽旦·司地克等，2016）。生态服务价值变化的主要原因是土地利用/覆被面积的改变，而土地利用/覆被面积的改变又主要是由气候变化和社会经济因素等相互影响而引起的。因此，为进一步探索博州生态服务价值变化的原因，从自然因素和社会经济因素两个方面，结合定性和定量分析方法对研究区生态服务价值变化的原因进行了分析。

5.5.1 自然因素

土地利用/覆被类型的分布与地质、气候、水文、植被、土壤等自然因素密切相关，而在较小的尺度区域内,地质、地貌和土壤等自然因素不会使土地利用/覆被发生太大改变,但气候和水文对土地利用/覆被变化的影响却非常活跃。自然因素的影响主要体现在降水和温度的变化,降水量不足将导致水资源缺失,对生态系统中的水文调节功能产生重要的影响;温度对土地利用/覆被的影响主要表现为,温度的升高将导致地面水分的蒸散量增大(李颖等,2003;宫兆宁等,2011)。因此,研究结合前人的研究成果,从降水量和温度两方面分析气候因素对生态服务价值变化的影响。

1. 温度

本书统计了温泉、博乐、精河和阿拉山口4个气象站点的年总温度数据,研究区年总温度变化趋势图如图5-11所示,从图中可以看出1992~2013年研究区年总温度波动剧烈,年总温度在14000℃以上的年份主要是1997年、2006年和2013年,年总温度分别为14042.7℃、14003.1℃和14133.3℃。1993年的年总温度最低,为10627.1℃。对年总温度作一元线性回归发现,温度随年份的变化,总体呈增加趋势,而1992~2013年水域面积的变化总体呈减少趋势,这与温度的上升,引起地面水分蒸发加速,导致水域生态系统水量的减少,从而使其面积减少有关,相应的水域生态服务价值也有所减少。

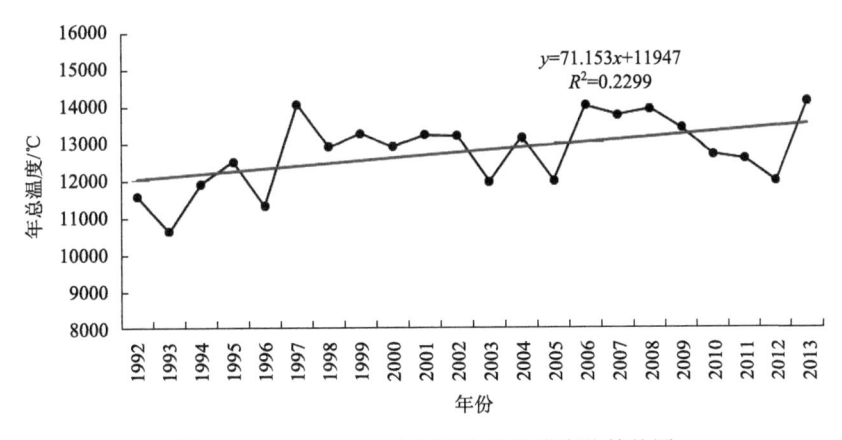

图 5-11 1992~2013 年博州年总温度变化趋势图

2. 降水

本书统计了温泉、博乐、精河和阿拉山口4个气象站的年总降水量数据,研究区年总降水量变化趋势图如图5-12所示,从图中可以看出1992~2013年年总降水量波动剧烈,年总降水量达到600 mm的年份主要是2002年、2011年和2013年,年总降水量分别为607 mm、604 mm和600 mm。年总降水量最低的年份为1997年,为472 mm,其余年份的年总降水量均在500 mm以上。对年总降水量作一元线性回归发现,年总降水量随年份的变化呈略微增长趋势,变化幅度不明显。

3. 相关性分析

从上述结论可以发现,温度和降水波动剧烈,从时间尺度上不能很好地分析其对生态服务价值的影响。而且温度和降水具有明显的空间分布特征,本书尝试从空间尺度分析其对生态服务价值的影响,采用偏相关系数反映温度和降水对生态服务价值的空间相关关系。

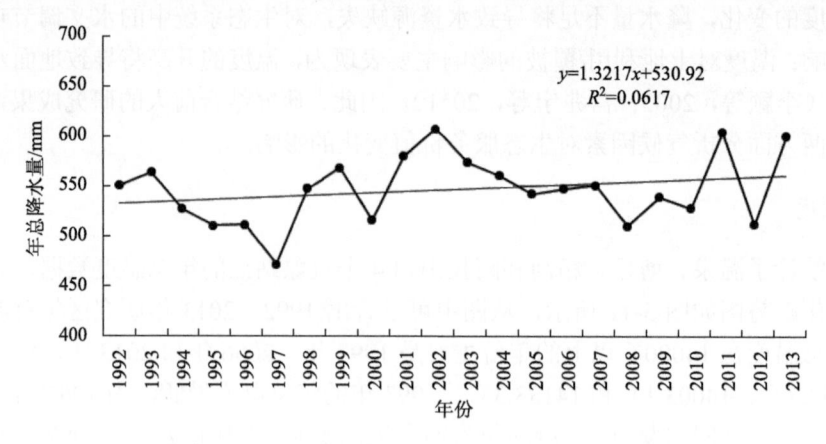

图 5-12　1992～2013 年博州年总降水量变化趋势图

1) 温度和降水的空间插值

分别采用研究区 17 个气象站点的年总温度和年总降水量数据进行空间插值,为与生态服务价值数据年份相对应,选择 1992 年、2000 年和 2013 年的年总温度和年总降水量数据,结合 DEM 数据,利用 Arcgis10.2 的地统计分析模块,利用克里金插值法对年降水量和年总温度进行空间插值,插值结果如图 5-13 所示。

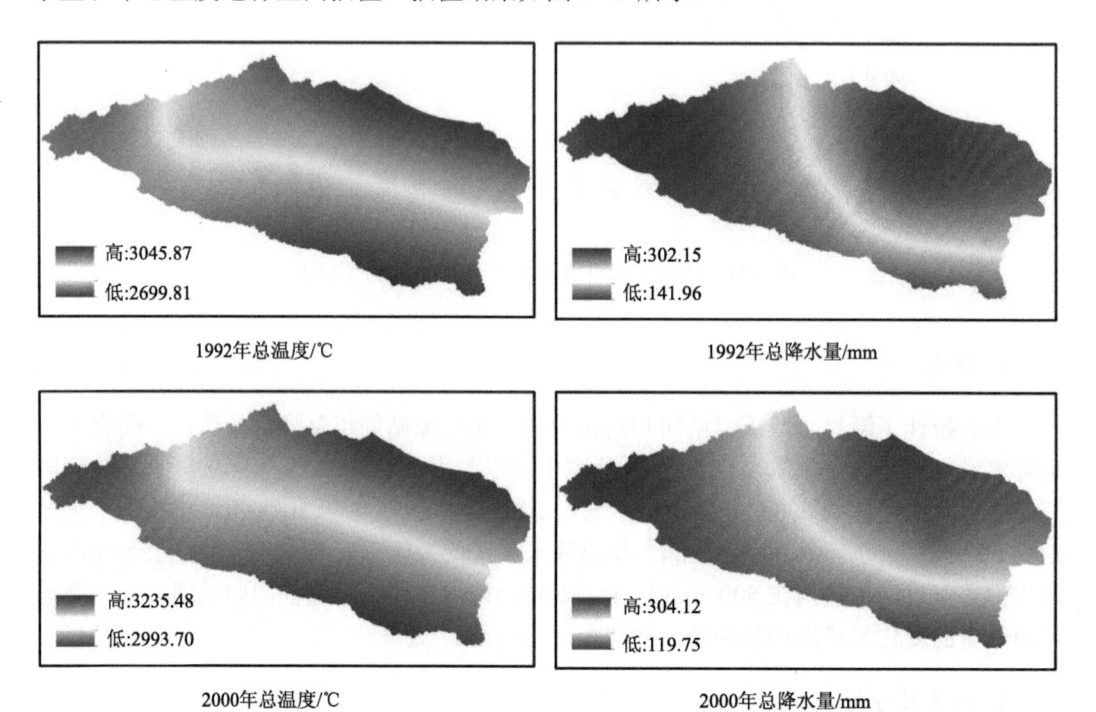

1992年总温度/℃

1992年总降水量/mm

2000年总温度/℃

2000年总降水量/mm

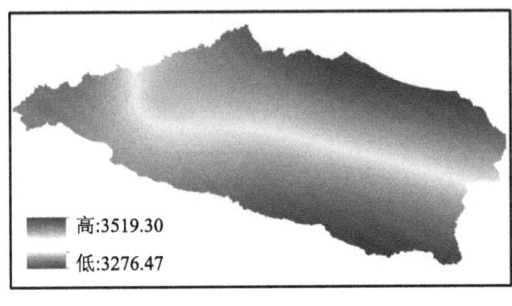

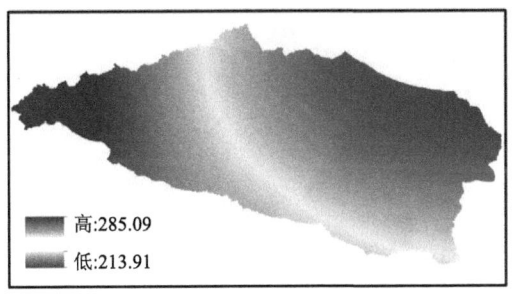

图 5-13 研究区温度和降水空间插值分布图

如图 5-13 所示可知，研究区温度和降水在空间上的总体分布特征为由西南向东北逐渐降低。博州地势表现为西高东低，南部、西部和北部三面环山，中部为谷地平原，东部为艾比湖盆地。在时间上，年总温度随年逐渐增加，1992 年年总温度在 2699.81~3045.87 之间，2000 年年总温度在 2993.70~3235.28 之间，2013 年年总温度在 3276.47~3519.30 之间。空间上分布趋势大致相同，总体上表现为西部和南部山地丘陵年总温度高，博乐和精河北部年总温度低。时间上，年降水量随年变化呈先增后减的趋势，1992 年年降水量在 141.96~302.15 之间，2000 年年降水量在 119.75~304.12 之间，2013 年年降水量在 213.91~285.09 之间，在空间上的总体表现为西部山地丘陵及南部山地年降水量高，东北部艾比湖盆地年降水量低。

2）简单相关系数

利用 Arcgis10.2 栅格计算功能，结合公式（5-5）计算 ESV 与降水、ESV 与温度及温度与降水的简单相关系数，如图 5-14 所示。可以看出，简单相关系数皆在 –1~1 之间。在空间上大部分区域的 ESV 与降水呈正相关，只有博州西部山地和南部山地呈负相关。温度对 ESV 的影响主要表现为研究区耕地 ESV 与温度呈较大的负相关，与艾比湖水域 ESV 呈较大正相关，其余区域 ESV 与温度的相关性并不显著。温度与降水的简单相关系数表现为西南部山地和中部谷地呈负相关，东北部艾比湖盆地呈正相关。

3）偏相关系数

利用 Arcgis10.2 栅格计算功能，结合公式（5-6）计算 ESV 与降水、ESV 与温度的偏相关系数分布图（图 5-15）。

气温和降水是最直接的自然因子，具有累积和滞后效应，通过引起土地利用/覆被变化进而引起生态服务功能的变化（杨梅等，2011）。如图 5-15 所示，气温和降水对生态服务价值的影响存在明显的空间差异。气温对中部博尔塔拉谷地、中部山地及东南部前山丘陵生态服务价值的影响呈正相关，对东部艾比湖盆地、西部与东南部山地生态服务价值的影响呈负相关。降水对中部博尔塔拉谷地和东部艾比湖盆地生态服务价值呈正相关，对西部与东南部山地丘陵生态服务价值呈负相关。除了艾比湖盆地和东南部前山丘陵生态服务价值受气温和降水影响呈相反趋势以外，各地类受气温和降水的影响趋势相一致。

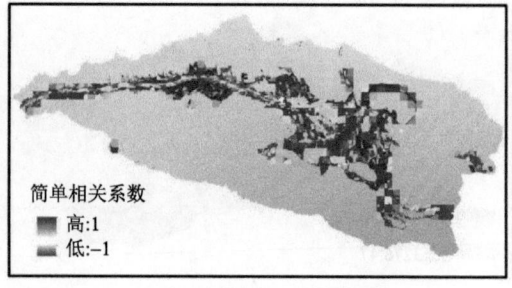

ESV–降水简单相关系数　　　　　　　　ESV–温度简单相关系数

温度–降水简单相关系数

图 5-14　简单相关系数

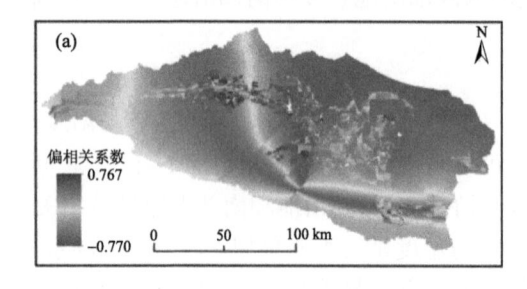

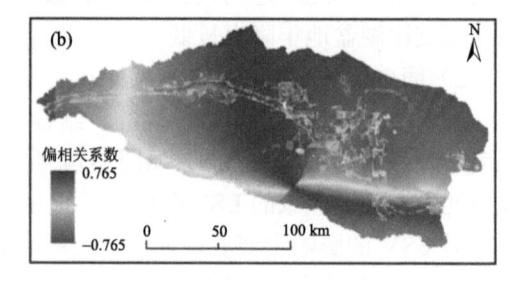

图 5-15　1992～2013 年博州 ESV 与年总温度（a）和年总降水量（b）的偏相关系数

5.5.2　社会经济因素

许多研究表明土地利用/覆被变化及生态服务价值变化的主导因素是人类社会经济的影响，人口增长、社会经济的发展及社会政策等因素是主要的社会经济因素（陈庆等，2011；张雅昕等，2016）。

1. 人口增长

人口数量的压力直接影响着土地利用/覆被承载力的变化，通过对粮食产量、居住场地、工业生产等方面施加压力，致使人类对农耕用地、建筑用地等需求面积扩大（张军辉，2008；唐秀美等，2016）。近年来，博州人口持续增长，对住房面积的需求不断提高，以及城市化规模不断增加，引起耕地和其他类型用地被占用，相应的土地利用/覆被类型数量也会发生改变，从而影响生态服务价值。从 1992～2013 年博州总人口变化趋势图

（图 5-16）来看，1992 年博州总人口为 343420 人，2000 年总人口为 423660 人，2013 年总人口为 490392 人。2000 年相比 1992 年总人口增加了 23.4%，而 1992~2000 年耕地增加 82328.88 hm²，建设用地增加 827.29 hm²；2013 年相比 2000 年总人口增加了 15.8%，而 2000~2013 年耕地增加 72486.75 hm²，建设用地增加 2220.10 hm²。

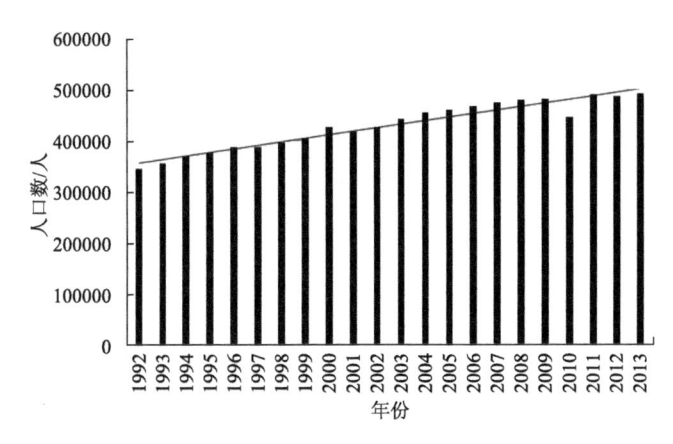

图 5-16　1992~2013 年博州总人口变化趋势图

2. 经济发展水平

经济发展是土地利用/覆被结构及数量变化的最主要驱动因素之一，由于科学技术的进步和产业的不断升级，土地利用方式更加集约化。此外，在经济环境影响下人民生活水平的提高，致使人们对居住空间和居住条件的需求提高，加剧了城镇化规模扩大化和乡村居民房屋的建设，对道路、公共基础设施的需求也促使建设用地的增加。从 1992~2015 年博州人均国内生产总值变化趋势图（图 5-17）可以看出，1992~2013 年博州经济呈快速增长趋势，1992 年博州人均国内生产总值为 2106 元，2000 年人均国内生产总值为 5446 元，2013 年人均国内生产总值为 45579 元。2000 年人均国内生产总值是 1992 年的 2.59 倍，2013 年人均国内生产总值是 2000 年的 8.37 倍。相应的 2000~2013 年建设用地增加的数量是 1992~2000 年的 2.68 倍，林地的减少数量是 1992~2000 年的 16.2%，2000~2013 年生态服务价值增加 29.905 亿元，1992~2000 年生态服务价值减少 10.924 亿元，增加数量是减少数量的 2.73 倍。说明在经济快速增长趋势下，人们有意识地更加重视对生态环境的保护，对环境给人们带来的利益越来越认可。

3. 社会政策

政府政策的制定对土地利用/覆被结构的变化具有强制性，政府通过政策来干预和调节土地的使用，从而使土地利用方式和土地类型数量发生改变，进而影响生态服务价值的变化。土地利用政策的制定是为了更好地管理和使用土地。1985 年前后，由于国民经济增长迅速，工业化和城市化过程加快，建设用地被大量用来耕种。1981~1984 年出现

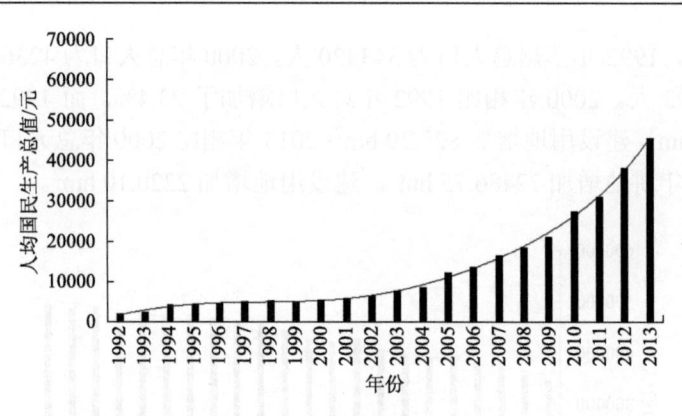

图 5-17　1992～2013 年博州人均国内生产总值变化趋势图

粮食大丰收，粮食产量的提高缓解了经济危机，国家于 1985 年实施农业结构调整政策，制定退耕还草政策，将大量耕地改作他用。1986 年国家土地管理局成立，颁布了《中华人民共和国土地管理法》，开始采用经济手段调整土地结构变化。1996 年修改《中华人民共和国土地管理法》，土地利用方式向集约型转变，以提高土地的利用效率。1999 年后，新疆紧随国家实施的西部大开发政策，人均国内生产总值有了极为显著的增长，博州政府为缓解经济增长对土地利用/覆被结构的冲击，于 2000 年后大力实施"生态立州"政策，兼顾保护生态与环境而实施的生态退耕还草政策对博州土地利用/覆被结构起到优化作用，土地利用/覆被结构的优化同时也促进了生态服务价值的增加。

4. 定量分析

为定量分析社会经济因素对博州 ESV 变化的影响，研究基于综合性和可获得性原则，选取 1992～2013 年共 22 年的 12 个指标数据。用人均国内生产总值、农业总产值、工业总产值、粮食产量和社会消费品零售总额表征经济发展指标；用人口数、耕地面积、总产肉量（牛、马、猪、羊等）表征人类活动指标；用农业机械总动力和农用化肥施用量实物量表征农业现代化指标；用财政收入和财政支出表征政策因素指标。并利用 SPSS 软件，基于主成分因子和回归分析探讨了社会经济因素对 ESV 变化的驱动作用。

首先对选取的数据进行检验，验证是否适合做因子分析。从 KMO 检验和 Bartlett 的检验结果（表 5-19）可以得出，KMO 测度值大于 0.8，Bartlett 球度检验得出的相伴概率为 0.000，小于显著性水平 0.05，所以拒绝 Bartlett 球度检验的零假设，认为适合做因子分析。

表 5-19　KMO 和 Bartlett 的检验

取样足够度的 Kaiser-Meyer-Olkin 度量		0.808
Bartlett 的球形度检验	近似卡方	637.475
	df	66
	Sig.	0.000

基于主成分因子分析，构造因子变量。从表 5-20 可以看出，第一和第二主成分的累积贡献率达到 90.568%，说明这两个主成分可以 90.568%地表征社会经济因子对生态服务价值变化的原因。

表 5-20　解释的总方差

成分	初始特征值 合计	方差的 %	累积 %	提取平方和载入 合计	方差的 %	累积 %
1	9.733	81.109	81.109	9.733	81.109	81.109
2	1.135	9.459	90.568	1.135	9.459	90.568
3	0.419	3.489	94.057			
4	0.329	2.745	96.802			
5	0.206	1.721	98.523			
6	0.108	0.903	99.425			
7	0.037	0.305	99.731			
8	0.014	0.119	99.850			
9	0.013	0.111	99.961			
10	0.003	0.023	99.983			
11	0.001	0.011	99.995			
12	0.001	0.005	100.000			

注：提取方法为主成分分析。

从社会经济因子载荷矩阵表（表 5-21）可以看出，第一主成分（F_1）与各指标均呈正相关，其中与农业总产值、粮食产量、社会消费品零售总额、耕地面积、农业机械总动力、财政收入和财政支出具有较高的相关性，因子载荷均在 0.9 以上。第二主成分（F_2）与人均国内生产总值、农业总产值、工业总产值、粮食产量、社会消费品零售总额、农用化肥施用量-实物量、财政收入、财政支出呈负相关，因子载荷大于 0.3 的因子主要是人均国内生产总值和农用化肥施用量-实物量。与人口数、耕地面积、总产肉量（牛、马、猪、羊等）和农业机械总动力呈正相关，其中与人口数和总产肉量（牛、马、猪、羊等）具有较高的正相关性，因子载荷均在 0.5 以上。

表 5-21　社会经济因子载荷矩阵

	成分 F_1	F_2
人均国内生产总值	0.753	−0.390
农业总产值	0.988	−0.064
工业总产值	0.865	−0.060
粮食产量	0.979	−0.128
社会消费品零售总额	0.992	−0.029
人口数	0.815	0.552
耕地面积	0.908	0.006

续表

	成分	
	F_1	F_2
总产肉量（牛、马、猪、羊等）	0.629	0.735
农业机械总动力	0.993	0.057
农用化肥施用量-实物量	0.829	−0.309
财政收入	0.984	−0.054
财政支出	0.986	−0.104

根据因子分析计算结果，将其保存为自变量，以第一主成分（F_1）和第二主成分（F_2）作为自变量，以博州生态服务价值作为因变量进行回归分析。得到以下模型（表 5-22～表 5-24）。

表 5-22 模型变量

模型	R	R^2	调整 R^2	标准估计的误差	更改统计量				
					R^2 更改	F 更改	df1	df2	Sig. F 更改
1	0.917a	0.841	0.682	12.236328	0.841	5.282	2	2	0.000

a. 预测变量：（常量），分析 1 的 REGR 因子得分 2，分析 1 的 REGR 因子得分 1。

表 5-23 Anova^b

模型		平方和	df	均方	F	Sig.
1	回归	1581.610	2	790.805	5.282	0.000a
	残差	299.455	2	149.728		
	总计	1881.065	4			

a. 预测变量：（常量），分析 1 的 REGR 因子得分 2，分析 1 的 REGR 因子得分 1。
b. 因变量：生态服务价值。

表 5-24 系数 ^a

模型		非标准化系数		标准系数	Sig.
		B	标准误差	试用版	
1	（常量）	58.264	8.321		0.000
	分析 1 的 REGR 因子得分 1	13.202	4.702	0.817	0.000
	分析 1 的 REGR 因子得分 2	−14.637	6.453	−0.660	0.000

a. 因变量：生态服务价值。

分析统计模型并构建多元回归模型如下：

$$Y = 58.264 + 13.202F_1 - 14.637F_2 \quad (5\text{-}12)$$

式中，F_1 和 F_2 是各指标标准化后采用主成分分析提取的两个主成分因子，累计贡献率达到 90.57%；Y 表示博州生态服务价值。

回归方程的 R^2 为 0.841，表明社会经济因子能够 84.1%解释生态服务价值变化的原因，且回归系数均在 5%水平下显著。从回归模型可以得出，自变量 F_1（经济发展因子、农业现代化和政策因素）在一定程度上与博州生态服务价值呈正相关，这主要与政府加大力度投资生态建设有关。自变量 F_2（人类活动因子）的系数为负数，说明人类活动与博州生态服务价值的变化呈负相关，其中以总产肉量（牛、马、猪、羊等）来表征放牧程度，说明放牧程度的加重势必引起生态服务价值量的减少。

第 6 章　艾比湖流域生态景观分析与可持续发展建议

6.1　艾比湖流域森林生态景观分析

6.1.1　山地森林生态系统

艾比湖流域山地森林生态系统的成林树种，有天山云杉、桦木（多种）、欧洲山杨、山柳、崖柳、密叶杨、天山花楸、稠李、果木（多种）等，在自然状态下，它们组成的山地森林垂直景观带如下：

2800～2500 m 海拔为高山云杉疏林带。系云杉纯林，部分河谷、荫湿空地、林缘等地方间或分布一些山柳，阳坡有小片圆柏。

2500～2300 m 海拔为亚高山云杉林带。绝大部分为云杉纯林。当云杉分布稀疏，林地湿润时，才有山柳插花分布。在河谷区，湿度良好，云杉、山柳、天山花楸均有分布，仍以云杉占优势。

2300～1800 m 海拔为中山森林带，仍以云杉纯林为主，已出现一些过渡性（或称演替性）针阔混交林，如云杉-桦木-花楸林，云杉-山柳-花楸林，云杉-山杨林，云杉-桦木-杨柳河谷林等。也镶嵌分布有各种小片阔叶纯林，景观因迹地变迁显得复杂。

1800～1300 m 海拔为针阔混交林地理分布带。其上半部常以云杉为优势树种，下半部则阔叶树（如山杨、密叶杨、桦木）占优势，甚至是阔叶纯林，河谷尤甚。

1300 m 以下的浅山丘陵地区，分布有阔叶林带。

艾比湖流域下辖"哈日图热格林场""哈夏林场""精河林场""三台林场"4 个林场，它们 1990～2015 年林地面积变化不大。

在天山云杉林中，由于异龄现象的存在，天山云杉种群各龄级活立木的分布格局存在差异。天山云杉在不同发育阶段、不同龄级会表现为不同的空间格局。各龄级天山云杉活立木的空间格局基本上都是聚集型。龄级 1 天山云杉幼树具有最大的聚集强度，相比其他龄级的天山云杉表现更为聚集。聚集强度的急速降低发生在从龄级 1 到龄级 2 中，聚集强度从龄级 1 的 18 和 8 下降到龄级 2 的 1 左右。随着天山云杉龄级的增大，其聚集半径是增大的，聚集的尺度是不同的，呈现出不同等级的聚集。由天山云杉幼树到 100～150 年生天山云杉，其聚集强度下降，并且发生最大聚集强度的尺度也不是很明显。

天山云杉幼树（年龄<50 年）在所有尺度内都是聚集型格局，而且其聚集强度最大。随着林龄的增大，聚集强度呈现减小的趋势。天山云杉幼树聚集性最强，这是因为幼龄个体的分布在很大程度上取决于大龄个体为它们创造的林下生境。天山云杉幼苗萌发于天山云杉倒木上，是幼年天山云杉为抵御自然灾害的侵袭和病虫害的发生所采取的生存对策。天山云杉森林系统的自维持在某种程度上依赖于火干扰，但自 20 世纪 80 年代以来，随着护林防火工作的开展，人为切断了天山森林生态系统自维持所依赖的火动力源。

现在，天山云杉更新基本上是林冠干扰下的天然更新，这也是幼树聚集强度大的主要原因。天山云杉的更新受到杂草、林冠的压抑、强光、霜冻、干旱、病虫损害和鸟鼠掠夺等多种不利因素的威胁，天山云杉种子、幼苗和幼树生长都需要经过数十年的历程。种内和种间竞争增强造成种群密度下降，种群格局发生了变化。由龄级1到龄级2的天山云杉聚集强度急速下降表明，幼树的高聚集度与随着龄级的增大，种群个体对环境资源的要求加剧，从而改变了聚集强度，聚集强度降低有利于获得足够的环境资源。并且天山云杉种群在发育的初期经历了环境筛选，大量的幼苗和幼株死亡，少数幼株成长为幼树。这种聚集强度的变化是天山云杉种群的一种生存策略或适应机制。150年以上天山云杉的聚集强度有所增大，这是由于天山云杉在生长到150年左右时，开始出现成熟后死亡，此时的林木死亡将通过风倒制造林冠干扰，形成林窗，为更新创造条件。各龄级空间格局的变化反映了天山云杉的死亡格局和干扰格局，反映了天山云杉现在的干扰方式为小尺度的林冠干扰而非大尺度的火干扰，主要的更新方式为林冠干扰下的天然更新。

6.1.2 荒漠生态系统

艾比湖自然保护区是干旱荒漠区生物多样性的宝库。有荒漠植物385种，植物种类多于古尔班通古特沙漠区（约200种）、准噶尔盆地南部（约128种），约占中国广大荒漠区植物总数的64%。其中：国家保护植物12种，列入国家珍稀植物名录的有8种；有各种野生动物117种，其中国家一二级保护动物21种，自治区一二级保护动物23种，共计44种。

由表6-1可知，艾比湖自然保护区1990~2015年，林地发生了变化，有林地、疏林地、灌木林地都呈增加趋势，宜林地呈减少趋势。其中有林地从1990年的6440.86 hm²到2015年的6677.25 hm²，增加了236.39 hm²。疏林地自1990年到2015年增加了803.97 hm²。灌木林地自1990年到2015年增加809.19 hm²。宜林地自1990年到2015年减少了1836.58 hm²。

表6-1 艾比湖自然保护区林场1990年、2000年和2015年林地面积统计表　（单位：hm²）

地类	1990年	2000年	2015年
有林地	6440.86	6640.90	6677.25
疏林地	12401.37	12782.84	13205.34
灌木林地	107669.75	107706.10	108478.94
宜林地	29550.89	28933.03	27714.31
总计	156062.87	156062.87	156075.84

6.1.3 气候变化对艾比湖流域森林生态系统格局及演替的影响

陆地植被的光合作用在净化空气及减缓CO_2增高中发挥着巨大的作用，无论在全球尺度还是在区域尺度上，气候变化通常是植被动态变化的关键驱动因子。这一变化对生态系统产生了一系列连锁影响，植物发芽、展叶、开花、结果、落叶等物候现象的出现日期或者提前或者推迟，动物则调整其生活习性或者变换生活区域，从而对已有的生态平衡造成一定的影响。

1. 温度对森林生态系统格局及演替的影响

艾比湖流域 1990～2014 年月平均气温有逐年下降趋势，最低温度的变化幅度比最高温度的变化大，冬季降温比夏季降温明显，但是每年相应月份的温度变化幅度不是很大。温度的降低会减速植物的发育，降低温室气体的排放。

表 6-2 艾比湖流域 1990～2014 年每月平均温度变化表

年份	1月	2月	3月	4月	5月	6月	7月	8月	9月	10月	11月	12月
1990年	−12.4	−10.4	0.8	10.2	17.8	24.4	23.4	22.2	17.6	8.2	−1.4	−7.7
1995年	−17.2	−9.3	−0.2	12.2	17.0	22.9	23.9	22.5	17.8	7.7	−0.3	−11.6
2000年	−15.6	−9.9	0.6	13.7	19.5	23.3	24.5	23.7	17.4	4.0	−3.6	−8.7
2005年	−18.2	−17.2	1.0	11.9	18.0	23.8	25.2	21.4	18.5	8.8	0.4	−13.0
2010年	−12.4	−13.8	−4.2	9.0	17.5	23.4	24.4	22.9	17.7	9.4	1.8	−9.4
2014年	−14.2	−15.1	−1.0	6.3	18.3	22.4	22.9					

2. 降水量对森林生态系统格局及演替的影响

经过对艾比湖流域气象数据进行统计分析，从表 6-3 和图 6-1 可以看出，艾比湖流域 1990～2014 年降水量逐年减少，尤其体现在 3～8 月的植物生长旺季。每年 7 月总降水量能达到 160 mm 左右。水分缺乏，植物的生长就会受到影响。水分状况会影响植物生长的形态、叶片的大小和形状，同时还会影响根冠的发育。

表 6-3 艾比湖流域不同年份月总降水量统计表　　（单位：mm）

年份	1月	2月	3月	4月	5月	6月	7月	8月	9月	10月	11月	12月
1990年	28.4	4.2	34.9	119.8	120.9	21.9	152.5	63.1	31.6	62.3	23	27.1
1995年	10.6	15.6	49.5	7.9	53.4	42.9	158.8	60.3	45.5	59.4	34	21.2
2000年	25.1	14.2	31.2	5.9	71.1	68.5	130.7	69.7	40.3	92.8	17.5	10.8
2005年	17.6	12.4	44.7	19.5	164.6	70.4	142.2	142.4	38.1	1.7	18.5	23.4
2010年	34.1	20.7	63.3	39.1	46.5	105.8	96.6	40.1	33	75.5	40	12.9
2014年	10.2	17.4	6.7	68.1	26.7	42.9	62.4					

3. 蒸发量对森林生态系统格局及演替的影响

艾比湖流域 1990～2014 年的总蒸发量整体呈现下降的趋势（表 6-4、图 6-2），在局部年份有所波动，蒸发量最高峰出现在 1997 年，最低值出现在 2002 年。蒸发量的下降一方面影响了森林植被的生长，另一方面，森林能降低地表风速，提高相对湿度，林地的枯枝败叶能阻碍土壤蒸发。

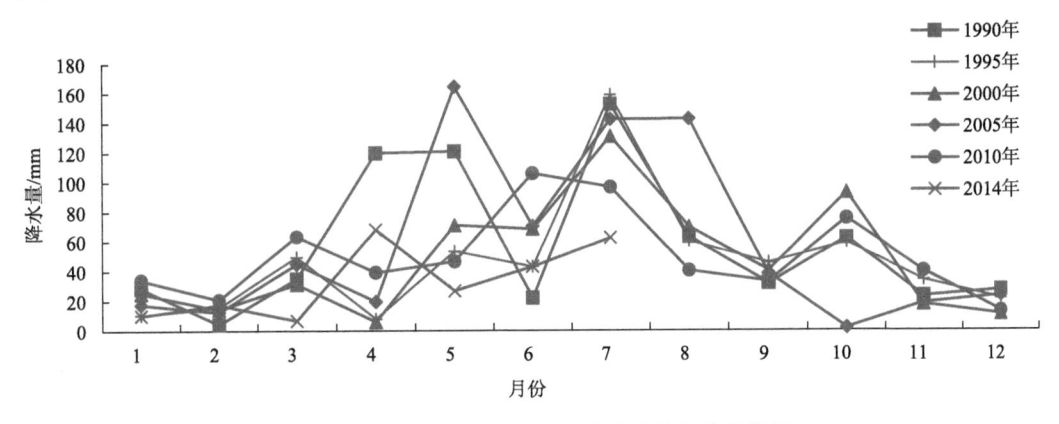

第6章 艾比湖流域生态景观分析与可持续发展建议

图 6-1 艾比湖流域不同年份月总降水量变化曲线图

表 6-4 艾比湖流域 1990～2014 年总蒸发量变化表 （单位：mm）

年份	温泉总蒸发量	精河总蒸发量	博乐总蒸发量	阿拉山口总蒸发量	博州总蒸发量
1990 年	1385.50	2388.00	1549.30	4367.40	2422.55
1991 年	1497.90	2389.20	1601.10	4609.50	2524.43
1992 年	1126.30	2390.40	1370.40	3785.30	2168.10
1993 年	1134.00	2391.60	1341.10	3622.20	2122.23
1994 年	1309.10	2392.80	1496.40	3757.20	2238.88
1995 年	1415.00	2394.00	1609.10	3830.40	2312.13
1996 年	1350.10	2395.20	1551.10	3767.80	2266.05
1997 年	1555.20	2396.40	1789.00	4389.30	2532.48
1998 年	1299.30	2397.60	1562.20	3559.30	2204.60
1999 年	1210.40	2398.80	1527.50	3523.20	2164.98
2000 年	1401.80	2400.00	1654.90	3780.70	2309.35
2001 年	1451.20	2401.20	1596.50	3166.10	2153.75
2002 年	835.60	2402.40	1388.90	1872.10	1624.75
2003 年	909.90	2403.60	1460.90	2088.40	1715.70
2004 年	1286.80	2404.80	1626.30	1978.30	1824.05
2005 年	1421.00	2406.00	1611.40	1864.90	1825.83
2006 年	1129.10	2407.20	1609.70	2098.90	1811.23
2007 年	955.80	2408.40	1559.40	1862.40	1696.50
2008 年	1092.90	2409.60	1751.70	2556.10	1952.58
2009 年	1031.70	2410.80	1491.70	2656.70	1897.73
2010 年	1016.70	2412.00	1631.80	2015.00	1768.88
2011 年	936.00	2413.20	4754.90	1791.80	2473.98
2012 年	1393.70	2414.40	1448.10	2094.80	1837.75
2013 年	1604.50	2415.60	1299.40	1923.80	1810.83
2014 年	1382.20	2458.80	1435.20	—	1758.73

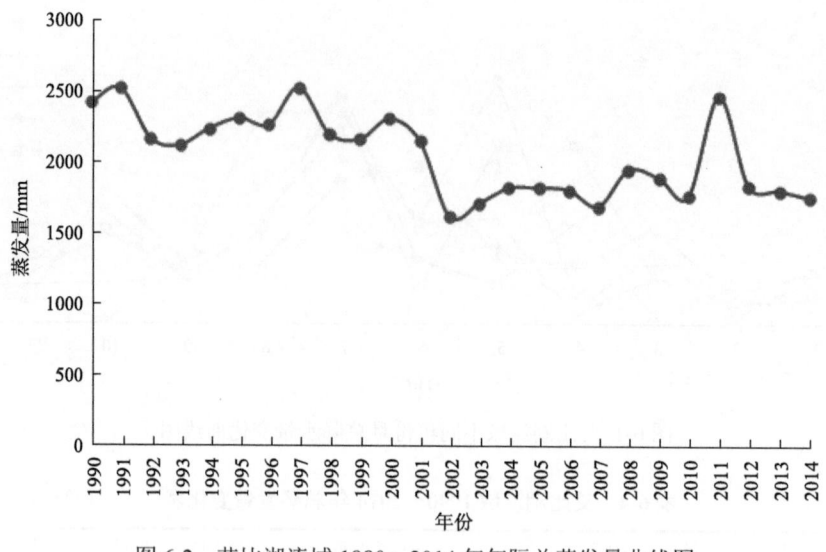

图 6-2 艾比湖流域 1990~2014 年年际总蒸发量曲线图

6.2 森林资源可持续经营存在的问题与建议

6.2.1 政策法律问题及建议

1. 政策法律问题

1）生态环境和森林资源的保护缺乏地方法律法规约束，执法部门不明确

地方对森林资源和生态环境的保护尚未出台相应的法律法规来约束，生态破坏事件的执法部门事权不甚明确，导致在对艾比湖流域森林资源与生态环境监测和管理的执法过程中，存在界限模糊、执法不严等问题。

2）生态补偿机制不完善，给生态环境保护带来挑战

生态补偿机制指综合运用行政和市场手段，调整生态环境保护和建设相关各方之间利益关系的环境经济政策。这项政策的实施将会对全州的生态环境保护起到至关重要的作用。规划建设与生态保护总是矛盾的，规划建设难免会造成生态破坏，但由于目前生态补偿机制还不是很完善，可能造成规划建设所带来的生态破坏的损失得不到补偿，给生态环境保护带来挑战。

3）生物多样性的干扰退化

生物多样性包括生态系统多样性、物种多样性及遗传多样性等。博州及艾比湖地区地处准噶尔盆地西南缘，是生物多样性十分丰富的地区。但是随着近年来人类活动和开发建设项目的增加，博州生态系统遭到了不同程度的局部干扰，平原荒漠地带的个别区域生物多样性呈现退化现象。

（1）野生动物消费问题。

博州是非常重要的野生动物消费的地区，那些大型、繁殖缓慢、容易被发现的物种面临着被捕杀的风险。

（2）外来入侵种的问题。

对于这个问题，目前认识还不是十分充分，实际上外来入侵种的问题现在来说是除了栖息地减少之外第二大造成破坏生物多样性的原因。

（3）有法不依问题。

自然保护区最有关的法律《自然保护区管理条例》，但这个管理条例中有很多条例很难实施。例如按照条例，保护区不允许进行大型基础设施建设，但是保护区却面临着要修大坝、修道路。

2. 政策法律建议

1）明确执法部门，建议一区一法

首先，要明确森林资源和生态环境破坏事件的执法部门，要保证他们有足够的权力去履行执法权；州政府以及州人大应该发挥自己的立法权，积极推进相关法律法规的制定和执行，建议一个保护区成立一个相应的法律法规，明确对违法违规人员及单位的惩治措施，用法律法规的手段来保护森林资源和生态环境最为强硬，效果也最佳。

2）完善并执行生态补偿机制

生态补偿机制是在规划建设和生态环境保护之间寻求利益的平衡，相关部门应该完善并监督执行生态补偿机制。博州的生态补偿机制包括以下两个领域：

自然保护区的生态补偿。要理顺和拓宽自然保护区投入渠道，提高自然保护区规范化建设水平；引导保护区及周边社区居民转变生产生活方式，降低周边社区对自然保护区带来的压力；全面评价周边地区各类建设项目对自然保护区生态环境破坏或功能区划调整、范围调整带来的生态损失，研究建立自然保护区生态补偿标准体系。

重要生态功能区的生态补偿。推动建立健全重要生态功能区的协调管理与投入机制；建立和完善重要生态功能区的生态环境质量监测、评价体系，加大重要生态功能区内的城乡环境综合整治力度；开展重要生态功能区生态补偿标准核算研究，建立重要生态功能区生态补偿标准体系。

3）保护生物多样性

（1）物种计划。

物种计划包含分布范围、栖息地、行为、生殖、异种互动的详细描述。有计划地保护，如：栖息地还原，防止城市发展影响栖息地等措施。此计划应向大众和私人机构宣布并实行保育计划，也应拨款确保执行。

（2）栖息地计划。

一定数量的数种生物栖息于某地时，生物多样性行动的栖息地保护便可适当实施。物种详细清单、地理分布和栖息地品质需要记录。然后用来保护复育的计划可以依照上述物种计划的类似方针制定。

（3）外来入侵物种防治和建立外来物种管理法规体系。

外来物种入侵不仅对当地生物构成威胁，而且对经济和人体健康带来不可估量的损失，因此国家有必要对此进行立法。

（4）加大资金投入。

政府部门应设立专门的单位管理并利用投向保护生物多样性工作的资金，同时国家应大力度支持保护工作，加重其在每年工作的预算。

6.2.2 保障措施问题及建议

1. 保障措施问题

1）农耕用水过多，生态耗水难以保障

全国人均耕地面积为 1.35 亩，现阶段博州拥有大约 60 万人口，即使按照人均 2 亩耕地来计算，仅仅需要 120 万亩耕地即可满足全州人民的基本保障农田，而全州现有耕地面积为 531 万亩，远远超出了基本保障粮田的标准，导致大量水资源的消耗，造成林区或湿地等地区生态耗水严重不足，容易导致林区或湿地退化，造成生态系统的破坏。

2）监测机构不完善，监测机制不健全

全州到目前为止还没有一个专门对森林资源和生态环境监测信息进行处理的机构，县或市也没有设立相应的监测机构，监测任务都是由林业设计部门来完成，所以难以满足监测的频率和质量的要求。

2. 保障措施建议

1）继续做好博州保护区林业管理工作

由表 6-5 可知，1990～2015 年夏尔西里自然保护区、艾比湖自然保护区、甘家湖自然保护区的林地面积整体变化不大。建议继续做好夏尔西里自然保护区、艾比湖自然保护区、甘家湖自然保护区的保护工作，保证保护区内禁止砍伐、放牧等人类活动。

表 6-5 博州自然保护区 1990 年、2000 年和 2015 年林地变化面积统计表　　（单位：hm²）

	艾比湖自然保护区			甘家湖自然保护区			夏尔西里自然保护区		
	1990	2000	2015	1990	2000	2015	1990	2000	2015
有林地	6440.86	6640.90	6677.25	712.45	712.45	712.45	5056.35	5056.35	5056.35
疏林地	12401.37	12782.84	13205.34	364.06	276.64	364.06	2126.13	2126.13	2126.13
灌木林地	107669.75	107706.10	108478.94	18265.42	18265.42	18265.42	11246.02	11246.02	11243.68
宜林地	29550.89	28933.03	27714.31	10139.71	10227.13	10139.71	12968.12	12968.12	12968.12
总计	156062.87	156062.87	156075.84	29481.64	29481.64	29481.64	31396.62	31396.62	31394.28

同时，经过三年的有害生物监测，结果显示在艾比湖保护区有害生物种类多，发生面积大，发生频次高，造成损失严重。建议每年向博尔塔拉河下游输送一定量的生态用水，以保持博尔塔拉河下游不断流及维持湿地，维护全流域的生态平衡；加强对胡杨、梭梭和怪柳等树种食叶害虫的监测与防控，避免食叶害虫严重暴发成灾，从而导致杨十斑吉丁、纳曼干天牛和天花吉丁等危险性较大的次期性蛀干害虫数量激增。

2）大面积退耕还林，种植耗水少、收益高的经济作物

1990～2015 年，25 年来变化很大，耕地增加 113695.37 hm²，林地 11898.65 hm² 变

为耕地。其中有林地 192.17 hm² 变为耕地，疏林地 370.87 hm² 变为耕地，灌木林地 1946.93 hm² 变为耕地，宜林地 9933.46 hm² 变为耕地。耕地 543.20 hm² 变为未成林地，耕地 1.58 hm² 变为苗圃地。

通过以上对 1990~2015 年影像的分析结果，近 25 年来耕地面积增加明显，大多数是有林地转变为耕地，耕地面积过多导致生态耗水不足，建议在保证人均基本保障粮田的基础上，大面积退耕还林，这样可以满足生态耗水的基本要求；植被应该选择耗水少，经济效益高，又能防风固沙的植物，例如枸杞、肉苁蓉、罗布麻等，大力发展沙产业。

3）建立全州监测管理机构，建立数字博州林业监测信息系统

由于林业系统内部不同的职能管理部门各管一摊、各自为政、条块分割的分治局面。各项监测之间互不协调的现象愈显突出，难以提供综合性强的信息，其主要原因是组织管理过于分散，应组建一个专门的管理机构；建立和完善县级森林资源监测站，配备监测设备，包括 GPS、数据采集器、罗盘仪等；建立全区森林资源监测数据库，既可以为建立地理信息系统提供数据，也可以加快数字博州林业监测信息系统的研制，并利用信息网络系统，实现监测信息的分层次管理与共享。

参 考 文 献

白晓飞, 陈焕伟. 2003. 土地利用的生态服务价值——以北京市平谷区为例[J]. 北京农学院学报, 18(2): 109-111.

白泽龙, 包安明, 常存, 等. 2013. 土地利用变化对艾比湖流域生态系统服务价值的影响[J]. 水土保持通报, 33(1): 167-173.

博尔塔拉蒙古自治州统计局. 2014. 博尔塔拉蒙古自治州 2013 年国民经济和社会发展统计公报. [EB/OL]. https://www.xjboz.gov.cn/info/1984/103030.htm

陈俊. 2016. 长沙市城市湿地生态系统服务价值变化及驱动力研究[D]. 长沙: 湖南师范大学.

陈庆, 周敬宣, 李湘梅, 等. 2011. 基于 STIRPAT 模型的武汉市环境影响驱动力分析[J]. 长江流域资源与环境, (S1): 100-104.

陈旭, 林焕令, 许汉奎, 等. 1998. 新疆西北部早古生代地层[J]. 地层学杂志, 22(4): 241-251.

邓书斌. 2010. ENVI 遥感图像处理方法[M]. 北京: 科学出版社, 132-135.

董玉祥, 刘毅华. 1992. 土地沙漠化监测指标体系的探讨. 干旱环境监测, 6(3): 179-182.

范文义, 徐程扬, 叶荣华, 等. 2000. 高光谱遥感在荒漠化监测中的应用[J]. 东北林业大学学报, (5): 139-141.

方仁建, 沈永明. 2015. 围垦对海滨地区景观演变及其质心移动的影响——以盐城保护区部分区域为例[J]. 自然资源学报, 30(5): 772-783.

傅伯杰, 张立伟. 2014. 土地利用变化与生态系统服务: 概念、方法与进展[J]. 地理科学进展, 33(4): 441-446.

宫恒瑞. 2005. 基于遥感技术的艾比湖地区荒漠化监测研究[D]. 乌鲁木齐: 新疆农业大学.

宫恒瑞, 肖继东, 李聪, 等. 2005. 基于 MODIS 卫星数据对艾比湖水域面积变化的监测[J]. 新疆气象, 28(2): 18-20.

宫兆宁, 张翼然, 宫辉力, 等. 2011. 北京湿地景观格局演变特征与驱动机制分析[J]. 地理学报, 66(1): 77-88.

哈丽旦·司地克, 玉素甫江·如素力, 麦麦提吐尔逊·艾则孜. 2016. 焉耆盆地气候变化和人类活动对生态系统服务价值的影响研究[J]. 中国生态农业学报, 24(5): 684-694.

韩玲, 吴汉宁, 杜子涛. 2005. 多源遥感影像数据融合方法在地学中的应用[J]. 地球科学与环境学报, 27(3): 78-81.

贺子康, 张永福, 张严俊, 等. 2014. 艾比湖流域生态系统服务价值时空分异特征及其对土地利用/土地覆被的响应[J]. 安徽农业科学, (8): 2452-2456.

井云清, 张飞, 陈丽华, 等. 2017. 艾比湖湿地土地利用/覆被-景观格局和气候变化的生态环境效应研究[J]. 环境科学学报, 37(9): 3590-3601.

李铖, 李芳柏, 吴志峰, 等. 2015. 景观格局对农业表层土壤重金属污染的影响[J]. 应用生态学报, 26(4): 1137-1144.

李国胜. 1993. 艾比湖冰消期以来的 $\delta^{13}C$ 记录与突变气候事件研究[J]. 科学通报, 38(22): 2069-2071.

参 考 文 献

李红. 2009. 上海市崇明县植被覆盖度的遥感估算及其动态研究[D]. 上海: 华东师范大学.

李凯, 孙悦迪, 江宝骅, 等. 2014. 基于像元二分法的白龙江流域植被覆盖度与滑坡时空格局分析[J]. 兰州大学学报(自然科学版), (3): 376-382.

李磊, 李艳红. 2013. 20 年间艾比湖流域植被覆盖度景观格局变化[J]. 干旱环境监测, (4): 154-159.

李露然. 2015. 基于格网 GIS 的生态系统服务价值时空变化研究——以九寨沟自然保护区为例[D]. 上海: 上海师范大学, 2-5.

李文华, 郭江平, 赵强. 2000. 新疆艾比湖荒漠生态保护区建设条件评价及规划[J]. 中国沙漠, (3): 278-282.

李霞, 盛钰, 王建新. 2002. 新疆荒漠化土地 TM 影像解译标志的建立[J]. 新疆农业大学学报, (2): 18-21.

李向婷, 白洁, 李光录, 等. 2013. 新疆荒漠稀疏植被覆盖度信息遥感提取方法比较[J]. 干旱区地理, 36(3): 502-511.

李晓荣, 高会, 韩立朴, 等. 2017. 太行山区植被 NPP 时空变化特征及其驱动力分析[J]. 中国生态农业学报, 25(4): 498-508.

李晓赛, 朱永明, 赵丽, 等. 2015. 基于价值系数动态调整的青龙县生态系统服务价值变化研究[J]. 中国生态农业学报, 23(3): 373-381.

李晓松, 高志海, 李增元, 等. 2010. 基于高光谱混合像元分解的干旱地区稀疏植被覆盖度估测[J]. 应用生态学报, 21(1): 152-158.

李艳红, 楚新正, 金海龙. 2006. 新疆艾比湖地区生态足迹与生态承载力动态变化研究[J]. 水土保持研究, 13(3): 39-42.

李颖, 田竹君, 叶宝莹, 等. 2003. 嫩江下游沼泽湿地变化的驱动力分析[J]. 地理科学, 23(6): 686-691.

李哲, 张飞, Kung H T, 等. 2017. 1998—2014 年艾比湖湿地自然保护区生态系统服务价值及其时空变异[J]. 生态学报, 37(15): 4984-4997.

李振山, 王一谋. 1994. 沙漠化评价基本理论初探[J]. 中国沙漠, 14(2): 84-89.

卢良才, 黄宝林. 1993. 新疆艾比湖沉积物的热释光年龄及其环境意义[J]. 核技术, 16(4): 251-253.

陆广勇. 2011. 基于像元分解的区域地表覆盖信息提取[D]. 北京: 中国科学院研究生院.

马骏, 马朋, 李昌晓, 等. 2014. 基于土地利用的三峡库区(重庆段)生态系统服务价值时空变化[J]. 林业科学, 50(5): 17-26.

满苏尔·沙比提, 娜斯曼·那斯尔丁, 阿尔斯朗·马木提, 等. 2016. 托木尔峰国家级自然保护区土地利用/覆被生态服务价值变化分析[J]. 地理研究, 35(11): 2116-2124.

穆少杰, 李建龙, 周伟, 等. 2013. 2001—2010 年内蒙古植被净初级生产力的时空格局及其与气候的关系[J]. 生态学报, 33(12): 3752-3764.

欧阳志云, 王如松, 赵景柱. 1999. 生态系统服务功能及其生态经济价值评价[J]. 应用生态学报, 10(5): 635-639.

欧阳志云, 王效科, 苗鸿. 1999. 中国陆地生态系统服务功能及其生态经济价值的初步研究[J]. 生态学报, 19(5): 607-613.

欧阳志云, 朱春全, 杨广斌, 等. 2013. 生态系统生产总值核算: 概念、核算方法与案例研究[J]. 生态学报, 33(21): 6747-6761.

任秀金, 盖艾鸿, 宋金蕊. 2014. 1999—2009 年青海省德令哈市土地利用/覆盖变化特征[J]. 水土保持通报, 34(5): 248-253.

孙丽, 高亚琪. 2010. 新疆艾比湖流域耕地面积变化对艾比湖湖面面积的影响分析[J]. 广西农业科学,

41(8): 848-852.

谭君. 2013. 区域土地利用变化对生态系统服务功能价值的影响研究——以铜川市为例[D]. 杨凌: 西北农林科技大学.

汤洁, 黄璐思, 王博. 2015. 吉林省辽河流域生态系统服务价值对 LUCC 的响应分析[J]. 环境科学学报, 35(8): 2633-2640.

唐秀美, 郝星耀, 刘玉, 等. 2016. 生态系统服务价值驱动因素与空间异质性分析[J]. 农业机械学报, 47(5): 336-342.

陶贞, 董光荣. 1994. 末次冰期以来贵南沙地土地沙漠化与气候变化的关系[J]. 中国沙漠, 14(2): 42-49.

王继国. 2006. 新疆艾比湖湿地自然保护区生态服务功能及价值研究[D]. 乌鲁木齐: 新疆师范大学.

王建, 董光荣, 李文君, 等. 2000. 利用遥感信息决策树方法分层提取荒漠化土地类型的研究探讨[J]. 中国沙漠, 20(3): 243-247.

王敏, 冯相昭, 吴良, 等. 2015. 气候变化背景下典型草原自然保护区生态系统服务价值评估[J]. 中国沙漠, 35(6): 1700-1707.

王爽, 丁建丽, 王璐, 等. 2014. 基于遥感的艾比湖流域近 20 年生态服务价值对土地利用变化的响应[J]. 水土保持研究, 21(5): 144-149.

王晓艳, 塔西甫拉提·特依拜, 张飞. 2016. 艾比湖流域农田生态系统服务价值变化及其影响因子的回归分析——以精河县为例[J]. 中国农村水利水电, (6): 103-107.

王秀兰, 包玉海. 1999. 土地利用动态变化研究方法探讨[J]. 地理科学进展, 18(1): 81-87.

魏冲, 宋轩, 陈杰. 2014. SWAT 模型对景观格局变化的敏感性分析——以丹江口库区老灌河流域为例[J]. 生态学报, 34(2): 517-525.

吴海珍, 阿如旱, 郭田保, 等. 2011. 基于 RS 和 GIS 的内蒙古多伦县土地利用变化对生态服务价值的影响[J]. 地理科学, 31(1): 110-116.

吴腾飞, 邓湘雯, 黄文科, 等. 2015. 南县森林生态系统服务功能价值评估[J]. 中南林业科技大学学报, 35(10): 109-115.

夏栋. 2012. 杭州湾南岸湿地景观生态系统服务价值变化及其驱动力研究[D]. 杭州: 浙江大学.

谢高地, 鲁春霞, 冷允法, 等. 2003. 青藏高原生态资产的价值评估[J]. 自然资源学报, 18(2): 189-196.

谢高地, 肖玉, 甄霖, 等. 2005. 我国粮食生产的生态服务价值研究[J]. 中国生态农业学报, 13(3): 10-13.

谢高地, 张彩霞, 张雷明, 等. 2015. 基于单位面积价值当量因子的生态系统服务价值化方法改进[J]. 自然资源学报, (8): 1243-1254.

谢高地, 甄霖, 鲁春霞, 等. 2008a. 生态系统服务的供给、消费和价值化[J]. 资源科学, 30(1): 93-99.

谢高地, 甄霖, 鲁春霞, 等. 2008b. 一个基于专家知识的生态系统服务价值化方法[J]. 自然资源学报, 23(5): 911-919.

谢正宇, 李文华, 谢正君, 等. 2011. 艾比湖湿地自然保护区生态系统服务功能价值评估[J]. 干旱区地理, 34(3): 532-540.

新疆维吾尔自治区统计局. 1992-2013. 新疆统计年鉴(1992-2013)[M]. 北京: 中国统计出版社.

严恩萍, 林辉, 王广兴, 等. 2014. 1990-2011 年三峡库区生态系统服务价值演变及驱动力[J]. 生态学报, 34(20): 5962-5973.

阳文锐. 2015. 北京城市景观格局时空变化及驱动力[J]. 生态学报, 35(13): 4357-4366.

杨梅, 张广录, 侯永平. 2011. 区域土地利用变化驱动力研究进展与展望[J]. 地理与地理信息科学, 27(1): 95-100.

杨云良, 阎顺, 贾宝全, 等. 1996. 艾比湖流域生态环境演变与人类活动关系初探[J]. 生态学杂志, 15(6): 43-49.

叶贵祥, 李维青, 田源. 2009. 基于NDVI的干旱区典型绿洲植被覆盖动态变化分析——以策勒绿洲为例[J]. 干旱区资源与环境, 23(9): 128-133.

叶延琼, 章家恩, 陈丽丽, 等. 2016. 城市化背景下广佛都市圈农林生态系统服务价值[J]. 应用生态学报, 27(5): 1619-1627.

张安定. 2016. 遥感原理与应用题解[M]. 北京: 科学出版社.

张宏, 孙保平. 1999. 中国干旱、半干旱地区土地开垦对荒漠化的影响——以甘肃民勤县和内蒙古伊金霍洛旗为例[J]. 资源科学, (5): 71-75.

张军辉. 2008. 基于遥感的区域土地利用变化及生态系统服务价值研究[D]. 保定: 河北农业大学.

张雅昕, 刘娅, 朱文博, 等. 2016. 基于Meta回归模型的土地利用类型生态系统服务价值核算与转移[J]. 北京大学学报(自然科学版), 52(3): 493-504.

张艳军, 官冬杰, 翟俊, 等. 2017. 重庆市生态系统服务功能价值时空变化研究[J]. 环境科学学报, 37(3): 1169-1177.

张瑜, 王天巍, 蔡崇法, 等. 2016. 干旱区耕地景观格局碎化特征及社会经济驱动因素分析[J]. 水土保持研究, 23(4): 179-184.

张煜星. 1996. 论荒漠与荒漠化程度评价[J]. 干旱区研究, 2: 77-80.

赵春霞, 钱乐祥. 2004. 遥感影像监督分类与非监督分类的比较[J]. 河南大学学报(自然科学版), 34(3): 90-93.

赵军. 2005. 生态系统服务的条件价值评估：理论、方法与应用[D]. 上海: 华东师范大学.

赵锐锋, 姜朋辉, 赵海莉, 等. 2013. 土地利用/覆被变化对张掖黑河湿地国家级自然保护区景观破碎化的影响[J]. 自然资源学报, 28(4): 583-595.

朱震达, 刘恕. 1984. 关于沙漠化的概念及其发展程度的判断[J]. 中国沙漠, (3): 6-12.

朱震达. 1994. 土地荒漠化问题研究现状与展望[J]. 地理研究, 13(1): 104-113.

宗跃光, 周尚意, 温良, 等. 2002. 区域生态系统可持续发展的生态价值评价——以宁夏灵武市为例[J]. 生态学报, (10): 1573-1580.

Barbier E, Koch E, Silliman B, et al. 2008. Coastal ecosystem-based management with nonlinear ecological functions and values[J]. Science, 319 (5861): 321-323.

Benayas J, Newton A, Diaz A, et al. 2009. Enhancement of biodiversity and ecosystem services by ecological restoration: a meta-analysis[J]. Science, 325(5944): 1121-1124.

Bolund P, Hunhammar S. 1999. Ecosystem services in urban areas[J]. Ecological Economics, 29(2): 293-301.

Boyd D, Foody G, Ripple W. 2002. Evaluation of approaches for forest cover estimation in the Pacific Northwest, USA, using remote sensing[J]. Applied Geography, 22(4): 375-392.

Burgess D W, Lewis P, Muller J P A L. 1995. Topographic effects in AVHRR NDVI data[J]. Remote Sensing of Environment, 54: 223-232.

Camacho C, Pérez-Barahona A. 2015. Land use dynamics and the environment[J]. Journal of Economic Dynamics&Control, 52(52): 96-118.

Carpenter S, Pingali P, Bennett E, et al. 2005. Millenium Ecosystem Assessment: Ecosystems and Human Well-Being[M]. Washington D C: Island Press.

Chen L, Yang X, Chen L, et al. 2015. Impact assessment of land use planning driving forces on environment[J]. Environmental Impact Assessment Review, 55(6): 126-135.

Costanza R, d'Arge R, de Groot R, et al. 1998. The value of the world's ecosystem services and natural capital[J]. Ecological Economics, 25(1): 3-15.

Cumming G, Buerkert A, Hoffmann E, et al. 2014. Implications of agricultural transitions and urbanization for ecosystem services[J]. Nature, 515(7525): 50.

Durai A, Naeem S, Agardi T, et al. 2005. Millenium Ecosystem Assessment: Biodiversity Synthesis[M]. Washington D C: Island Press.

Fu B, Wang S, Su C, et al. 2013. Linking ecosystem processes and ecosystem services[J]. Current Opinion in Environmental Sustainability, 5(1): 4-10.

Gao J, Skillcorn D. 1998. Capability of SPOT XS data in producing detailed land cover maps at the urban-rural periphery[J]. International Journal of Remote Sensing, 19(15): 2877-2891.

Green D, Jacowitz K, Kahneman D, et al. 1998. Referendum contingent valuation, anchoring and willingness to pay for public goods[J]. Resource and Energy Economics, 20(2): 85-116.

Howarth R, Farber S. 2002. Accounting for the value of ecosystem services[J]. Ecological Economics, 41(3): 421-429.

Huete A R. 1988. A soil-adjusted vegetation index SAVI[J]. Remote Sensing of Environment, 25: 295-309.

Jenkins W, Murray B, Kramer R, et al. 2010. Valuing ecosystem services from wetlands restoration in the Mississippi Alluvial Valley[J]. Ecological Economics, 69(5): 1051-1061.

Jim C, Chen W. 2006. Recreation–amenity use and contingent valuation of urban greenspaces in Guangzhou, China[J]. Landscape and Urban Planning, 75(1/2): 81-96.

Jordan C F. 1969. Derivation of leaf-area index from quality of light on the forest floor[J]. Ecology, 50: 663-666.

Kauth R J, Thomas G S. 1976. The tasseled cap-agraphic description of the spectral-temporal development of agricultural crops as seen by Landsat, proceedings, machine processing of remotely sensed data, West Lafayette[J]. Laboratory for the Applications of RemoteSensing, 41-51.

Kremer P, Hamstead Z, McPhearson T. 2016. The value of urban ecosystem services in New York City: A spatially explicit multicriteria analysis of landscape scale valuation scenarios[J]. Environmental Science and Policy, 62: 57-68.

Kronenberg J. 2014. Environmental impacts of the use of ecosystem services: Case study of birdwatching[J]. Environmental Management, 54(3): 617-630.

Mendoza-González G, Martínez M, Lithgow D, et al. 2012. Land use change and its effects on the value of ecosystem services along the coast of the Gulf of Mexico[J]. Ecological Economics, 82: 23-32.

North P R J. 2002. Estimation of f_{APAR}, LAI, and vegetation fractional cover from ATSR-2 imagery[J]. Remote Sensing of Environment, 80: 114-121.

Palmer M, Bernhardt E, Chornesky E, et al. 2004. Ecology for a crowded planet[J]. Science, 304(5675): 1251-1252.

Pearce D. 1993. Economic Values and the Natural World: Appendix II [M]. London: Earchscan.

Tsai Y, Zia A, Koliba C, et al. 2015. An interactive land use transition agent-based model (ILUTABM): Endogenizing human-environment interactions in the Western Missisquoi Watershed[J]. Land Use Policy, 49: 161-176.

Wang H, Zhou S, Li X, et al. 2016. The influence of climate change and human activities on ecosystem service value[J]. Ecological Engineering, 87: 224-239.

Zhao Z L, Wu X, Zhang Y L, et al. 2017. Assessment of changes in the value of ecosystem services in the Koshi River basin, central high Himalayas based on land cover changes and the CA-Markov model[J]. Journal of Resources and Ecology, 8(01): 67-76.

Zhou Q, Robson M. 2001. Automated rangeland vegetation cover and density estimation using ground digital image sand a speetral-contextual classifier[J]. Remote Sensing, 22(17): 3457-3470.